Al-Biṭrūjī: On the Principles of Astronomy

Yale Studies in the History of Science and Medicine, 7

Al-Biṭrūjī: On the Principles of Astronomy

An edition of the Arabic and Hebrew versions with translation, analysis, and an Arabic-Hebrew-English glossary

by Bernard R. Goldstein

VOLUME 2

The Arabic and Hebrew Versions

New Haven and London, Yale University Press

1971

Library of Congress catalog card number: 73–151575
International standard book number: 0–300–01387–6.

Designed by John O. C. McCrillis
set in Times Roman type.
Printed in the United States of America by
The Murray Printing Co., Forge Village, Massachusetts.

Distributed in Great Britain, Europe, and Africa by Yale University Press, Ltd., London; in Canada by McGill-Queen's University Press, Montreal; in Mexico by Centro Interamericano de Libros Académicos, Mexico City; in Central and South America by Kaiman & Polon, Inc., New York City; in Australasia by Australia and New Zealand Book Co., Pty., Ltd., Artarmon, New South Wales; in India by UBS Publishers' Distributors Pvt., Ltd., Delhi; in Japan by John Weatherhill, Inc., Tokyo.

Contents

VOLUME 2

Preface

In Volume One an analysis and translation of al-Biṭrūjī's *On the Principles of Astronomy* was presented. This volume is largely devoted to the Arabic and Hebrew versions which serve as a basis for understanding the text.

A description of the manuscripts was included in Volume One (pp. 46–49), but a few additional remarks may be useful here. In collating the Arabic manuscripts I have not indicated where S differed from E in orthography only; in the Hebrew, I have generally followed the orthography of M. The Hebrew manuscripts often differ in the gender of pronominal suffixes, but this has been noted only on the first few folios. In the Hebrew manuscripts, a dot over a letter is used to denote either an abbreviation or that a letter refers to a figure. To avoid ambiguity, I have used large-size type (no dot) for letters that refer to figures. The author of the Hebrew version occasionally transliterated Arabic words instead of translating them (see, for example, M 58ʳ:31 and M 78ʳ:26), and this undoubtably was an added problem for his readers. On the other hand, two significant glosses appear in the Hebrew text to aid the reader:

1. *teraphīm* is introduced to explain the Arabic *ṭalismāt* (cf. M 65ᵛ:36).
2. *bīnō* (*vīnō*) is introduced to explain the Arabic *lawlab*, meaning spiral (cf. M 37ᵛ:16). This form is probably derived from the word for vine in some Romance dialect.

The Arabic text displayed here is a facsimile of MS Escurial, *arab.*, 963, and the critical apparatus that appears below it refers to the line numbers of the text. The Hebrew text is arranged so that each page faces the corresponding Arabic text; the folio number of the Escurial manuscript appears to the right of the first line, e.g. E 1ᵛ. The folio and line numbers in M are included in the Hebrew text; where B was used to supply passages missing from M, the folio and line numbers of B appear. The beginning of each folio is indicated in the right margin, and the apparatus below the text refers to the line numbers that were adopted from the Hebrew manuscript.

The glossary of technical terms appended to this volume indicates an occurrence of a term according the folio and line numbers of the Arabic and Hebrew texts. From this glossary, it is clear that al-Biṭrūjī's use of technical terms was not always consistent. For example, three words are used for *equinox* (cf. entries 64, 89, 156). Moreover, two words meaning *motion* (48, 163), generally translated by distinct terms in both the Hebrew and Latin versions, are used in otherwise identical phrases (cf. E 40^r:4, E 40^r:5, and E 86^r:12–13, E 86^r:16). The Hebrew translator, Moshe Ben Tibbon, was also inconsistent, for sometimes he translated the same Arabic word with the same sense differently (cf. entries 11, 12; 178, 179; 249, 250; etc.).

The glossary follows the Arabic alphabetical order, and the index to the glossary follows the Hebrew alphabetical order. An index of personal names, arranged in the Arabic alphabetic order, may be useful for those who wish to see how these names appear in Arabic and Hebrew. For a list of all references in the text to these persons, see the index to Volume One.

B. R. G.

New Haven, Connecticut
1970

Identification of Symbols

B [ב]	MS Bodleian, *hebr. Michael* 505
E	MS Escurial, *arab.* 963
H	Hebrew text collated from B and M
L	Latin version of Michael Scot
M [מ]	MS Munich, *hebr.* 150. For a description of the disorderly state of this manuscript, see vol. 1, p. 47.
S	MS Istanbul, *Seray arab.* 3302
mg:	Marginal note

The Arabic and Hebrew Versions

PART III

The Arabic and Hebrew Versions

كتاب فى الهيئة للبطروجى

מאמר בתכונה לאלבטרוג׳י

[1] /מ 15ב/ [1]יאריך אלהים ימיך ושנותיך אחי E 1v
הנה [2]כוונתי אחרי רוב התהלה לאלהים [3]שאודיעך M 15v
עניין בא בליבי ואעמידך [4]על סגולת סודי דבר
נכבד הגיע [5]למחשבתי אחר נבוכות שמתי בה [6]רוב
ימי ואתחנן אליך ולכל מי שיעיין [7]במה שכתבתי
שתהיה מחשבתו [8]טובה עלי ולא ידינני לחובה
ולא [9]לעזות בהיותי חולק על הקודמים [10]מן
החכמים וסותר מאמריהם.

[2] [11]כי אלהים יודע ועד כי לא נתתי ידי
[12]בזה ולא שמתי מחשבתי בו אלא [13]כי אני מזמן
נערותי בעת שלמדתי [14]מן החלק הלימודי בתנועות
השמי׳ [15]ומשכתי בהם במאמרי הקודמים [16]לפי
מה שהציע ראש החכמה [17]הזאת בטלמיוס ונמשך אחריו
כל [18]מי שבא מן החכמים האחרונים [19]ולא חלק
עליו אחד מהן

כ"י: כתב היד. צ"ל: צריך להיות. 17. מ: כל] חסר בכ"י ב. 19. מ: מהן] ב: מהם.

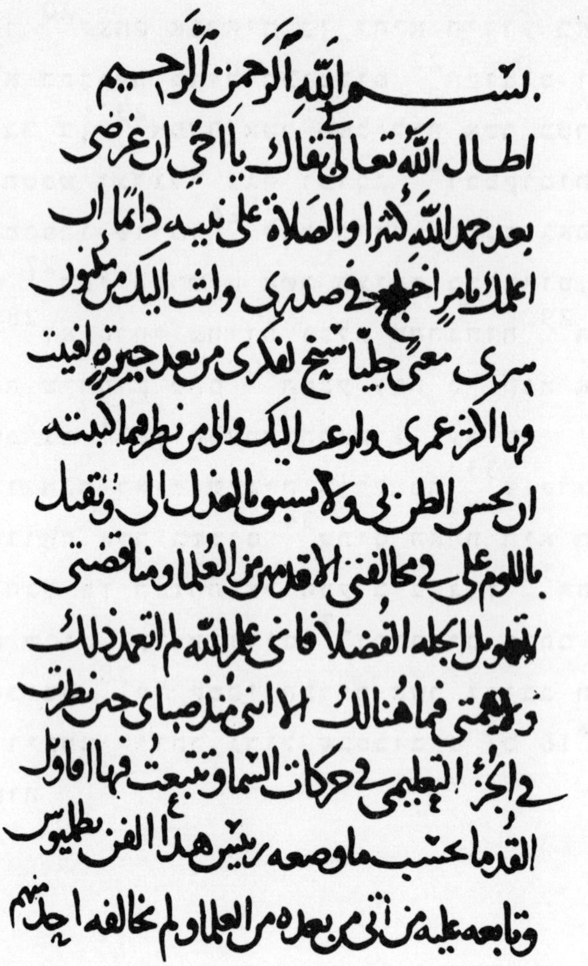
بسم الله الرحمن الرحيم
اطال الله تعالى بقاك يا اخي ان غرضي
بعد حمد الله كثيرا والصلاة على نبيه دائما ان
اعلمك بامر اختلج في صدري واثبت اليك من مكنون
سري معنى جليا سنح لفكري من بعد حيرة لقيت
بها اكثر عمري ولم ادع اليك والى من نظر فيما اكتبته
ان يحسن الظن بي ولا يسبق بالعذل الي وينقل
باللوم علي في مخالفتي الاقدمين من العلما ومناقضتي
للمعلومين من اجلة الفضلا فاني علم الله لم اتعمد ذلك
ولا همتي فيما هنالك الا انني منذ صباي حين نظرت
في الجزء التعليمي في حركات السما وتتبعت فيها اقاويل
القدما حسب ما وضعه رئيس هذا الفن بطليموس
وتابعه عليه من اتى من بعده من العلما ولم يخالفه احد منهم

2 اطال] قال الفاضل الكامل الفيلسوف العظيم ابو جعفر
المشهور بالبطروغى رحمة الله عليه طول S 5 حيرة]
ما تفكرت S 8 مخالفتى] معارضة راى S

זולת אבו [20]יצחק אברהים בן יחיא הידוע באל E 2r
[21]זרקאלא בתנועת כדור הכוכבים [22]הקימים ואבי
מחמד גאבר בן [23]אפלח אשר משביליה אשר בסדר
[24]גלגל השמש וגלגלי נגה וכוכב [25]ובמקומות
חלקיים מספרו שנדמו [26]לבטלמיוס ותקנם גאבר
והשלימם [27]לפי השרשים אשר הציעם בטלמיוס.

[3] [28]לא סרתי מהיות נפלא מההנחות [29]ההם
מרחיק מה שירחיק מהם [30]הטבע וזה כי הוא אמ׳
במין השמיני [31]מן המאמר הראשון ועם מה
[32]שזכרנו הנה ראוי שיהיה מכלל מה [33]שנקדים
ג"כ שהתנועות אשר בשמים [34]שתים האחת היא המניעה
תמיד [35]הכל מן המזרח אל המערב בענין [36]אחד
וסבובים שוים ועל עגולים [37]נכוחים קצתם
לקצתם סבובם [38]על קטבי הכדור אשר יסובב הכל
[39]בשוה ויקרא היותר גדול שבסבובים /מ 16[א]/ M 16r
[1]אלו משוה

20-21. מ: באלזרקאלא] ב: באלזרקאל. 24. מ: וכוכב]
חסר בכ"י ב. 28. בשולי מ: מההנחות] בטקסט מ: מההוכות.
39. מ: בשוה] ב: בשווי. /מ 16[א]/ 1. מ: אלו]
חסר בכ"י ב.

ق

شنوى ابى اسحق ابرهيم بن يحيى المعروف بالزرقاله
فى حركة كرة الكواكب الثابتة وابى محمد جابر بن افلح
الاشبيلى فى ترتيب فلك الشمس وفلكى الزهرة وعطارد
وفى مواضع جزئية من كتابه مما وقع لبطلميوس فيها وهم
واصلحها جابر وبناها على الاصول التى وضعها بطلميوس
لم نزل مستريبا بتلك الاوضاع منافرا للمتعارف
منها الطباع وذلك انه يقول فى الجملة الثامنة
من المقالة الاولى ومع ما ذكرنا فقد ينبغى ان نعلم
من جملة ما تقدم ايضا ان الحركات التى فى السماء
ثنتان احداهما التى تحرك الكل ابدا من المشرق الى
المغرب بحال واحدة وادوار متساوية وعلى
دواير موازية بعضها لبعض مدارها على فلكى الكره
التى تدير الكل باستواء وتسمى اعظم هذه الدواير معدل

قطبى

1 بالزرقالى S   2 افلاح S   3 الاجبيلى S

12 فلكى] قطبى S and E mg.

היום. עוד אמר אחר זה [2]מעט. והתנועה היא אשר E 2v
[3]תניע כדורי הכוכבים הרצים להפך [4]התנועה
הראשונה על קוטבים [5]אחרים לא על קטביה.

[4] והניח [6]כמו שתראה ב׳ תנועות אלו דרך
[7]הנחה אבל שהוא השתדל להביא [8]סבות הניחו אותם
על ענין הזה. [9]ואמר ואמנם קימנו מה שספרנו
[10]מפני שאנחנו כשהסתכלנו כל מה [11]שבשמים בכל
יום ראינו לעין ביום [12]האחד יעלה ממזרח ויבא
לאמצע [13]השמים וישקע במערב על מקומות [14]מתדמים
בצורה נכוחיים למשוה [15]היום וזה מסגולת הכדור
הראשון [16]וכאשר הבטנו בימים הנמשכים [17]זה
אחר זה ראינו כל הכוכבים זולת [18]השמש והירח
והכוכבים הנבוכים [19]מרחקיהם קימים קצתם מקצתם
[20]דבקים במקומות המיוחדים [21]בתנועה הראשונה
לפי אשר הנראה [22]ממנו. וראינו

6. מ: ב׳] חסר בכ"י ב. 14. מ: נכוחיים] ב: נכחויים.

النهار ثم قال بعد قليل والحركة الاخرى التي
تحرك اكثر النجوم الجارية الى خلاف الحركة
الاولى على قطبين اخرين لا على قطبيها فوضع كما
نرى هاتين الحركتين وضعا ثم انه رام ان ياتي
بالاسباب وضعه اياهما على هذه الحال فقال
وانما اثبتنا ما وصفنا لانا اذا نظرنا الى جميع ما في
السماء كل يعم رايناه بالحس في اليوم الواحد يطلع
ويتوسط السما ويغرب على مواضع متشابهة
في الصورة موازية لمعدل النهار وهذه خاصة
للحركة الاولى فاذا رصدنا في الايام المتوالية
راينا جميع الكواكب سوى الشمس والقمر والكواكب
المتحيرة ثابتة ابعاد بعضها من بعض لازمة
للمواضع الخاصة بالحركة الاولى على ظاهر الامر ورأينا

השמש והירח [23]והכוכבים הנבוכים יתנועעו E 3r
תנועות [24]מתחלפות בלתי שוות קצתם [25]לקצתם
אבל שהן כולם בהקש אל [26]תנועת הכל יתנועעו אל
המזרח [27]אל הצדדים אשר יעברו אותם [28]ויעזבום
אחריהם הכוכבים הקימים [29]מרחקיהם קצתם מקצתם
כאלו [30]מה שיסבבם כדור אחד ואילו [31]היתה
תנועת הכוכבים הנבוכים [32]והשמש והירח תהיה ג"כ
על עגולים [33]נכוחיים למשוה היום על קטבי
[34]התנועה הראשונה היינו אומרין [35]כי תנועת הכל
אחד. ושאלו התנועות [36]נמשכות אחר התנועה
הראשונה [37]והיא היתה מספיקה והיה מספיק
/מ 16ב/ [1]לנו שנאמר שהעתקם בהפך אמנם [2]הוא M 16v
בדמיון לא שתהיה להם תנועה [3]בהפך. אבל אנחנו
רואים להם [4]עם תנועתם למזרח תנועות לצפון
[5]ולדרום ונראה שיעור מרחקיהם [6]בשניהם מתחלפים.
ואפשר [7]שנחשוב הנטיה ההיא

25. מ: שהן] ב: שהם. 32. מ: על] חסר בכ"י ב.

٤

الشمس والقمر والنجوم المتحيرة تتحرك حركات
مختلفة غير متساوٍ بعضها لبعض وانها كلها
بالقياس الى حركة الكل تتحرك الى المشرق الى
النواحي التي تخلفها ورائها الكواكب الثابتة ابعاد
بعضها من بعض كان الذي يديرها كرة واحدة
ولو كانت حركة المتحيرة والشمس والقمر تكون لتضاعل
دواير موازية لمعدل النهار على قطبي الحركة الاول
لكان في اثباتنا ان حركة الكل واحدة وان هذه
الحركة تابعة للاولى كفاية وكان من المقنع ان
نقول ان انتقالها على الخلاف انما هو بالطرد لا بحق
لها حركة على الخلاف ولكنا قد نرى لها مع حركاتها
الى المشرق حركات الى الشمال والى الجنوب ونرى
قدر تباعدها فيها مختلفا ويكاد يظن بمثلها ذلك

E 3v בהם לדברי׳ [8]יצאו בהן אבל שנטיתם אילו היתה
[9]על הדרך הזאת היתה מתחלפת [10]בלתי הולכת על
סדר. ואחר שיש [11]לה סדר הנה ראוי שיהיה מפני
[12]עגול נוטה ממשוה היום ומשם [13]נמצא העגול
הזה אחד בעצמו [14]מיוחד לכוכבים הנבוכים
ונמצא [15]תנועת השמש תעבור אותו באמת. [16]ומשני
צדדי העגול הזה ועליו יעברו [17]הירח וחמשת
הכוכבים הנבוכים [18]ויעברו אותו מן הצפון אל
הדרום [19]ומן הדרום אל הצפון מבלתי שיעבור
[20]אחד מהן שיעור המרחק המוגבל [21]אליו משני
צדדיו ואפ׳ מעט.

[5] [22]וזה מה שאמר בחילוף תנועות [23]הכוכבים
השבעה ובהניחו ג"כ [24]העגול הנוטה בכלם אחד
בעצמו [25]ומה הדבר אשר מנעו מהשים [26]כל
הגלגלים שנים אחד מהן [27]שיתנועע על קוטבי
הכל והאחר [28]שיתנועע על שני הקוטבים

8. מ: בהן] ב: בהם.   20. מ: מהן] ב: מהם.   26. מ: מהן]
ב: מהם.

بقدر

فيما لا شيئا يقدر بها الا ان مثلها لو كان على هذا
الوجه لكان مختلفا غير منتظم فاذ له ترتيب وقد
يجب ان يكون من قبل دايرة مايلة عن معدل النهار
ومن هنالك نجد هذه الدايرة واحدة بعينها خاصة
للنجوم المتحيرة ونجد حركة الشمس ترسمها على الحقيقة
وعن جنبتي هذه الدايرة وعليها القمر والخمسة المتحيرة
ويجاوزها من الشمال الى الجنوب ومن الجنوب الى
الشمال من غير ان يجوز واحد منها مقدار البعد المحدود
له عن جنبتيها ولا بالقليل فهذا ما قاله في اختلاف
حركات الكواكب السبعة وفي وضعه ايضا
الدايرة المايلة لجميعها واحدة بعينها فاذا الذي
منع من ان نجعل السماوات اجمع تنتين احداهما التي
تتحرك على قطبي الكل والاخرى التي تتحرك على القطبين

[29]האחרים. והן קטבי העגול אשר [30]תרשום אותו E 4r
השמש ואיך יהיו [31]גלגלים רבים לא יהיו לכולם
זולת [32]שני קוטבים והן עם זה מתנועעים
[33]תנועות מתחלפות. ואחשוב [34]הסיבה שהביאה אותם
לחשוב /מ 17א/ [1]שתנועת כל הגלגלים שתחת M 17r
[2]הגלגל העליון המניע התנועה היומית [3]אחת ושהיא
עם זה על שני קטבי [4]העגול אשר תרשם אותם
השמש [5]בתנועה לבדה. אמנם הוא מפני [6]שקטבי
הגלגלים השבעה קרוב [7]מצב קצתם מקצתם ולא היה
[8]יתרון רב למרחקים אשר בין [9]הקטבים המונחים
עליהם. ומפני [10]שהקישו מקומות הכוכבים
[11]הקימים ונמצאו אותם ג"כ נעתקים [12]ממקומותיהם
באורך וברוחב [13]וחשבו בהן שיעתק גלגלם על ב׳
[14]קטבי העגול הנוטה ההוא בעצמו [15]ושמו בעבור
זה התנועות הראשונות [16]לאלו הגלגלים

29. מ: והן] ב: והם.   32. ב: זה] חסר בכ"י מ.
/מ 17א/ 9. בשולי מ: הקטבים] בטקסט מ: הכוכבים.
13. מ: גלגלם] חסר בכ"י ב.

الاخرى وبما قُطبا الدايره التى ترسمها الشمس
وكيف تكون سماوات كثيره ليس لها جميعا سوى
قُطبين وهى مع ذلك تتحرك حركات مختلفه
واظن ان السبب فى ظنهم ان حركه جميع الافلاك
الى تحت الاعلى المحرك الحركه اليوميه واحدة
وانها مع ذلك على قطبى الدايره التى ترسمها الشمس
بحركتها وحدها انما هو لان اقطاب الافلاك
السبعه مرتب وضع بعضها من بعض فلا تفاوت قريب
التباعد بين الكواكب الموضوعة عليها ولما قاسوا
مواضع الكواكب الثابتة الفوها ايضا تنتقل عن
مواضعها فى الطول وفى العرض فظنوا بها ايضا انها
انما تنتقل فلكها على قطبى تلك الدايره المايله
بعينها فجعلوا لذلك الحركه الاولى لهذه الافلاك

8 مرتب] قريب H and E mg.

E 4v כולם ר"ל המתנועע [17]התנועה היומית ואשר תחתיו
[18]כלם שתי תנועות. אחת מהם [19]תנועת העליון
המניע הכל התנועה [20]היומית. ושני קוטבי
התנועה [21]הזאת הם קוטבי משוה היום. [22]השנית
התנועה שחשבו שהיא [23]מתנגדת לזאת והיא תנועת
שאר [24]הגלגלים הנשארים ר"ל גלגל הכוכבי'
[25]הקימים והשבעה גלגלים אשר [26]תחתיו, ושני
קוטבי התנועה [27]הזאת קוטבי העגול אשר ירשימהו
[28]השמש והוא הנקרא עגול המזלות [29]כאילו התנועה
הזאת אצלם לגלגל [30]אחר למטה מהגלגל העליון
ולמעל [31]מגלגל הכוכבים הקימים יתנועע [32]בהפך
תנועת העליון ויניע מה [33]שתחתיו על קוטביו
M 17v ויהיו כל /מ 17ב/ [1]הגלגלים אשר תחתיו אין להם
[2]קוטבים יתנועעו עליהן. וזה כולו [3]אמנם הוא
במחשב וקראו [4]הגלגל הזה המדומה גלגל המזלות
[5]ואין לו מציאות לפי האמת.

[6] ובאמת [6]כי לכל גלגל מהם שני קוטבים
[7]וקוטביהם בחילוף

3. מ: במחשב] ב: במחשבה.

جميعا اعني المتحرك الحركة اليومية وللذي تحته جميعا
حركتين احداهما حركة الاعلى المحرك للكل الحركة اليومية
وقطبا هذه الحركة هما قطبا معدل النهار والثانية
الحركة التي زعموا انها مقابلة لهذه وهي حركة سائر
الافلاك الثمانية اعني المكوكب والسبعة التي دونه
وقطبا هذه الحركة قطبا الدائرة التي ترسمها الشمس
وهي المسماة بدائرة البروج كان هذه الحركة عندهم
لفلك اخر دون الفلك الاعلى وهو المكوكب
يحرك جملة حركة الاعلى ويحرك ما تحته على قطبيه
هذه وكان جميع الافلاك التي تحته لا اقطاب لها تتحرك
عليها وهذا كله انما هو بالنظر وسموا هذا الفلك
المظنون فلك البروج وليس له وجود ما حققه و
ان يحقق ان لكل فلك منها قطبين وان اقطابها تخالف

קצתם מקצתם [8]ואין תנועת כל הכוכבים E 5r
הנבוכים [9]על שני קוטבי העגול אשר [10]תרשום
אותו השמש וכל שכן [11]איך תהיה עליהן
תנועת גלגל [12]הכוכבים הקימים. וממה שיורה
[13]על שזה העגול הנוטה שזכר [14]שהוא שורש
לתנועת גלגל [15]הכוכבים הקימים ולגלגלי
הכוכבי׳ [16]האחרים אינה שורש להנועתם
[17]כי הם איך נטייתם קימת [18]על ענין אחד
ונמצא שתי [19]נקודות חתוכים עם עגול
[20]משוה היום יעתקו וכן נקודות [21]שני
ההפוכים וזה לפי העתק [22]גלגל הכוכבים
הקימים. והנה [23]יראה שהגלגל הנקרא אצלם
[24]גלגל המזלות נמשך בתנועתו [25]לגלגל הכוכבים
הקימים [26]ואיך יהיה איפשר להיות אמת [27]שיהיה
נמשך וממשיך וזה [28]מן היותר גדול שבשקרים
[29]והנמנעים. ואמנם הדבר [30]שהביא הטעות
בשורשיהם [31]ולהניח העגול הזה שורש לכל
[32]התנועות ההם. והכריחם זה /מ 18א/ [1]אל M 18r
אריכות גדול

16. מ: אינה] ב: אינם. 22-25. מ: והנה ... הקימים] חסר בכ"י ב.

بعضها بعضا وليست نقله جميع الكواكب المتحيره
على وطي الدايره التي نرسمها فكيف ان يكون عليها
نقله المكوكب وما يدل على ان هذه الدايره المايله الفلك
التي ذكرناها اصل لحركه الفلك المكوكب وافلاك
الكواكب الاخر ليست باصل لحركاتها انها لا
يثبت ميلها على حال واحد ونجد نقطتي تقاطعه
مع دايره معدل النهار تنتقل وكذلك نقطتا
المنقلبين وذلك بحسب نقله الفلك المكوكب
فيظهر ان الفلك المسمى عندهم بفلك البروج تابع
بحركته للفلك المكوكب وكيف يصح ان يكون تابعا له
ومتبوعا هذا من اعظم الاستحاله واما الذي اخل
باصولهم وضعهم هذه الدايره اصلا لجميع تلك
الحركات واضطرهم ذلك الى كثره التطويل والب

2 ترسمها الشمس H

E 5v ולהניח מה שאי אפשר [2]שיהיה והוא הצריכים ג"כ
על תנועת [3]הנטייה אשר קימו אותה לגלגלי
[4]העגולים העליונים ובנוגה וכוכב.

[7] [5]אומר כי מפני שהיה מושג בראות [6]לכל
מתנועת כל הכוכבים שהם [7]יתנועעו עגול אחד ביום
ובלילה [8]ממזרח למערב על שני קטבים [9]קיימים
ועל עגולים נכוחיים [10]בראות אשר היותר גדול
שבעגולים [11]אלו הוא הנקרא משוה היום. עוד
[12]כי מי שעשה מבט מאלו הכוכבי׳ [13]העיד מהם
בראות העין שקצתם [14]איחור מקצתם. כמו
שזכר [15]בטלמיוס והוא מרחקי קצתם [16]מן קצתם
אל צד המזרח וראו [17]להן עם האיחור יציאה
ברוחב. [18]ונטיה מהעגול ההוא האמצעי [19]פעם
לצפון ופעם לדרום דנו [20]מפני הסיבה הזאת יותר
מכל [21]הסבות שהם מתנועעים שני [22]מינים

2. על] צ"ל: אל.   16. בשולי מ: מן] בטקסט מ: על.
17. בשולי מ: עם] בטקסט מ: על.

وضع ما لا يمكن أن يكون وهو الذي أحوجهم أيضاً
إلى حركة الانحراف التي أثبتوها للأفلاك التداوير
في العلوية وفي الزهرة وعطارد   وأقول إنه لما كان
مشاهداً بالحس للجميع من نقلة الكواكب جميعاً أنها
تتحرك دورة واحدة في اليوم والليلة من المشرق إلى
المغرب على قطبين ثابتين وعلى دوائر متوازية
في الحس التي أعظم هذه الدوائر هي المسماة بمعدل
النهار ثم أن من رصد هذه الكواكب شاهد منها بالحس
أن بعضها تتأخر عن البعض كما ذكر بطليموس وهو
تباعد البعض منها عن البعض إلى جهة المشرق وشاهدوا
لها مع التأخر خروجاً في العرض وميلاً عن تلك الدائرة
الوسطى تارة إلى الشمال عنها وتارة إلى الجنوب حكموا
لهذا السبب على جملة السماء أنها تتحرك سوى عن

מן התנועה מתנגדת [23]אחת מהם יחסו אותם לגרם E 6^r
[24]המניע הכל על קוטביו התנועה [25]אשר ממזרח
למערב. ויחסו [26]השנית והוא שזכרו שהיא לשאר
[27]הגלגלים אשר תחתיו ר"ל גלגל [28]הכוכבים הקימים
וגלגל שבעה [29]כוכבי לכת וגלגל אחר נוטה קטביו
[30]יוצאים מקטבי העליון וחזק זה [31]הענין אצלם
יציאת אלו הכוכבים [32]ברוחב מן העגול הנקרא
משוה /מ 18ב/ [1]היום אל שני הצדדים ואמרו שאלו M 18^v
[2]היו הכוכבים האלה מתאחרים [3]קצתם מקצתם על
העגולים ההן [4]הנכוחיים לבד הנה היה מן
[5]המבואר שהעתקם יחד ותנועת [6]גלגליהם על שני
הקוטבים ההם [7]אשר לגרם המניע התנועה היומית
[8]ושייוחס קצתם אל הקצור מקצתם ויהיה [9]זה
למהירות גלגלי קצתם ואיחור [10]גלגלי

28. וגלגל] צ"ל: וגלגלי. /מ 18ב/ 8. ב: אל הקצור]
חסר בכ"י מ.

من الحركة متعاملتين احداهما ينسبونها للجرم المحرك
للكل على قطبيه اي الحركة التي من المشرق الى المغرب
وينسبوا الحركة الثانية وهي التي ذكرنا انها للساير الافلا ك
تحته اعني الكواكب والافلاك السبعة لفلك
اخر مايل قطباه خارجان عن قطبي الاعلى واكد
عندهم هذا المعنى خروج هذه الكواكب في العرض
عن الدايرة المسماة معدل النهار الى الجهتين كلتيهما
وقالوا انه لو كانت هذه الكواكب انما يتاخر بعضها
عن بعض على تلك الدواير المتوازية خاصة لقد
كان من البين ان نقلها جميعا وحركة افلاكها
على ذينك القطبين اللذين للجرم المحرك الحركة
اليومية وان ينسب بعضها الى التقصير عن بعض
ويكون ذلك لسرعة افلاك بعضها وبطء افلاك

E 6[V] קצתם.

[8] והיה מספיק לנו [11]שנאמר שהם בעניין זה.
אבל [12]העתקם בשני הצדדים באורך [13]וברוחב
מנעם מזה. ושמו ב׳ [14]תנועות אלו לגלגל נוטה
מן הראשון [15]ההוא וקראו אותו גלגל המזלות
[16]ושמו תנועתו ממערב למזרח [17]מתנגדת לתנועה
ההיא הראשונה [18]א"כ אמנם היתה הסיבה בהניחם
[19]גלגל המזלות היא הנטייה לא [20]תנועת האורך
כי היה לתנועת [21]האורך עניין ייוחס אליו
והוא הקצור [22]ומפני זה העניין אשר זכרנו שמו
[23]שני גלגלים יתנועעו שתי תנועות [24]מתנגדות.
וכל אחד משניהן על [25]שני קטבים וכל אחד
משניהם [26]יניע מה שתחתיו מהגלגלים [27]בתנועתן.
הנה הגלגלים אשר [28]בהם הכוכבים כולם יתנועעו
[29]אצלם בשתי תנועות הגלגלים [30]האלו המתנגדי
התנועה.

[9] [31]ובלא ספק שכל תנועה

13. מ: ב׳] ב: שני. 18. מ: א"כ] ב: אם כן. הוספה בסוף העמוד מ 18[ב]: עד הנה אמר כי הגלגל העליון יתנועע ויניע כל אשר תחתיו ממזרח למערב וגלגל המזלות יתנועע ויניע כל אשר תחתיו ממערב למזרח ועתה יזכיר החדשות [?] בתכונה הזאת.

البعض وكان في القول بانها على تلك الحال كفاية

لكن نقلتها في جهتين في الطول والعرض فجعلوا   وفي

هاتين الحركتين لفلك مايل على ذلك الاول وسموه

فلك البروج وجعلوا حركته من المغرب الى

المشرق ومقابلة لتلك الحركة الاولى فاذا

لما كان السبب في وضعهم فلك البروج هو الميل

لا حركة الطول اذ كان لحركة الطول معنى ينسب

اليه وهو النقص ولهذا المعنى الذي اثبتنا بد

جعلوا فلكين يتحركان حركتين متقابلتين وكل

واحدة منهما على قطبين وكل واحد منهما يحرك

ما تحته من الافلاك بحركته فالافلاك التي فيها

الكواكب باسرها يتحرك عندهم بحركتي هذين الفلكين

المتقابلي الحركة ودون شك ان كل حركة

2 العرض منعها من ذلك H   8 النقص] التقصير SH

הנה היא [32]למתנועע וממניע כמו שהתבאר E 7r
/מ 19א/ [1]בשמע הטבעי. ותוסדר התנועה [2]האחת M 19r
ממניע אחד בהכרח והמניע [3]הפשוט אמנם יניע
תנועה פשוטה [4]לא יסודרו מהמניע הפשוט שתי
[5]תנועות כל שכן מתנגדות ולא [6]יתנועע המתנועע
הפשוט שתי [7]תנועות מתנגדות. ויתחייב כי
[8]בהתנועע השמים שתי תנועות [9]אלה שתהינה להם
אם טבעיות ואם יוצאת מן הטבע או אחת מהם
טבעית [10]והאחרת חוץ מן הטבע והיא מוכרחת
[11]ולא יתאמת שתהיה לשמים תנועה [12]הכרחית
א"כ הן טבעיות ויש להן [13]שני מניעים בטבע
כי כל תנועה [14]טבעית היא ממניע טבעי.

[10] [15]וכבר התבאר בשמע הטבעי כי
[16]המניע לכל השמים אחד ותנועת [17]השמים טבעית
אחת.

9. ב: ואם יוצאת ... מהם טבעית] בשולי מ: ואם יוצא׳ הטבע׳ אחת טבע׳; חסר בטקסט מ.

فبين المتحرك وعن محرك كما تبين في السماع وتصدر
الحركه الواحده عن محرك واحد بالضروره والمحرك
البسيط انما يحرك حركة بسيطه ولا يصدر عن
المحرك البسيط حركتان متقابلتان ولا يتحرك المتحرك
البسيط حركتين متقابلتين ويلزم ان تحركت السما
هاتين الحركتين ان يكونا لها اما طبيعتين واما
خارجتين عن الطبع وما هي خارجه عن الطبع هي
قسريه واما ان يكون احداهما طبيعية لها وتكون
الاخرى لها بالقسر ويجب ان يكون المحركان طبيعيين
والمتحركان كذلك ولا يصلح ان يكون للسماء حركه بالقسر
فهما اذا طبيعيتان ولهما محركان بالطبع لان كل حركه
طبيعيه وكل محرك طبيعي وقد تبين في السماع ان
المحرك للسماء واحد فحركه السماء الطبيعيه واحده

12 وكل] هي من H : فمن S

ואם כן [18]אין בשמים שתי תנועות מתנגדות E 7[v]
[19]מפני היות המניע הטבעי להם [20]אחד ואמנם
לשמים א"כ תנועה [21]אחת לבד והיא ממניע אחד
[22]ובצד אחד. ואמר ג"כ שכבר [23]התבאר שהשמים
פשוטים [24]והתבאר שהסיבה להיות תנועתם [25]כן
פשוטה, א"כ למה זה תניע [26]הסיבה הזאת הפשוטה
תנועות [27]מתנגדות או רבות וגם כן הנה [28]צורות
חלקי השמים מתדמים [29]וטבעם אחד. ולמה זה
יהיו [30]חלקיהם מתחלפות תנועותיהם [31]והנה
נמצא הדברים אשר /מ 19[ב]/ [1]אצלינו מה שהיה M 19[v]
מהם מתדמי [2]החלקים. הנה תנועת החלק האחד
[3]ממנו דומה בתנועת הכל ויתנועע [4]החלק אל אשר
יתנועע הכל ואם [5]היה בתנועות חלקי השמים
חלוף [6]יתחייב התנגדות. הנה אין השמים [7]אחד
ולא חלקיו מתדמים והנה [8]באר החכם שהם

18. מ: אין] חסר בכ"י ב. 22. מ: ג"כ] ב: גם כן.
/מ 19[ב]/ 1. ב: אצלינו] מ: אצילנו. 5. מ: בתנועות]
ב: בתנועת.

فاذاً ليس للسماء حركتان متقابلتان لكون المحرك
الطبيعي لها واحداً فان للسماء اذاً حركة واحدة
لا غير وهي عن محرك　واخرى في جهة واحدة
واول ايضاً قد تبين ان السماء بسيطة ونبين
ان العلة لحركتها كذلك بسيطة فلاجل ماذا تحرك عنه
العلة البسيطة حركات متقابلة او كثيرة وايضاً
فان صور اجزاء السماء متشابهة وطبيعتها واحدة
فلماذا تكون اجزاؤها مختلفة الحركات وقد نجد
الامور التي لدينا ما كان منها متشابه الاجزاء فان
حركة الجزء الواحد منها شبيهة بحركة الكل وتحرك
الجزء الى حيث تحرك الكل فان كان في حركات
اجزاء السماء اختلاف او حتى تقابل فليست السماء
واحدة ولا اجزاؤها متشابهة وقد بين الحكيم انها

3 واخرى] واحد SH

אחד ומתדמי [9]החלקים ואין חלוף בהם. אם כן E 8r
[10]תנועת חלקיהם אל אשר תהיה [11]תנועת כללם
וגדול חלקי השמים [12]הוא הגרם המניע התנועה
היומית [13]והיא מן הימין אל השמאל. א"כ
[14]תנועת חלקיהם לשם.

[11] עוד [15]כי בטלמיוס אמר בכלל השלישי
[16]מן המאמר השלישי בשרשים [17]אשר הונחו לתנועה
השוה [18]אשר תלך בסיבוב מה שזה [19]לשונו.
והנה ראוי שנקדים בכלל [20]שהעתק השמש והירח
והכוכבי' [21]הנבוכים בתנועותיהם אצל [22]תנועת
השמים וכן העתק הכל [23]קדמה בכלם שוה בטבעם
על [24]סבוב ר"ל שהקוים הישרים [25]אשר הם מרחקי
הכוכבים [26]ממרכזי גלגליהם אשר מדומים [27]שהם
יסבבו הכוכבים או יסבבו [28]עם הכוכבים גלגליהם
יהלקו מהן /מ 20א/ [1]כולם במוחלט בזמנים M 20r

26. מ: גלגליהם] ב: גלגלי אשר הם.

واحده ومتشابهه الاجزا ولا اختلاف فيها
في حركه اجزايها اذًا الى حيث يكون حركه جملتها او معظم
اجزا السما هو الجرم المتحرك الحركه اليوميه وهي
من اليمين الى اليسار فحركه اجزايها اذًا الى يمنا لك
ثم ان بطلميوس قال في النوع الثالث من المقاله الثالثه
في الاصول التي للحركه المستويه التي تجري على
الاستداره ما هذا نصه فقد ينبغي ان نقدم
ما جمله ان نقل الشمس والقمر والكواكب المتحيره في حركاتها
تلقاء حركه السما وكذلك نقله الجميع قدما مستويه
كلها في طبيعتها على الاستداره اعني الخطوط المستقيمه
التي هي ابعاد الكواكب من مراكز افلاكها التي نتوهم
توهمًا انها تدير الكواكب او تدور مع الكواكب
افلاكها تفصل منها كلها على الاطلاق في الازمان

3 المتحرك] المحرك SH

E 8v שוים זויות [2]שוות אל מרכזיהם בכל אחד מן
[3]הסבובים ושהחילוף שיראה בהם [4]אמנם יהיה
בעבור מצב הגלגלים [5]אשר בכדורם שעליהם יתנועע
[6]ובעבור סדרם. ושאין במה [7]שידומה מחילוף
סדר [8]מה שיראה בהם מה שיתחייב [9]ממנו באמת
דבר נבדל מפני [10]שהם תמידיים ושהסיבה במה
[11]שידומה מחילוף בהם סובל [12]שישוב לשני
שרשים לבד [13]ראשונים פשוטים. וזה כי תנועת
[14]הכוכבים הנראים אלו היה [15]על עגול יצוייר
בשכל שמרכזו [16]מרכז העולם ושהוא בשטח [17]גלגל
המזלות עד שאין הפרש [18]בין מרכזו ובין ראותינו
לא היה [19]נראה לתנועתם חילוף. ולכן הנה
[20]ראוי שנחשוב כי הכוכבים אם [21]שיהיו מתנועעים
תנועתם על [22]השווי על הגלגלים אין מרכזיהם
[23]מרכז העולם, ואם שיהיו מתנועעים [24]תנועותיהן
על גלגלים מרכזיהם [25]מרכז העולם.

7. ב: סדר] מ: סדרה יושר. 19. מ: הנה] חסר בב"י ב.

المتساويه فيها انما يكون من قبل وضع الافلاك
التي في كرتها التي عليها يتحرك ومن قبل نفسها
وانه ليس فيما يخال من اختلاف نظام ما يظهر فيها
ما يلزم منه بالحقيقة شي متباين لانها ابديه وان
السبب فيما يخال من الاختلاف فيها يحتمل ان يرجع
الى اصلين خاصه او لين بسيطين وذلك ان حركة
الكواكب التي ترى لو كانت على فلك يتصور في الذهن
ان مركزه مركز العالم وانه في سطح فلك البروج
حتى انه لا فرق بين مركزه وبين بصرنا لم يكن يرى
بحركتها اختلاف فلذلك قد يسعى ان يظن ان
الكواكب اما ان يتحرك حركاتها على الاستواء على
افلاك ليس مراكزها مركز العالم واما ان تكون
تتحرك حركاتها على افلاك مراكزها مركز العالم

نوابا متشابهه تعلم ان اكثر الحركات التي تظهر من الحركات وان الاختلاف الذي يظهر

2 نفسها] ترتيبها SH 4 لانها SH

אבל שהם אינם [26]מתנועעים על אלו הגלגלים E 9r
[27]במוחלט. אבל על גלגלים אחרים [28]יניעום
הגלגלים ההם ויקראו [29]גלגלי ההקפה. והנה
הוא נראה /מ 20 ב/ [1]שהוא אפשר לפי כל אחד M 20v
משני [2]שרשים אלו שיראה לראותינו שהן
[3]בזמנים שווים יחתכו מגלגל המזלות [4]שמרכזו
מרכז העולם קשתות בלתי [5]שוות.

[12] זה מה שאמר בהנחת שני [6]השרשים שהניחם
בתנועת אלו [7]הכוכבים ולא יספיק באחת מהם
[8]לכל הכוכבים הרצים אבל הוצרך [9]בכולם אל
הנחת שני השרשים [10]יחד זולת בשמש לבדה,
ואפשר [11]שהוסיפו ברוב מהן דברים אחרים
[12]עמהם עד שתהיה תנועת הכוכב [13]בגלגל ההקפה
מרכזו סובב על [14]מקיף גלגל יוצא המרכז
ממרכז [15]העולם, ורוצה באומרו שיעתקו
[16]השמש והירח והכוכבים הנבוכים [17]בתנועתם
אצל

تابعه

الا انها ليست تتحرك على هذه الافلاك على الاطلاق
بل على افلاك اخر تحركها تلك الافلاك ويقال
لها افلاك التداوير فانه قد يظهر انه يمكن بحسب
كل واحد من هذين الاصلين ان يتبين لابصارنا انها
في ازمان متساويه تقطع من فلك البروج الذي مركزه
مركز العالم قسيا غير متساويه فهذا ما قاله
في وضع الاصلين اللذين جمعهما الحركات هذه الكواكب
ولم يكتف باحدهما لجميع الكواكب السياره بل اضطر
في جميعها الى وضع الاصلين جميعا الا في الشمس وحدها
وربما زاد في الاكثر منها اشيا اخر معهما حتى يكون
حركه الكواكب في فلك تدوير مركزه دايره على محيط
فلك خارج المركز عن مركز العالم وعني بقوله لم
تنقل الشمس والقمر والكواكب المتحيره بحركاتها تلقى

13 تلقى] تلقاء S

E 9v תנועת השמים [18]וכן רוצה באומרו העתק הכל
לאחד [19]בכלם שוה בטבעה כלומר שהעתקת [20]כולם
הוא בסיבוב לא שהם בתנועתם [21]אצל תנועת הכל,
כי אלו הכוכבים [22]הרצים והקימים ג"כ אמנם
[23]העתקם אצלם להפך תנועת הכל [24]וכל מה שאמר
בשער הזה אמנם [25]הוא בדמיון לא באמת.
[13] כי אמרו [26]שהקוים הישרים שהם מרחקי
[27]הכוכבים ממרכזי גלגליהם אשר [28]ידומו שהם
יסבבו הכוכבים או [29]יסבבו עם הכוכבים
בגלגליהם [30]יבדילו מהם כולם במוחלט בזמנים
[31]שוים זויות שוות אצל מרכזיהם. /מ 21א/ [1]ואם M 21r
דמינו שאלו הקוים יניעו [2]הכוכבים או יניעו
גלגליהם דמיון [3]בטל. ואמנם ידומה זה כאשר
נדמה [4]אותם כעגולים העשוים אצלינו [5]אשר יתנועעו

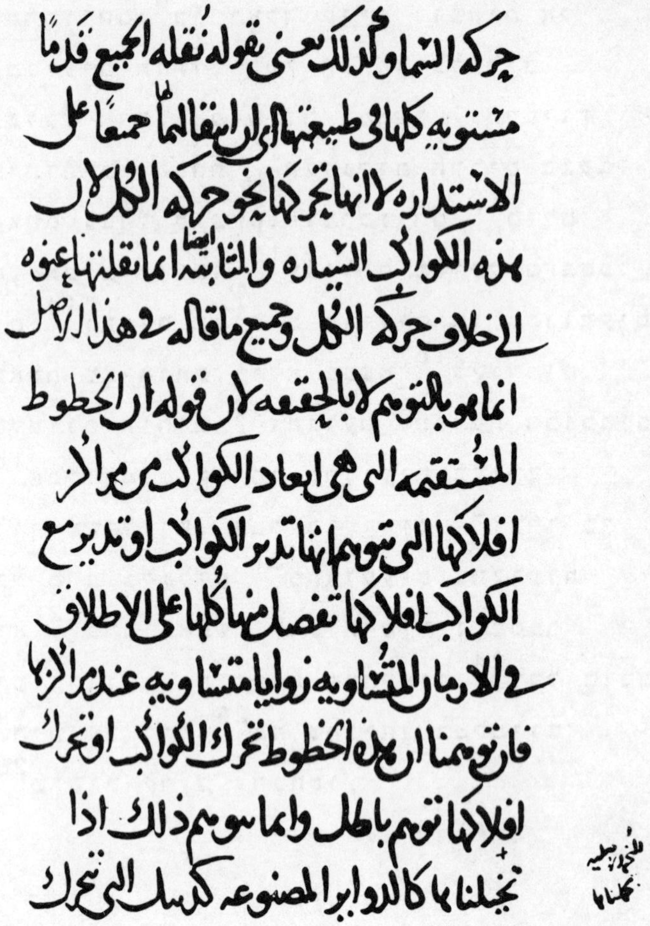
حركه السما وكذلك يعني بقوله نقله الجميع فدما
مستويه كلها في طبيعتها الى ان اسفل السما جميعا على
الاستداره لانها تجر كها نحو حركه الكل لان
هذه الكواكب السياره والثابته ايضا انما نقلتها عنوه
الى خلاف حركه الكل وجميع ما قاله في هذا الاصل
انما هو بالتوهم لا بالحقيقه لان قوله ان الخطوط
المستقيمه التي هي ابعاد الكواكب من مراكز
افلاكها التي يتوهم انها تدير الكواكب او تدير مع
الكواكب افلاكها تفصل منها كلها على الاطلاق
في الازمان المتساويه زوايا متساويه عند مراكزها
فان توهمنا ان هذه الخطوط تحرك الكواكب او تحرك
افلاكها توهم باطل وانما يتوهم ذلك اذا
تخيلناها كالدوائر المصنوعه كدينك التي تحرك

النسخة الاصلية تحملناها

2 انتقالها S 5 الاصل] الفصل S 13 تخيلناها : ES النسخة الاصلية تحملناها E mg. 13 كدينك] لدينا SH

על כוש מרכזיהם [6]בו ואלה קוים יוצאים אל E 10r
המקיף [7]מניעים אותו, וכן הניחו גלגלים
[8]רבים בגלגל אחד. אמנם זה במחשב [9]והדמיון
ואין אמיתות כי הנחת [10]הגלגלים הרבים בגלגל
אחד [11]קצתם נבדל מקצתם. ומרכזיהם [12]כולם
מתחלפים, אמנם ידומו [13]עגולים משוללים בשכל
לא גשמים [14]והניח עגולים מניעים או מתנועעים
[15]לא יתאמת מציאותם. ולא נמצא [16]לקודמים
לפני בטלמיוס הנחות [17]ותנועה לתנועת הכוכבים
האלה. [18]אבל אמנם קיימו התנועות באורך
[19]והחילוף משוללות. אבל כי קצתם [20]זכרו כי
לכל גלגל מהם גלגלים [21]מתנועעים בתנועות
אלו והוא [22]בלתי אפשר לדמות שיהיו מספר
[23]גלגלים יתנועעו תנועות מתחלפות [24]לכל כוכב
אם לא שהיה על דרך [25]מה שהניחו בטלמיוס
או מה [26]שיהיה קרוב להנחתו.

18. ב: התנועות] מ: התנועת.

٣

على محور مركزها عليه ومنه خطوطا خارجة
الى المحيط محركة له وكذلك وضعه افلاكا كثيره
في فلك واحد انما ذلك بالتوهم والتخيل ولا
حقيقه له لان وضع الافلاك الكثيرة في فلك
واحد بعضها منفصل عن بعض ومراكزها جميعا
مختلفة انما يتخيل دوائر مجرده في اكرهن لا
اجساما ووضع دوائر مجرده محركه او متحركه
لا يصح وجودها ولم يوجد للمقدمين قبل
بطلميوس اوضاع وهيئة لحركات هذه الكواكب
بل انما اثبتوا الحركات في الطول والاختلاف
مجرده الا ان بعضهم ذكر ان لكل فلك منها افلاكا
بحركات مختلفة لكل كوكب الا ان تكون على
نحو ما وضع بطلميوس او ما يقارب وضعه ولقد

6 اكرهن] الذهن SH 11 افلاكا متحركة بهذه الحركات وليس مما يتخيل ان يكون عدة افلاك ... SH

E 10^{v} [14] [27]והנה נפלאתי פלא גדול מהדברים
M 21^{v} הגדולים **אשר** המציא מן השרשים /מ 21ב/ [1]ההם
ואשבחנו על מה שהועיל [2]בו לבאים אחריו מן
החכמה [3]הזאת הנכבדת ותמהתי [4]ממה שהביא
מחוזק תנועת [5]הכוכבים וסידור מפורדיהן
[6]ודקדוק עניינם וחשבונותם [7]והגעת זמני העתקתם
ושובם [8]והוציאו ההקדמות האמתיות [9]והמוחשות
לשאלות תכונותיהם [10]והמשיכו התנועות ההם
המתחלפות [11]עד ששפט שעורם והקל למי [12]שרצה
למצאם ושם חשבונם [13]מוכן למי שרצה ידיעת
מקומות [14]הכוכבים מגלגליהם בקרבתם [15]ורחקם
והודיעו שיעור גדלם [16]ושיעור גלגליהם בערך
אל הארץ [17]ויחס קצתם לקצתם בזמני דבוקם
[18]והתנגדם, ובעיתות לקות מה [19]שילקה מהם,
ובשיעור [20]הנקדר מגרמיהם ובאורך עמידת

5. מפורדיהן] מ: מפירודיהן מפורדיהן; ב: מפורדתו.

كثر اكثر التعجب من عظم ما استنبطه من تلك
الاصول واحمده على ما افاد به من هذا العلم الجليل
واستغرب ما اتى به من تثقيف حركات الكواكب
ونظم اشتاتها وتوفيق معانيها وحسباناتها
وتحصيل ازمان نقلتها وعوداتها واستنباط
المقدمات اليقينيه والمحسوسه كتمثيل هيآتها   في الاصل لمسلسل
وتتبعه تلك الحركات المختلفه حتى احكم شرحها
وسهل المرتاد وجدانها وجعل حسابها معدا
لمن اراد معرفه مواضع الكواكب من افلاكها في قربها
وبعدها وعرف مقادير عظمها واقدار افلاكها
ونسبتها الى الارض ونسبة بعضها الى بعض
وباوقات اجتماعها وتقابلها وباوقات كسوف ما
ينكسف منها وبمقدار المنكسف من اجرامها ومده

3 تثقيف] تنفيف S 4 توفيق] تدقيق S

6 كتمثيل] لمسائل SH : فى النسخة الاصلية لمسلسل E mg.

לקותם[21] במה שעבר מן הזמן[22] ובמה שעתיד ומה שישתנה[23] מעניניו. E 11r

[15] אבל מה שהיה בנפשי[24] מההנחות ההם אשר הניחם[25] והשרשים אשר הוציאם והמציאם[26] עניין לא אוכל לסבול אותו.[27] ולא אמצא עם לבבי להניחו ולהציעו[28] ר"ל הנחת הגלגלים ההם היוצאים /מ 22א/[1] המרכזים ממרכז העולם[2] הסובבים סביב מרכזיהם היוצאים[3] ושיהיו מרכזיהם סובבים סביב[4] מרכזים אחרים, והציע גלגלי[5] ההקפות סובבים סביב מרכזיהם.[6] ומרכזיהם ג"כ סובבים ברוחב[7] הגלגל בעצמו להפך סביבם על[8] גלגלים אחרים יוצאים המרכזים[9] ממרכז העולם עד שיהיו כל[10] הגלגלים האלה מונחים בגלגל[11] אחד מהם ימלא ויטריד מקום[12] ממנו ויניח מקום אחר פנוי וריק.[13] ויהיה הגלגל היוצא המרכז[14] ר"ל הנושא מרכז גלגל ההקפה[15] יקח מרוחב הגלגל M 22r

23. מ: מה] חסר בכ"י ב. /מ 22א/ 1. ב: המרכזים] מ: המרכזיהם. 4. מ: והציע] ב: והניע. 5. ב: ההקפות] מ: הקפות.

٣

كسوفاتها في ماضي الزمان ومستقبله وبعد
ذلك من احوالها الا انه كان في نفسي من تلك
الاوضاع التي وضعها والاصول التي اخترعها واسرعها
امر لا اقدر على احتماله ولا انشط على وضعه وانزاله
اعني وضع تلك الافلاك الخارجة المراكز عن
مركز العالم الدائرة حول مراكزها الخارجة واستدارة
مراكزها حول مراكز اخر ووضع افلاك تدور
حول مراكزها ومراكزها ايضا دائرة في بعض عرض
الفلك الى خلاف دورانها على افلاك اخر خارجة
المراكز عن مركز العالم حتى تكون جميع هذه الافلاك
موضوعة في الفلك الواحد منها تحتل مكانا
منه وتخلي مكانا ويكون الفلك الخارج المراكز اعني
الكامل المركز فلك التدوير ياخذ من عرض الفلك

ابتدعها

3 واسرعها] ابتدعها S and E mg. 5 المراكز S

החלק ממנו [16]מצד אחד. והחלק המתנגד [17]לחלק הזה E 11v
מצד אחר וישאר [18]ממנו אחר זה תמונה בלתי
[19]שלמת העגול אם מתנועע [20]ואם נעתק בחלקיו
כשיתנועעו [21]בו הגלגלים ההם היוצאים [22]המרכזים
וגלגלי ההקפות עד [23]שיהיה הגלגל המקבץ לגלגלים
[24]אלו באויר דרך משל או במים [25]יעתקו חלקיו
וישים מקום פנוי [26]וריק לגלגלים אלו וימלאו
אחר [27]לפי הענין בו עם שאר מה /מ 22ב/ [1]שיחייבו M 22v
ההנחות ההם מן השקרים המתחייבים [2]והעניינים
המתחלפים לאמת הסותרים אותו [3]והיה היותר
לפי שישים שתי התנועות הראשונות [4]לשני גלגלים.
וישים הכוכבים לגלגלים היוצאים [5]המרכזים
וגלגלי ההקפות לבדם והם מתנועעים [6]התנועות
ההם אשר רשמם באויר דרך [7]משל או במה שידמה
לו מן הגשמים [8]מבלתי

19. ב: שלמת] מ: שלמות. / מ 22ב / 1. מ: ההם]
ב: האילו. 3. מ: לפי] ב: נאות לו. 4. ב: הכוכבים]
מ: הגלגלים

الجزؤ منه من ناحيه واحده والجزؤ المقابل لهذا
الجزؤ من ناحيه اخرى ويبقى منه بعد ذلك شكل
تام الاستداره اما متحرك واما متنقل باجزائه
اذا تحركت فيه تلك الافلاك الخارجه المراكز
وافلاك التداوير حتى يكون الفلك الجامع لهذه الافلاك
كالهواء مثلا وكالماء تتنقل اجزاوه ومحل هذه
كل فلك مكانا وملا اخر بحسب الحال فيه الى
سائر ما يلزم بهذه الاوضاع من المحالات اللازمه
او الاحوال المخالفه للحق المناقضه وكان الاولى
له ان يجعل الحركتين الاوليين لسمائين ويجعل الكواكب
في الافلاك الخارجه المراكز وافلاك التداوير
وجوها وهي متحركه بتلك الحركات التي رسمها في
الهواء مثلا او فيما يشبهه من الاجسام دون ان

2 اخرى] النسخة الاصلية من هنا [?] ورقة .. [?] عدم من اربع صفحات E mg.   2 شكل غير SHL

שישים אותם שמונה כדורים [9]כל כדור מהם סובל E 12r
בו מספר כדורים [10]תנועותיהם מתחלפות לפי מה
שהניח.

[16] [11]והנה נשארתי זמן נבוך משתאה
[12]ועמדתי מלעיין בנשאר מן הספר חושב [13]ומשתומם,
עד שהעירני אלהים ורוחו [14]והשפיע עלי עזר
אלהי אשר לא יסודר [15]כי אם מאתו והקיצני משנת
השממון [16]והעיר עיני לבבי מהנבוכות אל מה
שלא [17]נמצא שעלה במחשבה לשום אדם ולא [18]הגעתי
אליו בעיון בציור שכל אנושי, [19]אבל מה
שרצה האל יתע׳ ויתרו׳ להראות [20]נפלאותיו
ולגלות הנסתר מסוד תכונת [21]גלגליו. והודיע
מאמתת ישותם וצדק [22]איכות תנועתם והעתקם מה
שאביא [23]אותו אחר זה. ואודיע בחיוב מה
[24]שיראה בזה מן החילוף. ואביא סיבתו [25]על
שאני אומר כי בטלמיוס לא הניח [26]ההנחות ההם
עד שיהיה העינין כך

11. מ: זמן נבוך] ב: דומם. 19. מ: ויתרו׳] ב: ויתברך
21. מ: גלגליו] ב: גלגל.

بجعلها ثمانى كرات كل كرة منها تحتمل فيها
عشرة كرات مختلفات الحركات حسبما وضع ولقد
بقيت زمانا متحيرا مبلدا وتوقفت عن النظر فيما
في الكتاب متفكرا مبلدا الى ان مَنّ علي فيه
بفتح منه وتوفيق لا يصدر الامر لدنه وايقظ
من سنة التبلد وهدى من حيرة التبلد الى
ما لم اجده سنح الى خاطر ذى نظر ولا اهتدى اليه
في ظنى بالتصور عقل بشر لما شاء عز وجل
اظهار ايته وكشف الخفى من سر تميمه فظهر لى
من حقيقة هيئتها وصحيح كيفية حركاتها ما سناتى
بعد هذا به واعرف بوجه ما ظهر في ذلك
من الاختلاف واتى بشبهه على انى اقول ان
بطلميوس لم يضع تلك الاوضاع على ان الامر كذلك

בעצמו [27] ולא שיהיה מה שהעמיד מן השרשים E 12v
[28] ההם נאות בצורה למה שראה במבטו [29] והרגשו
אבל שהוא הניחם כדי שיאות [30] בהם העיניינים.
ההם ושימצאו לו [31] בהנחתם התנועות ההם. עד
[32] שיהיו על יושר אחד וסדר בלתי מתחלף [33] ולא
מתרחק.

[17] ואמנם הוא הנה לא נעלם [34] ממנו כי
היא הנחה נמנעת מן היושר [35] ורחוקה מן האמת
/מ 23 א/ [1] והבין כי יתחייב מכל אחד מב׳ M 23r
[2] השרשים שהניח ומהנחתם יחד [3] שיהיה שם ריקות
כשיתנועעו [4] הגלגלים ההם היוצאים המרכזים
[5] ואם שיהיו הגלגלים ההם המקבצים [6] אותם הגלגלים
מלאים גשם אחד [7] נוכרי יעתקו חלקיו לפי העתק
[8] הגשמים המתנועעים בו ויניחו [9] מקום ריק ופנוי
וימלאו מקום [10] וזה כולו מגונה ורחוק מן האמת
[11] ומתחלף

4-5. היוצאים ... ההם] חסר בכ"י ב.

في نفسه ولا ان ما اورد من تلك الاوضاع مطابق
بالضروره لما شاهده برصده وحسبه لكنه وضعها
ليطابق منها تلك الحركات وليتمشى له بوضعها
تلك الحركات لتكون على نظام واحد وترتيب غير
مختلف ولا متباعد واما هو فلن تخفى عنه ان
ذلك وضع مخل بالنظام بعيد من الاتقان
والاحكام او يلزم عن كل واحد من الاصلين اللذين
وضعهما او عن وضعهما جميعا ان يكون هنالك خلا
حيث تتحرك تلك الافلاك الخارجة المراكز واما
ان يكون تلك الافلاك الجامعة لتلك الافلاك
مملوة جسما اخر غير ما ينتقل بالادارة بحسب
انتقال الاجسام المتحركة فيه فيخلي لها مكانا ويملا
مكانا وهذا كله شنيع وبعيد عن الحق مخالف

E 13r לאמתת עניין השמים.

[18] [12]וכבר ידעת אחי כי השופט [13]הנכבד
אבא בכר בן טפיל היה [14]אומר לנו כי הוא מצא
תכונה [15]ושרשים לתנועות ההם זולת [16]השרשים
ההם אשר הניחם [17]בטלמיוס מבלתי שיניח גלגל
יוצא [18]המרכז כלל ולא גלגל הקפה ויתאמתו
[19]עמה התנועות ההם כולם ובלתי [20]שיתחייב מהם
דבר מן השקר [21]וכבר ייעד שיכתוב בו ומעלתו
[22]בחכמה ידועה ולא סרתי מיום [23]שומעי זה ממנו
לחשוב בו ולחפש [24]מאמרי הקודמים ולא מצאתי
[25]בו דבר זולת רמיזות מועטות [26]במאמר ההכם
במאמר השני [26]מספר השמים. ונאמר ג"כ כי
[28]לגרם העגול בכאן שתי תנועות [29]אחת מהן עגולה
והאחרת [30]סובבת סבוב לולבי

21. מ: וכבר] ב: וכבר ידעת.

٤

لحقيقة امر السماء وقد علمت يا اخي ان ابا بكر
ابن الطفيل رحمه الله تعالى كان يذكر لنا انه عثر
على هيئة واصول لتلك الحركات غير ذينك
الاصلين اللذين وضعهما بطلميوس ودون ان
يضع فلكا خارج المركز اصلا ولا فلك تدوير
ويصح معه تلك الحركات جميعا ودون ان يلزم
عنها شي من المحال وكان قد وعد ان يكتب فيه
ومكانه من العلم بحيث لا يجهل ومازلت منذ
سمعت منه ذلك افكر فيه وابحث عن اقاويل
من تقدم فلم اجد في ذلك شيا سوى اشارات
قليلة كقول الحكيم في المقالة الثالثة من كتاب
السما ونقول ايضا ان الجسم المستدير ها هنا
حركتين احداهما مستديرة والاخرى اداره اولية

11 الثالثة] الثانية SHL   13 اولية] لولبية SH

ואם יתנועעו [31] והכוכבים הנה בלא ספק כי E 13[v]
ב[1] תנועתם על אחת משתי התנועות [2] ההם /מ 23ב/ M 23[v]
ואפי׳ תהיה תנועתם סבובית [3] יהיו קיימים במקומה
לגמרי ולא [4] יהיו ממירים מקומה ואנחנו [5] רואים
אותם ממירים מקומותן [6] וכבר הודו בזה הראשונים
כולן [7] וקבלוהו ואילו היתה תנועתם [8] על התואר
הזה היה ראוי שתהיה [9] תנועת הכוכבים כולם
כמו [10] התנועה הזאת, ואולם עתה [11] הנה השמש
לבדה תראה כאילו [12] היא מתנועעת התנועה הזאת
[13] אצל עליתה ושקיעתה. [14] ואמנם תראה בעניין
הזה לא [15] בעבורה אבל לרחקה מראותינו.

[19] [16] ואמנם רצה החכם במאמרו [17] זה כי
הראשונים אמרו כי לכוכבים [18] עצמם תנועה זולת
מה שיניעום [19] הגלגלים אבל במאמרו שהם [20] שתי
תנועות רמז על שני מיני [21] תנועות הכוכבים
בגלגליהם [22] ותנועתם הלולבית בעדות בחוש
[23] ר"ל הכוכבים הנבוכים והשמש [24] והירח.

فان كانت الكواكب تتحرك فلا محالة ان حركتها على الجرى
تبينك الحركتين ولو ان حركتها كانت دوريه كانت ثابته
في مواضعها البته ولم تكن تتبدل مواضعها ونحن
نراها تتبدل مواضعها وقد اقر بذلك الاولون عامه
وقبلوه ولو كانت حركتها على هذه الصفه لكان ينبغي
ان يكون حركة الكواكب كلها مثل هذه الحركه فاما الان
فان الشمس وحدها ترى كانها تتحرك هذه الحركه عند
طلوعها وغيبوبتها وانما صارت تظهر على هذه الحال
لا من اجلها الا ان بعدها عن ابصارنا وانما اراد الحكيم
بهذا القول ان الاولين قالوا ان للكواكب في انفسها حركة
دون ان تحركها الافلاك ولكن في قوله انها حركتان
تنبيه على نوعي حركة الكواكب في افلاكها وحركتها الاولية
مشاهده بالحس اعني الكواكب المتحيره والشمس والقمر

9 لا ان] لكن SHL   12 الاولية] اللولبية SH

E 14r [20] וכבר ביאר החכם [25]עם זה כי הכוכבים
תקועים [26]קיימים במקומותם מגלגליהם [27]אין
להם תנועה כי אם בתנועת [28]גלגליהם. וכאשר היה
זה [29]כן הנה אפשר שיהיה לכוכבים [30]אותו
M 24r הסיבוב הלולבי עם דבקותם /מ 24א/ [1]במקומותיהם
מגלגליהם אלא [2]בתנועה תקרה לקטבי גלגליהם
[3]אשר הם תקועים בהם עם [4]סבוב יהיה לקוטבים
על עגולים [5]ידועים כמו שנבאר בע"ה [6]וזכר
החכם ג"כ כי תנועת [7]הגלגל העליון היא פשוטה
ושתנועות [8]מה שבתחתיו בפשיטות לפי [9]שיעור
מרחקו ממנו או קרבתו [10]וממאמרים אלו הגיע
הרמז על [11]התנועה הזאת ולמצוא אותה. [12]כי
הוא מן הנראה המבואר לכל [13]שהנחת קוטבי הגלגל
העליון [14]המניע לכל מתחלפת להנחת [15]קוטבי
שאר הגלגלים אשר [16]תחתיו ואילו היו קוטבי
שאר [17]הגלגלים

3. מ: בהם] ב: להם.

وقد بين الحكماء ان الكواكب مركوزة موثقة في مواضعها
من افلاكها ليس لها حركة الا بحركة افلاكها واذا كان
هذا هكذا فليس يمكن ان تكون للكواكب تلك الادارة
الاولية مع التزامها مواضعها من افلاكها الا بحركة
تعرض لاقطاب افلاكها التي هي مركوزة فيها مع دوران
تكون على الاقطاب على دوائر معلومة كما سنبين
بعد بمشية الله سبحانه وذكر الحكماء ايضا ان
حركة الفلك الاعلى هي بسيطة وان حركة ما تحته
في البساطة على قدر بعده منه او قربه فمن هذه الاقاويل
وقع التنبه على هذه الحركة والعثور عليها لانه من
الظاهر البين للجميع ان وضع قطبي الفلك الاعلى
المحرك للكل مخالف لوضع اقطاب سائر
الافلاك التي تحته ولو كان قطبا سائر الافلاك

4 الاولية] اللولبية SH

אחדים היו הגלגלים [18]אחד אין חילוף בתנועתם E 14v
[19]כי תנועת הגלגלים אמנם תהיה [20]על קוטביהם
ובזה יבדל אחד [21]מהם מן האחר.

[21] ואולם מרכזי [22]כולם הוא אחד בהכרח
ואולם [23]הניח בטלמיוס קוטבי גלגל המזלות
[24]לכל הכוכבים הרצים ולגלגל [25]הכוכבים הקיימים
אחדים הוא [26]טעות כי אלו היו קוטבי כולם
[27]שני הקוטבים האלה היו גלגל אחד. [28]והיו
הכוכבים הם המתנועעים [29]בלתי גלגליהם ואמנם
יתחלפו [30]הגלגלים בהתחלף מצב קוטביהם
/מ 24ב/ [1]ובתנועתם עליהם לא זולת זה כי M 24v
[2]תנועתם הטבעית להם אמנם [3]היא על הקוטבים לא
על המרכזים [4]והקוטבים לא יסמכו על המרכז
[5]כי הם יותר נכבדים מהסמך [6]עליו. אבל תנועתם
בהכרח [7]אמנם תהיה בהסמכם על קוטביהם [8]וסביב
המרכז. וג"כ אילו היו

واحدا لكانت السماء واحدة ولا اختلاف في
حركتها اذ حركة الافلاك انما تكون على اقطابها
وبذلك ينفصل احدهما عن الآخر واما مركزها
جميعا فواحد بالضرورة واما وضع بطلميوس قطبي
فلك البروج لجميع الكواكب السيارة وللكواكب
فغلط اذ لو كان قطباهما جميعا هذين القطبين
لكانت فلكا واحدا ولكانت الكواكب هي المتحركة
دون افلاكها وانما تختلف الافلاك باختلاف
وضع اقطابها وبحركاتها عليها لا غير ذلك لان
حركتها الطبيعية لها انما هي على الاقطاب لا
على المراكز لانها لا تعتمد على المركز اذ هي اشرف
من ان تعتمد عليه بل حركتها بالضرورة انما تكون
باعتمادها على اقطابها وحول المركز وايضا لو كانت

[9]מתנועעים על המרכזים לא היו [10]שומרים תנועת E 15r
הכוכבים שעליהם [11]על יושר אחד. והיו מקומות
[12]הקוטבים ג"כ מתנועעים כמו [13]שיתנועעו המקומות
האחרים [14]זולתם. ולא היה אמצע הגלגל [15]יותר
ראוי שיתנועע על העגול [16]הגדול מן הקוטבים ולא
ממה [16]שהוא קרוב מן הקוטבים. ובעבור [18]שהיה
הנראה מתנועות הכוכבי׳ [19]הרצים שהם מתחלפים
התחייב [20]לזה חילוף קטבי גלגליהם בהכרח.

[22] [21]וג"כ הנה בעבור שהיתה [22]התנועה
אמנם תסודר מן המניע [23]הראשון וכחה ומבועה
משם [24]הנה הכח בהכרח שם יותר חזק. [25]והראיה
על זה מהירות התנועה [26]כי מהירות התנועה אמנם
[27]תהיה מחזק הכח. והוא בלא [28]ספק

21. מ: הנה] חסר בכ"י ב.

انما يتحرك على المراكز لم يكن حافظا لحركات الكواكب
التي عليها على نظام واحد ولكانت مواضع الاقطاب
ايضا تتحرك كما يتحرك المواضع الاخر غيرها ولكانت
تكون اوساط ما الفلك اولى ان تتحرك على دواير على ليست
عظام من الاقطاب ولا سيما قرب من الاقطاب
فليست اذا حركات هذه الافلاك على المراكز
بل على الاقطاب ولما كان الظاهر من حركات
الكواكب السيارة انها مختلفة وجب لذلك
اختلاف اقطاب افلاكها بالضرورة وايضا فانه
لما كانت الحركة انما تصدر عن المحرك الاول وقوتها
ومنبعها من هناك والقوة بالضرورة هناك
اشد والدليل على ذلك سرعة الحركة فان سرعة
الحركة انما يكون عن شدة القوة ودون شك ان

3 ولكانت] ولا كانت SH : ليست E mg.

E 15v שהתנועה היומית יותר [29]מהירה מכל התנועות
M 25r [30]והיא לגלגל אשר היא יותר /מ 25א/ [1]חזק מכל
הגלגלים והוא עם זה [2]מניעם כולם התנועה
היומית. [3]ומה שקרב מן המניע היה [4]בהכרח כוחו
יותר חזק ממה [5]שרחק ממנו ותנועתו יותר [6]מהירה
ג"כ. וזה לפי היושר [7]הטבעי ומה שרחק הוא למטה
[8]מן הראשון בכח והמהירות [9]וזה השורש אשר נבנה
[10]עליו זה המאמר.

[23] ונראה היותר [11]מהירה שבתנועות ושכחה
[12]יותר חזק והיותר פשוטה היא [13]מן הגלגל
המניע הכל התנועה [14]היומית ושאר הגלגלים אמנם
[15]הם נמשכים אליו בתנועה וקונים [16]אותה ממנו.
והם אמנם יכוונו [17]כוונתם ותכליתם אצל תנועתו
[18]להתדמות בו כי הוא תכליתם [19]ומה שהיה מהם
יותר קרוב אליו [20]בדמיון בתנועתו הזה הוא
יותר [21]מהיר וכוחו יותר חזק ומה [22]שהיה מהם
רחוק מן הקרוב [23]ממנו בתנועתו היה יותר
[24]מתאחר והיה

الحركة اليومية اسرع الحركات فهي للفلك الذي هو
اشد الافلاك قوة وهو مع ذلك يحركها جميعا
الحركة اليومية وما قرب من المحرك كان بالضرورة
اشد قوة مما بعد عنه واسرع حركة ايضا وذلك
بحسب النظام الطبيعي وما بعد فدون الاقرب
في القوة والسرعة وهذا هو الاصل الذي ينبني
عليه هذا القول وظاهر ان اسرع الحركات واشدها
وابسطها هي للفلك المحرك للكل الحركة اليومية
وسائر الباقية انما هو تابع له في الحركة ويستفيدها
منه وهي فانما تقصد قصده وغايتها نحو حركته
للتشبه به اذ هو غايتها فما كان منها اقرب اليه
شبيها في حركته فهو اسرع وقوته اشد وما كان
منها بعيدا عن القرب في حركته كان ابطا وكانت

E 16r כוחו יותר חלוש [25]וכאשר התבאר לנו כי מה
[26]שקרב מן המניע הזה יותר [27]מהיר ממה שרחק
ממנו יותר [28]דומה לו בתנועה ומה שקרב [29]אליה
יותר דומה לו ויותר מהיר [30]בתנועה ממה שרחק
M 25v הרבה /מ 25ב/ [1]ממה שלא יקרב הדמיון בו
[2]במהירות עם יותר סדר אותם [3]התנועות אשר
לכוכבים הרצים [4]האלה עם חלופיהן.

[24] הנה כבר [5]הגענו אל העניין המכוון השגנו
[6]הכוונה המבוקשת והביאנו עם [7]זה הסבה בסדרם
אשר אי אפשר [8]שיהיה בחלופו כי כבר נפל החלוף
[9]בין בעלי החכמה הזאת הקודמים [10]והחדשים
בסדר הגלגלים האלה [11]ולא ראה ולא השגיח אחד
מהם [12]על הסיבה המחייבת אותו והיה [13]סדרם
אצלם אמנם נפל בחפוש [14]והשתדלו להביא לו
סיבות בלתי [15]הכרחיות. ואחשוב שהסדר [16]הזה
המפורסם שהיה אצלם [17]אמנם הוא עניין

قوته اضعف واذا تبين لنا ان ما قرب من المحرك
اسرع مما بعد عنه واكثر شبها به في الحركه
وما قارب هذا اشبه به واسرع حركة مما بعد كثيرا
مما لم يقارب التشبه به في السرعه مع انتظام تلك
الحركات التي لهذه الكواكب السياره على اختلافها
فقد انتهينا الى الامر المقصود وبلغنا الغرض
المطلوب واتينا مع ذلك بالسبب في ترتيبها
الذي لا يمكن ان يكون على خلافه اذ وقع الاختلاف
بين اهل هذا العلم قديما وحديثا في ترتيب صور
الافلاك ولم يقع احد ممن تقدم على السبب
الضروري الموجب له وكان ترتيبها عندهم انما
وقع بالبحث فاحتالوا له في اسباب غير ضروريه
واظن هذا الترتيب المشهور كان عندهم انما هو امر

מקובל ובעבור [18]שחקרו האחרונים סבותיו נפל E 16v
[19]החלוף ביניהם כמו שהוא נמצא [20]בספריהם.
[25] ועתה נשוב במה [21]שהיינו בו ונאמר כי
מן הראיה [22]ג"כ על מה שאמרנו מהשתלח [23]התנועה
מן הגרם העליון מה [24]שנראה בעולם הזה השפל ר"ל
[25]עולם ההויה [26]וההפסד ממה שהוא תחת השמים
[27]כי כח התנועה המניעה לעולם [28]אשר היא לגרם
המניע הכל יראה [29]בו על העניין ההוא כי מה
שקרב [30]ממנו היתה תנועתו יותר חזקה /מ 26א/ M 26r
[1]ויותר מהירה ממה שרחק וזה [2]כי השתלח התנועה
הסבובית [3]בהם מה שהיא זולת תנועתם [4]הטבעית
אמנם היא משם [5]וזה שאנחנו נראה בחומר האש
[6]תנועה סבובית דומה בתנועה [7]השמימית במה
שיראה מדמיון [8]הכוכבים אשר יראו בקצת הזמנים
[9]המתלהבות יהיה במקומות

مقبول فلما بحث المتاخرون عن اسبابه وقع
الخلاف بينهم حسب ما هو موجود في كتبهم وهذا
حين نرجع الى ما كنا فيه فنقول ان من الدليل
ايضا على ما قلناه من انبعاث الحركة من الجرم الاعلى
على ما نشاهده في هذا العالم السفلي اعني عالم الكون
والفساد مما هو تحت السماء فان قوة الحركة المحركة
للعالم التي هي للجرم المحرك للكل تظهر فيه على
تلك الحال من ان ما قرب منه كان اقوى حركة
واسرع مما بعد وذلك لان انبعاث الحركة الدورية
فيها ما عدا حركاتها الطبيعية انما هي من هناك وذلك
انا نشاهد لعنصر النار حركة دايرة شبيهة بالحركة
السماوية بما يظهر من اشباه الكواكب التي ترى في
بعض الاوقات من الشهب تكون في الموضع العالي

[10]בלילות עד שיתדמה לרואה שהן [11]כוכבים ויראו E 17r
שיתנועעו עם [12]תנועת הכוכבים או נמשכים
[13]אחרים עד שישקעו ויורה זה [14]מהם שהיסוד
ההוא יתנועע [15]נשוא בתנועת השמים אשר [16]ממעל
לו.

[26] ואולם יסוד האוויר [17]הנה בתנועתו
קצת הקלות ואע"פ [18]שהיא מסתערת בלתי שומרת
[19]הסדר מפני מה שבטבע [20]האוויר מקיבול
הדחיה ומהירות [21]הקריעה והבקיעה הנה נשאר
[22]אותו על הרוב שיתנועע בתנועת [23]השמים וכל
שכן אצל עליית [24]השמש ואצל נטייתו אחר
הזריחה [25]ועם השקיעה ומה שנראה [26]מתנועת
האוויר והסתערותו [27]אע"פ שאנחנו במקומות
האוויר [28]עומדים בהם ולא נשער [29]בתנועתו וג"כ
הנה האויר הקרוב [30]הארץ הוא במה שבין
חלקי הארץ /מ 26ב/ [1]מן האגמים והרים ובו עובי M 26v
מן [2]האדים

25. מ: ועם] חסר בכ"י ב.

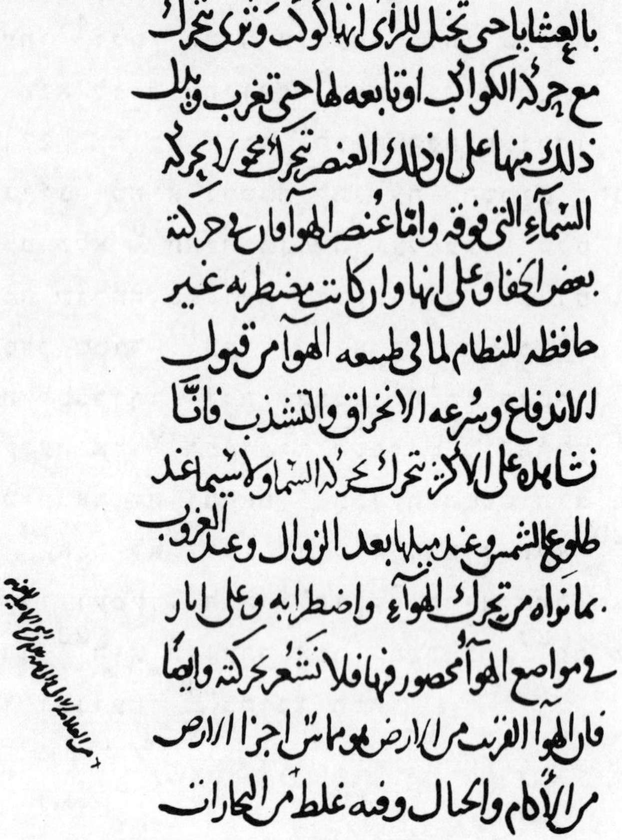
بالعشا باحى تخيل للرآى انها كوكب وترى تتحرك
مع حركة الكواكب او تابعة لها حتى تغرب ويدل
ذلك منها على ان ذلك العنصر يتحرك [illegible] بحركة
السماء التى فوقه واما عنصر الهوا فان فى حركة
بعض الخفاء على انها وان كانت مضطربة غير
حافظة للنظام لما فى طبعه الهوا من قبول
الاندفاع وسرعة الانخراق والتشذب فانا
نشاهده على الاكثر يتحرك بحركة السما ولاسيما عند
طلوع الشمس وعند ميلها بعد الزوال وعند الغروب
بما نراه من تحرك الهوا واضطرابه وعلى اثار
فى مواضع الهوا المحصور فيها فلا نشعر بحركته وايضا
فان الهوا القريب من الارض هو مماس اجزا الارض
من الاكام والجبال وفيه غلط من البخارات

10 انار] انّا S' 12 مما] فيما S 13 غلط]
من العلامة الاولى والى هذه عدم من النسخة الاصلية
المغربية E mg.

העולים מן הארץ והמים [3]הנה לא תראה בעבור זה E 17v
תנועתו [4]ולכן תהיה תנועתו בלתי שומרת [5]הסדר
אבל הוא למטה מתנועת [6]האש במהירות.

[27] ואולם יסוד [7]המים הנה תנועתו מבואר
[8]מעניינה שהיא נמשכת לתנועת [9]השמים בהכרח.
ואע"פ שלא [10]תהיה תנועתו על עגול שלם וזה
[11]במה שנראה מתנועת הים הגדול [12]ביום ובלילה
על סדר שמור [13]כאילו היא תנועה נכוחית ואולם
[14]זה לכבדותו. ומה שבטבעו [15]מן הנטייה למטה
והשקיעה אל [16]המקומות השפלים מן הארץ [17]ורוב
מה שיתבאר זה ותראה [18]תנועת השמש היא בקיבוצם
כים [19]אשר לא יושג לו סוף וגבול אלא [20]אחד
לגודלו ועמקו. הנה [21]תנועת המים אשר מצד
המזרח [22]היא תנועתה אשר ימשך בה [23]מה שלמעלה
ממנו ותנועתו [24]בשובו היא

11. מ: במה] ב: ממה.

المرتفعة من الارض والما فلا تظهر لذلك حركته ولذلك
تكون حركته غير محفوظة النظام ولانها دون حركة
النار في السرعة واما عنصر الما فان حركته تبين
امرها انها تابعة لحركة السما بالضرورة وان لم
تكن حركته على استدارة تامة وذلك مما نشاهده
من حركة البحر الاعظم من مده وجزره في الليل
والنهار على نظام محفوظ كانها حركة موازاة وانما
ذلك لتغلب ما في طباعه من الميل الى الاسفل
والرسوب الى المواضع المنخفضة من الارض
واكثر ما يبين ذلك ويظهر حركة الما في مجتمعه
كالبحار التي لا يدرك لها الا شط واحده لعظمها
وعمقها فحركة الما التي من جهة المشرق هي حركته
التي يتبع بها ما فوقه وحركته في الرجوع هي

11 واحده] واحد S

בכבדותו ונטיתו [25]למטה ולרבויו ותנועת המים E 18r
[26]מהירותה למטה מתנועת האויר [27]ולכן יחשוב
בהם שהם נמשכים [28]בתנועה להעתקת הירח
/מ 27א/ [1]לקורבת תנועתם. ואולם [2]חשבו שיהיה M 27r
כן שהם [3]יבואו נמשכים אליו ומקצרים [4]ממנו
ולא יגיע הכח בהם אל [5]השלמת הסיבוב עד
שיבוא [6]עליהם סבוב אחד וימהרם [7]מן ההשלמה
וגמר הסבוב [8]ויסתערו המים בעבור זה כמו
[9]שזה נראה בהם.

[28] ואולם [10]הארץ הנה הוא נראה מעניינה [11]שהיא נחה בכללה. ואע"פ [12]שיש לקצת חלקיה שינוי מה [13]ותנועה ואולם כלה כח המניעה [14]ועמדה וכאשר היה זה כמו [15]שזכרנו הנה מה שקרב מן [16]המניע תהיה תנועתו יותר [17]מהירה וכוחו יותר חזק ומה [18]שקרב מן התנועה המהירה [19]יהיה יותר מהיר ממה שרחק [20]ממנה. ומה שרחק מן המניע [21]וממהר התנועה יהיה יותר [22]חלוש ויותר מתאחר.

10. מ: נראה] חסר בכ"י ב. 13. מ: כח] חסר בכ"י ב.
21. ב: וממהר] מ: ומההר.

ثقله وميله الى الاسفل لكثرته وحركة الما اقل
سرعة من حركة الهوا ولذلك يظن به انه تابع في
الحركة لثقله القمر لتقارب حركتيهما وانما ظن
ذلك لانها ماتي تابعة ومقصرة عنها فلا تنتهي
القوة بها الى تمام الدورة حتى تاتي عليها دورة اخرى
فتستعجلها عن التمام واستيفا الدورة فيضطرب
الما لذلك كما ذلك مشاهد فيها وامّا الارض
فظاهر من امرها انها ساكنة بكليتها وان كان لبعض
اجزائها حركة وتفرق وانما انتهت القوة المحركة
اليها ووقفت واذا كان هذا على ما ذكرناه فما قرب
من المحرك كانت حركته اسرع وقوته اشد وما قرب
من الحركة السريعة كان اسرع مما بعد عنها وما بعد
عن المحرك وعن السريع الحركة كان اضعف وابطا

(margin:) النسخة المغربية تغيير ما وحركة تحرر تفرق

9 حركة وتفرق] تغيير ما وحركة SH : النسخة المغربية
تغيير ما وحركة تحرر تفرق E mg.

וזה [23]המאמר מספיק מאד וג"כ [24]הנה בעבור E 18v
שהיתה התנועה [25]מתדבקת אמנם היא למתנועע
[26]אחד וממניע אחד בהכרח [27]כמו שהתבאר בשמע
הטבעי. [28]והיתה התנועה הזאת /מ 27ב/ [1]המתדבקת M 27v
לגרם העליון המתנועע [2]התנועה היומית לבדו
והוא אשר לא [3]יתערב בו שנוי ואולם הגרמים
[4]הבאים אחריו אמנם יתנועע [5]מזה הגרם המתנועע
התנועה [6]המתדבקת ובעבור שהיה הגרם [7]הזה
בהכרח בעל תכלית מפני [8]שתנועתו סבובית וכח
הגרם [9]שיש לו תכלית בעל תכלית בהכרח [10]הנה
הכח אשר ישלחהו במה [11]שיתדבק בה יש לו תכלית
בהכרח [12]והיא הולכת בגרמים הבאים אחריו
[13]זה אחר זה כי אלו הגרמים הבאים [14]אחר
הגרם העליון יתנועע כל א׳ [15]מהם ויניע מה שילוה
אליו אחריו [16]בתנועתו וכח הבא אחר המניע
[17]העליון בהנעה יותר חזק ממה שרחק [18]ממנו
בהכרח.

2-3. מ: והוא ... שנוי] חסר בכ"י ב. 10. מ: במה] ב: מה.

وهذا القول فيه اقناع ليس باليسير وايضا فانه
لما كانت الحركة المتصلة انما هي لمتحرك واحد عن
محرك واحد بالضروره كما تبين في السماع وكانت
هذه الحركة المتصلة للجرم الاعلى المتحرك الحركة اليومية
وحده وهي التي لا ننسبها لغيرها واما الاجرام
التي تتالى بعده فانما تتحرك عن هذا الجرم المتحرك
الحركة المتصلة ولما كان الجرم متناهيا لان حركته
دوريه وهو الجرم السماوي متناهيا بالضروره فالقوه
التي تتشبث فيما يتصل به متناهيه بالضروره وهي
ساريه في الاجرام المتتاليه بالتعاقب لان هذه الاجرام
التي تتالى بعد الجرم الاعلى تتحرك كل واحد منها
وتتحرك ما يليه بحركته وقوه الادنى من المحرك
الاعلى للمتحرك اشد مما بعد عنه بالضروره

12 وتتحرك] يحرك SH

E 19r [29] וכאשר היה זה כמו [19]שסיפרנו הנה
הכחות האלו המתעקבים [20]ר"ל הבאים זה אחר זה
יבואו אל תכלית [21]ושלמות התנועה במתנועעים
הנלוים [22]ובאים זה אחר זה אל מתנועע [23]לא
יניע ואחר כך אל גרם לא יתנועע [24]ולא יניע
ויהיה נגדי לגרם העליון [25]וכאשר יקובל השורש
הזה ויודו בו [26]ונתקיים יהיה העניך בתנועות
הז׳ [27]כדורים ר"ל כדורי כוכבי לכת וכדור
[28]הכוכבים הקיימים בהפך מה שעשו [29]אותו בעלי
הלימודים חכמי הכוכבים [30]כי הם שמו מה שקרוב
מן המניע [31]התנועה היומית תנועתו יותר מתאחרת
[32]ומה שרחק ממנו יותר מהיר התנועה [33]וקראו ג׳
הכוכבים העליונים הכבדים המתאחרים [34]וקראו
M 28r מה שלמטה מן השמש הקלים /מ 28א/ [1]והמהירים.

[30] וגם כך הנה הוא מן הידוע אצל כל
[1]האנשים כי כלל השמים מספר כדורים חלוקים
[3]קצתם מקצתם משוש

32. מ: מהיר] ב: מהירת. /מ 28א/ 3. מ: מקצתם]
ב: לקצתם.

ثالثة

واذا كان هذا على ما وصفناه فستكون هذه القوى
المتعاقبة الى انقضاء وتمام وتوول الحركة في المتحركات
المتتالية الى متحرك لا يحرك ثم الى جرم لا يتحرك
ولا يحرك ليكون مقابلا للجرم الاعلى فاذا استقر
هذا الاصل وثبت كان الامر في حركات الاكر
السبعة اعني اكر الكواكب السبعة السيارة والكرة
المكوكبة على خلاف ما عمل عليه اصحاب التعاليم النجوى
اذ جعلوا ما قرب من المحرك الحركة اليومية ابطا
حركة وما بعد عنه اسرع حركة وسموا الكواكب
الثلاثة العلوية الثقال والبطية وسموا التي دون
الشمس الخفاف والسريعة وايضا فانه من المعلوم
عند جميع الناس ان جملة السماء عشرة اكر منفصلة
بعضها من بعض وانما يماس بعضها بعضا مماسة

2 وتوول] وتول S

E 19v שלם ומפני שהם [4]מתנועעים קצתם תוך קצתם הנה הם
בתכלית [5]העגול ושווי השטחים והם עם זה
דבקים קצתם [6]בקצתם כי אין שם גשם אחר שיהיה
בין שניהן [7]ומן המבואר כי השטח הקבובי מן
העליון הוא [8]מקום השפל אשר ילוה אליו ואין בין
דבר מהן מקום [9]ולא ריק ולא מלא מגשם נכרי אבל
קצתם ימשש [10]בכל שטחו האחר ר"ל השפל ימשש
העליון ומן [11]הנראה לעין פירוד קצתם מקצתם
בהפרד [12]כוכבי קצתם מכוכבי קצתם וזה להתחלף
[13]תנועות הכוכבים ההם וכבר באר החכם [14]כי
כל א׳ מהם תקוע בגלגלו אין תנועה לא׳ מהן
[15]כי אם בתנועת גלגלו ושהתנועה היומית היא
[16]כוללת כולם כאילו היא נושאת אותם עמה
[17]וזה ידוע בראות גם כן.
[31] ואולם מספרם

6. ב: בקצתם] מ: מקצתם.

صحيحة ولانها متحركة بعضها في بعض فهي على
غاية من صحة الاستدارة واستواء السطوح وهي
مع ذلك لاصق بعضها ببعض اذ ليس هنالك جسم
اخر يكون بينها ومن البين ان السطح المقعر من
الاعلى هو مكان الاسفل الذي يليه وليس بين شيء
منها فراغ لا خلا ولا ملا من جسم غريب بل بعضها
يماس بكليته سطح الاخر اعني ان الذي يماس سطح
الاعلى ومن الظاهر للحس انفصال بعضها عن بعض دوار
بانفصال كواكب بعضها عن بعض وذلك لاختلاف
حركات تلك الكواكب وقد بين الحكماء ان كل واحد
منها مركوز في فلكه وانه لا حركة للواحد منها الا
بحركة فلكه وان الحركة اليومية تعمها جميعا كانها تحملها
معا وذلك معلوم بالمشاهدة ايضا واما عددها

המפרוסם [18]הוא שהם ח׳ כדורים והם אשר העליון E 20r
מהם [19]כדור הכוכבים הקיימים והתחתון מהם
כדור הירח [20]ואלו הח׳ הם המושגים בחוש בהשגת
הכוכבים [21]אשר עליהם וזכרו המתאחרים מבעלי
החכמה [22]הלימודית שהם ט׳ והוא האמת במה שהתבאר
[23]מתנועותיהם המתחלפות והרכבתם וזה כי
[24]כאשר יתנועע התנועה היומית הפשוטה [25]הוא
הכדור העליון וילוה אליו כדור הכוכבים
[26]הקיימים ויתחייב מן השורש אשר זכרנו
[27]שיהיה כדור הכוכבים הקיימים תנועתו יותר
[28]מהירה ממה שתחתיו וכדור שבתי יותר [29]מהיר
מהנשארים וכן ילך הסדר בנשארים [30]ולזה יהיה
כדור הכוכבים הקיימים יותר פשוט [31]ממה שלמטה
ממנה ותנועתו יותר מהירה [32]ואשר ילוה אליו
יותר פשוט ממה שרחק ממנו [33]ויהיה כדור הירח
לפי השורש הזה יותר מתאחר [34]התנועה מכולם
ויותר מורכב מכולם אבל מה [35]שהביאו בעלי
הלימודים וכל מי שקדם

٣

الاشهر فثماني كرات وهي التي اعلاها الكرة
المكوكبة وادناها منا كرة القمر وهذه الثمان
هي المدركة بالحس بادراك الكواكب التي عليها
وذكر المتاخرون من التعاليميين انها تسع وهو
الصحيح من ما سنبين من حركاتها المختلفة وتركيبها
وذلك ان الذي يحرك الحركة اليومية البسيطة هي
العليا وتليها الكرة المكوكبة ويلزم عن الاصل
الذي ذكرناه ان تكون المكوكبة اسرع حركة مما تحتها
وكرة زحل اسرع من الباقية وكذلك يجري النظام
في البواقي ولذلك تكون الكرة المكوكبة ابسط
مما دونها واسرع حركة والتي تليها ابسط مما بعد عنها
وتكون كرة القمر على هذا الاصل ابطاها حركة واكثرها
تركيبا لكن الذي ادعاه اصحاب التعاليم وجميع من تقدم

ממי שיש [36]לו עיון בחכמה הזאת שהעניין בהם E 20^{v}
בחילוף זהו [37]שהם הביטו אל מה שראו בחוש
מעניינם ושמוהו [38]שרש ולקחו בהם תחילה מה
שיחייבהו החוש מן [39]העתק כוכביהם ולא השגיחו
אל מה שחייבהו השכל /מ 28ב/ [1]ומה שיתן להם M 28^{v}
טבעם זה אע"פ שהם מודים כי [2]רוב תנועות ההם
אשר לוככבים יראה מהם [3]חוש הראות הפך מה שהיא
האמת בהם [4]ושחילוף קצת התנועות ההם אמנם הוא
[5]במה שיראה לנו ושכל תנועותיהם לפי האמת
[6]ילך על יושר אחד בסדר מן העגול שמור אין
[7]יציאה מן הסדר ולא תוספת ולא חסרון [8]ושההרגש
מאתנו הוא הטועה במה [9]שנרגישהו מחילוף
העתקותיהם ואחר [10]ששוער אצלם שהחוש פעמים
תחלף ומשיג [11]הפך אמתת מה שהוא בו הדבר
בעצמו

36. מ: זהו] חסר בכ"י ב. 39. מ: אל] ב: אלא.
/מ 28ב/ 3. מ: בהם] חסר בכ"י ב. 6. ב: על יושר]
מ: ביושר. 6. מ: בסדר] ב: וסדר.

ممن لدنه نظر في هذا العلم ان الامر فيها على خلاف
ذلك وذلك انهم نظروا الى ما يشاهدونه من
احوالها فجعلوه اصلا وعولوا فيها اولا على ما
يوجبه الحس من نقله كواكبها ولم يلتفتوا الى ما يوجبه
العقل وما يعطيه طبعها هذا على انهم مقرون
ان اكثر تلك الحركات التي للكواكب شاهد منها
بالحس خلاف ما عليه حقيقتها وان اختلاف تلك
الحركات انما هو فيما يظهر لنا وان جميع حركاتها
في الحقيقة تجري على نظام واحد وترتيب في
الاستدارة محفوظ لا خلل فيه لا بزيادة ولا
نقصان وان الاحساس منها هو الغالط فيما
نحس به من اختلاف انتقالاتها وقد تقرر عندهم
ان الحس قد يخالف حقيقة ما عليه الامر في نفسه

2 وفي] بالحس E mg.

[12]אם כן איך יהיה החוש שורש יהיו נמשכים E 21r
[13]אחריו ובונים עליו עם הרוחק הגדול אשר
[14]בין הראות וביניהם ואולי חשבם בתנועות
[15]ההם שהם מהירות או בוששות במה שיראה
[16]להם מהחוש יהיה טעות מהחוש בתחילת [17]העניין.
[32] ולכן חשבו שתנועת שבעה כדורים [18]אלו
תהיינה בחילוף תנועת הכל והפכם [19]ר"ל שתנועתם
מן המערב אל המזרח וזה [20]מהיותר גדול שבחילופים
לאמת ולמה [21]שהדבר הוא בעצמו כי אין למעלה
הפך [22]ולא חילוף כלל כי אם בחלקים קטנים
יפול [23]בהם חילוק קצתם מקצתם ואחר [24]שיסודם
אחד איך איפשר להיות אמת [25]שיהיו תנועותיהם
מתנגדות קצתם בהפך [26]תנועת קצתם וכבר ביאר
החכם שאין [27]שם הפך. ואם תאמר כי אשר ביניהן
[28]אינו הפך

18. מ: אלו] חסר בכ"י ב.

٣

فكيف يكون الحس اصلا متبعا ومعولا عليه مع البعد
العظيم الذي بين البصر وبينها ولعل ظنهم في تلك
الحركات انها سريعه او بطيه بما ظهر لهم من الحس
كان غلطا في الحس في اول الامر ولذلك زعموا
ان حركات هذه الاكر السبعه انما هي الى خلاف
حركة الكل في نفسه اعني ان حركاتها من المغرب
الى المشرق وهذا من اعظم المخالفه للحقيقه ولما
عليه الامر في نفسه اذ ليس هناك مضاده
فيها ولا مخالفه اصلا الا في جزئيات يسيره يقع بها
انفصال بعضها عن بعض واذ عنصرها واحد
فكيف يصح ان تكون حركاتها متقابله بعضها بعكس
حركة البعض وقد بين الحكيم انه ليس هناك
مضاده البته فان قيل ان الذي بينها ليس بتضاد

E mg. فيها : ES بها 9

כי התנועה הסבובית אינה [29]הפך לתנועה הסבובית E 21v
הנה נאמר [30]כי התנועה מן המזרח אל המערב
[31]הפך לתנועה אשר מן המערב /מ 29א/ [1]אל המזרח M 29r
היה חילופה וסותרת אותה [2]וג"כ הנה קיים החכם
לשמים ימין ושמאל [3]ושהימין יותר נכבד מהשמאל
ושהכח [4]מצד הימין ושימין השמים הוא מאשר
[5]התחלת תנועתם והוא המזרח ושמאלם [6]הוא לאשר
תהיה התנועה והוא המערב [7]והוא מבואר עם זה
שהתנועה בטבע [8]מהימין אל השמאל ותנועת שבעה
[9]כדורים לפי מחשבתם מצד המערב [10]אל המזרח והיא
ג"כ מצד השמאל [11]ואל צד הימין והיא תנועה
לשמים בלתי [12]טבעית ותנועתם א"כ חוץ מן הטבע.
[13]והיא מפני זה להם בהכרח והם אמנם

اذا الحركة الدورية لا تضاد الحركة الدورية فانا
نقول ان الحركة من المشرق الى المغرب تقابل الحركة من
المغرب الى المشرق وهى عكسها وتعاندها وايضا
فقد اثبت الحكيم للسماء يمينا ويسارا وان
اليمين افضل من اليسار وان القوة من جهة
اليمين وان يمين السماء هو من حيث مبدا
حركتها وهو المشرق وان يسارها الى حيث الحركة
وهو المغرب وبين مع ذلك ان الحركة
بالطبع من اليمين والى اليسار وحركة الاكر
السبعة على زعمهم من جهة المغرب الى المشرق
فهى اذا من جهة اليسار الى جهة اليمين وهى
حركة السماء غير طبعه فحركتها اذا خارجة عن محرر
الطبع فهى لذلك اما بالقسر وهم فاما

13 اما] لها S : محرر E mg.

[14]הניחו התנועה הזאת להם על שהיא [15]טבעית E 22r
להם ושתנועתם היומית אמנם [16]היא נשואה עליהם.

[33] וזה עניין יוצא [17]מעניין השמים כי
אין הפך שם ולא הכרח [18]ואילו היה שם עניין
מענייני ההכרח והניצוח [19]יהיה סדרם וישרם
מטורף ויהיה השינוי [20]בהם וא"כ אין תנועת ז׳
גלגלים אלו הפך [21]ולא חילוף תנועת הגלגל
העליון כלל אבל [22]הגלגלים האלו לתנועת
העליון סרים למשמעתו [23]ומתדמים אליו ונמשלים
בו. והנה יהיה [24]יותר קרוב אל האמת לפי מה
שהעידו [25]מהעתקם המתחלפת ותנועתם המתהפכת
[26]המתנגדת שהן אין תנועה להם משיתאמת [27]עליהם
שהיא תנועה כי לא יאמר בהם לאות [28]מן המתאחר
המהלך מהמהלך אשר [29]יחתוך אותה מהיר התנועה
שינוע [30]אותה המתאחר כי הוא אין תנועה לו בה
[31]כלל.

[34] אבל בטלמיוס

15. מ: ושתנועתם] ב: ותנועתם. 20. מ: ז׳] חסר בכ"י ב.

٣
و

وضعوا هذه الحركة لها على انها طبيعية لها وان
حركتها اليومية انما هي محمولة عليها وهذا امر
خارج عن معاني السماء فانه لا خلاف هناك
ولا قسر ولو كان هنالك معنى من معاني القهر
والغلبة لاختل نظامها وظهر التغير فيها فليست
اذا حركات هذه الافلاك السبعة بعكس ولا
خلاف حركة الاعلى اصلا بل هذه الافلاك حركة الفلك السريع
الاعلى متصلة وبه متشبهة متمثلة وانه
لاقرب ان يصدق على ما نشوهد من نقلتها المخالفة
وحركتها المعكوسة المقابلة انها لا حركة من
ان يصدق عليها انها حركة اذ لا يقال فيما عجز عنه
البطي السير من المسافة التي قطعها السريع ان البطي السير
تحركها فانه لا حركة له فيها اصلا لكن بطلوس

8 متصله] متقبلة S and E mg.

וזולתו מחכמי הלמודים [32]בעבור שראו מאיחורם E 22^{V}
מן הכל ורחקם [33]מן המקומות אשר ראו אותם
בהם קודם [34]לכן מעגול משוה היום אשר הוא
מדומה [35]בגלגל העליון חשבו בהם שיתנועעו
[36]אל הצד ההוא ושמו תנועותם המיוחדות
[37]בהם הטבעיות להם מתחלפות לתנועת העליון
/מ 29ב/ [1]ומתנגדות לה ושמו מה שקרב מן M 29^{V}
[2]העליון תנועתו יותר מתאחרת ממה [3]שרחק ממנו.
וקיימו עם זה לגלגל [4]הכוכבים הקיימים שתי
תנועות תנועה [5]באורך ואחרת ברוחב. אולם
אשר [6]באורך היא מן המערב אל המזרח ואולם
[7]אשר ברוחב מן הדרום אל הצפון ממשוה [8]היום
ומן הצפון אל הדרום וזה לפי מה [9]שנתן אותם
המבטים. וכן קיימו לכל [10]אחד מן השבעה אשר
למטה ממנו [11]אולם לשמש שתי תנועות

37. ב: להם] חסר בכ"י מ. /מ 29ב/ 4. מ: תנועה] חסר בכ"י ב.

وسواه من علماء التعاليم لما شاهدوه من
تاخيرها عن الكل وبعدها عن المواضع التى
شاهدوها بها اولا عن دائره معدل النهار التى
هى متخيله فى الفلك الاعلى ظنوا بها انها تتحرك
الى تلك الجهه فجعلوا حركاتها الخاصه بها الطبيعيه
لها مخالفه لحركة الاعلى ومقابله لها وجعلوا ما قرب
من الاعلى ابطا حركة مما بعد عنه واثبتوا مع ذلك
للفلك المكوكب حركتين حركة فى الطول واخرى
فى العرض اما التى فى الطول من المغرب الى المشرق
واما التى فى العرض فمن الجنوب الى الشمال عن
معدل النهار ومن الشمال الى الجنوب وذلك
بحسب ما اعطتهم الارصاد وكذلك اثبتوا لكل
واحد من السبعه التى دونه اما الشمس فحركتين

E 23r אחת מהן באורך [12]מן המערב אל המזרח והאחרת ברוחב [13]מן הצפון אל הדרום ומן הדרום אל הצפון [14]ותתחלף התנועה אשר באורך במהירות [15]והאיחור.

[35] וכמו שתי תנועות אלו קיימו [16]לירח והוסיפו בה שני חילופים אחרים [17]לפי נטיית גלגל ההקפה אשר הניחו לו [18]וכן קיימו לכוכבים הנבוכים כמו התנועות [19]האלו אשר באורך וברוחב והנטייה והם [20]עם זה מתחלפים במהירות והאיחור [21]ולהם עם זה עמידה פעם וחזרה פעם [22]וישר פעם עם נטייה ברוחב ג"כ. אבל כי [23]זאת הנטייה תתחלף בהם ותהיה תנועת [24]הרוחב בכוכבי נגה וכוכב מתחלפת כפי [25]נטיית גלגל ההקפה כמו שהיתה בירח [26]אבל כי העתק שני גלגליהם הנושאים למרכז [27]גלגל ההקפה יהיה לצד הצפון תמיד

20-21. מ: מתחלפים ... ולהם] חסר בכ"י ב.

٣
٤

احدهما في الطول من المغرب الى المشرق واخرى في
العرض من الشمال الى الجنوب ومن الجنوب الى الشمال
ويختلف التي في الطول بالسرعة والابطاء ومثل هاتين
الحركتين اثبتوا للقمر وزيادة اختلاف اخر من حسب
انحراف فلك التدوير الذي وضعوه له وكذلك اثبتوا
للكواكب المتحيرة مثل هذه الحركات التي في الطول
والعرض والانحراف وهي مع ذلك مختلفة بالسرعة
والابطاء ولها مع ذلك وقوف تارة وقهقرة تارة
واستقامة تارة مع انحراف في العرض ايضا الا ان
هذا الانحراف مختلف فيها فلكون حركة العرض في
كوكبي الزهرة وعطارد مختلفة بحسب انحراف فلك
التدوير كما كان في القمر الا ان استقال فلكيهما الحاملين
لمركز فلك التدوير يكون الى جهة الشمال ابدا عن

בגלגל [28]נגה ולצד הדרום תמיד לגלגל כוכב, E 23v
וזה שיפגע [29]הכוכב ויגיע בצד אשר היה אל הצד
המתחלף [30]לו. וכבר נעתק אל צדו ויפגע הצד הדרומי
[31]מגלגל המזלות לכוכב נוגה כשהגיע אל נקודת
[32]החתוכים. וכבר שב צפוני ויפגע ויגע [33]הצפוני
לכוכב כותב אצל נקודת החיתוך [34]וכבר שב
דרומי עד שיהיה הכוכב ממנה [35]בצד אחד מגלגל
המזלות תמיד. וכמו [36]התנועה הזאת רחוק לצייר
אותה בשמים [37]כי אינה סבובית לפי האמת.

[36] והעתקות אלו /מ 30א/ [1]כולם אמנם M 30r
הם לפי מה שקוים מן [2]המבטים ולפי מה שנתנו
העדות [3]בראות וחילוף קצת אלו ההעתקות [4]מקצתם
הכריח בטלמיוס להניח השרשים [5]ההם לפי ההנחות
ההם

31. מ: כשהגיע] ב: כשיגיע. 33. מ: כותב] ב: כוכב.

فلك البروج في فلك الزهرة والى جهة الحوت ابدا في فلك
عطارد وذلك بان يتلقى الكوكب بالجهة التي كانت الى
الجهة المخالفة له وقد استقلت الى جهة اخرى فيتلقى
الجهة الجنوبية عن فلك البروج لكوكب الزهرة اذا
جعل على نقطة التقاطع وقد عادت شمالية
ويلقى الشمالية لكوكب عطارد عند نقطة التقاطع
وقد عادت جنوبية حتى يكون الكوكب منها في جهة واحدة
من فلك البروج ابدا ومثل هذه الحركة في السماء
بعيدة التصور اذ ليست دورية بالحقيقة وهذه
الاستقلالات جميعا انما هي بحسب ما اثبت للارصاد
وبحسب ما اعطته المشاهدة من العيان ويخالفه
بعض هذه الاستقلالات بعضا اضطر بطلميوس
الى ان يضع لها تلك الاصول على تلك الاوضاع

כדי שיסודר [6]לו בהם תכונת התנועות האלה. E 24r
וכאשר [7]קיים שיעורי התנועות האלה זכר כי
[8]מה שנראה לו מתנועת גלגל הכוכבים [9]הקיימים
במה שנתן לו מבטו ומה [10]שהתחבר ממבטי מי
שקדמו שהוא [11]יתנועע בהפך התנועה הכללית ואל
[12]משך המזלות ואל קטבי גלגל המזלות [13]מדרגה
אחת בק׳ שנה ושהוא ישלים הסיבוב [14]האחד עד
שישוב אל מה שהתחיל ממנו [15]בל"ו אלף שנה
שמשיות. וחשב מי שבא [16]אחריו הוא המלמד
אבו אסחק אלזרקאלה [17]במאמרו בתנועת הקדימה
והאיחור [18]כי התנועה הזאת אינה כמו שחשב
בטלמיוס [19]שהיא עלי משך המזלות תמיד. ואשר
[20]התאמת אצלו ממבטי בטלמיוס מאשר [21]היא על
משך המזלות ומי שהיה לפניו [22]וממבטי המתאחרים
וממבט עצמו שהיא [23]אמנם היא

12. מ: ואל ... גלגל המזלות] חסר בכ"י ב. 13. מ: בק׳]
ב: במאה. 15. מ: שנה] ב: שנים. 17. ב: בתנועת
הקדימה] מ: בתחילת התנועה. 18. מ: כמו] חסר בכ"י ב.
20. לפי הנוסח הערבי: אצלו] מ וב: אצלי.

ليتنظم له ما هيه هذه الحركات ولما اثبت مقادر
هذه الحركات ذكر ان الذى ظهر له من حركة الفلك
المكوكب بما اعطته ارصاده وبما قيد من ارصاد انه
من تقدمه يتحرك الى خلاف الحركة الكلية والى
توالى البروج على قطبى فلك البروج درجة واحدة
فى مائة سنة وانه تكمل الدورة الواحدة الى ان
تعود من حيث ابتداها فى ستة وثلاثين الف سنة من
شمسية وزعم من اتى بعده وهو الاستاذ ابو اسحق
الزرقاله رحمه الله تعالى فى مقالاته فى حركة
الاقبال والادبار ان هذه الحركة ليست على ما ظن
بطلميوس من انها على توالى البروج دائما وان الذى
صح عنده من ارصاد بطلميوس ومن كان قبله ومن
ارصاد المتاخرين وارصاد نفسه انها انما هى

תנועה תקדם בה פעם אל משך [24]המזלות והתאחר מהם E 24v
אחר זה אל צד [25]תנועת הכל והפך משך המזלות
ושם [26]לתנועה הזאת הנחות ושרשים כשרשי
[27]בטלמיוס מאשר הניח לרצים או ליותר מהם
[28]רחוקות מן האמת.

[37] וכל השרשים ההם [29]אמנם הם בדמיון
והרעיון ואע"פ שהם [30]עגולים מניעים ומתנועעים
ואינם שרשים [31]לפי האמת ראוים לסמוך עליהם
אע"פ [32]שמה שזכר אבו אסחק אלזרקאלה מעניין
[33]הקדימה והאיחור לגלגל הזה כבר הוא [34]נזכר
מקדם ומונח בספר התנועה הזאת [35]בקצת הלוחות
לקצת המתעסקים בחכמת [36]הכוכבים. אבל היא היתה
מדומה בלתי [37]אמיתית ובלתי מדוקדקת. ולכן
שתקו [38]ממנה המתאחרים ונפל בעבור שתקותה
[39]המחלוקת במקומות הכוכבים

24. מ: צד] ב: צל. 27. מ: ליותר] ב: יותר.
38. מ: שתקותה] ב: שתיקתם. 39. מ: המחלוקה] ב: החילוף.

حركة يقبل بها تارة الى توالى البروج ويدبر عنها
بعد ذلك الى نحو حركة الكل وخلاف توالى البروج
وجعل لهذه الحركة اوضاعا واصولا كاصول
بطليوس التي وضع للسيارة وابعد منها حقيقة
وكل تلك الاصول انما هي بالتخيل والوهم وعلى
انها دوائر محركة ومتحركة وخطوط محركة ومتحركة
وليست اصولا في الحقيقة ويعمل عليها على ان
الذي ذكر ابو اسحق الزرقالة من معنى الاقبال والادبار
لهذا الفلك قد كان مذكورا في القديم وموضوعا
عند هذه الحركة في بعض الزيجات لبعض منتحلي
علم النجوم لكنها كانت مظنونة غير محققة ولا
مخلصة فلذلك اهملها المتاخرون ووقع من
اجل اهمالها الخلاف في مواضع الكواكب

הקיימים בשתי נקודות השוים ושתי נקודות ההפוכים. E 25r
[38] וכאשר התקיים כי לגלגל הכוכבים הקיימים
/מ 30ב/ [1]תנועה אחרת זולת התנועה היומית על M 30v
[2]שזה מושג בחוץ. וההבטה מאמת [3]העתק הכוכבים
המונחים עליו. וכן [4]לשאר הכדורים ההם תנועות
יבדלו [5]קצתם מקצתם ואין תנועות הכדורים [6]אלא
בהבדלי קוטביהם ומצב קצתם הפך [7]קצתם וכאשר
היה מצב קטבי הגלגלים [8]האלה כולם מצב נבדל
וזה נראה מהעתק [9]הכוכבים המונחים בהם כי כבר
באר [10]החכם שהם תקועים בגלגליהם קשורים
[11]קשר אמיץ בהם ושהם לא יתנועעו כי [12]בתנועת
גלגליהם והתאמת במבט הנקשר [13]בהם כי לכל
כוכב מהם ר"ל הרצים העתקות [14]קצתם באורך
וקצתם ברוחב מתחלפות [15]ברב

39. ב: בשתי ... לגלגל הכוכבים הקיימים] חסר בכ"י מ.
/מ 30ב/ 1. ב: על] חסר בכ"י מ. 2. בחוץ] בנוסח
הערבי: "באלחס."

الثابتة وفي نقطتي الاعتدالين ونقطتي الانقلابين
واذا ثبت ان لفلك الكواكب الثابتة حركة اخرى
سوى الحركة اليومية على ان ذلك مشاهد بالحس
والارصاد من صحة انتقال الكواكب الموضوعة عليه
وكذلك لساير تلك الاخر حركات تباين بعضها
بعضا وليس تباين حركات الاكر الا بتباين
اقطابها ووضع بعضها خلاف بعض واذا كان
وضع اقطاب هذه الافلاك كله وضعا متباينا
وهذا مشاهد من انتقال الكواكب الموضوعة فيها اذ
قد تبين الحكيم انها مركوزة في افلاكها مربوطة موثقة
فيها وانها لا تتحرك الا بحركة افلاكها وصح بالارصاد
الموثوق بها ان لكل كوكب منها اعني السيارة انتقالا
بعضها في الطول وبعضها في العرض مختلفة في الكثرة

5 الاخر ES : الاكر H

ובמעט ר"ל כי לקצת הכוכבים שנויים [16]מקצתם E 25V
לפי הרכבת גלגליהם ומרחקם מן [17]המניע וקרובם.
וידוע בהכרח כי לכל [18]הגלגלים האלה על ענין
אחד מן העגול דבק [19]קצתם בקצתם ואין ביניהם
מרחק ולא גשם [20]נכרי ולא חילוף ביניהם אלא
מצב הקטבים [21]ובתנועתם עליהם לבד, ומן המבואר
[22]הידוע בעצמו כי תנועתם אינם מן המרכזים
[23]עולים אל היותר עליון כמו שביאר החכם
[24]אבל מן המסובב העליון והתנועה להם [25]מפני
מניעם העליון.

[39] כי הנה הכדורים [26]אמנם תהיה תנועתם
על קטביהם [27]והקוטבים הם שתי קצוות הקוטר
והשמים [28]בלתי צריכים אל קוטר יסבבו עליו
כדברים [29]המלאכותיים א"כ הנה הם אמנם יסבבו
על [30]מקום הקטבים הקיימים מן הקוטר אשר בכדור
[31]עצמו

22. מ: אינם] ב: אינם רק.

تغيرات

والفلك اعني لبعض الكواكب بفرات اكثر من

بعض بحسب تركيب افلاكها وبعدها عن المحرك

وقربها ومعلوم بالضروره ان جميع هذه الافلاك

على حال واحده من الاستداره لا يصح بعضها ببعض

وليس بينها تباعد ولا جسم غريب ولا خلاف بينها

الا في وضع الاقطاب وفي حركاتها عليها فقط

ومن البين المعلوم بنفسه ان حركاتها ليست من

المركز صاعده الى الاعلى كما بين الحكيم بل من الدور

الاعلى والحركة لها من قبل محركها الاعلى فان الاكثر

انما تكون حركاتها على اقطابها والقطبان هما طرفا

المحور والسماء غير مفتقره الى محور تدور عليه

كالاشياء الصناعيه فهي اذًا انما تدور على موضع

القطبين الباقيين من المحور اللذين في الكره نفسها

1 بفرات] تغيرات S and E supra

E 26r והתחלפות תנועתם א"כ אמנם הוא [32]מפני חילוף
הקוטבים ולא מפני חילוף המרכזים [33]וזה מבואר
בעצמו. וידוע כי לכל גלגל [34]תנועה על קוטביו
בהכרח ובתנועה הזאת [35]יובדל מזולתו מהגלגלים
ויוקף מאשר למעלה [36]ממנו. ואם לא הנה שניהם
גלגל אחד.

[40] ולא [37]יתאמת שיהיה לגלגל שני קוטבים
M 31r ידועים ולא /מ 31א/ [1]יהיה לו תנועה עליהם
וכאשר לא יהיה לו תנועה עליהם יהיה מצחק
ויהיה [2]מציאות הקוטבים לו לריק ובטלה. וא"כ
[3]אי אפשר לשום גלגל מבלתי היות לו [4]תנועה על
שני קטביו יובדל בהם מאשר [5]למעלה ממנו המקיף
אותו ויהיה ניכר [6]בתנועה ההיא ממנו. ואם היה
לכל גלגל [7]תנועה על שני קוטביו ותנועה אחרת
[8]ימשך בה למה שלמעלה ממנו בתנועתו [9]הנה באמת
יהיה חילוף תנועת האחד [10]מן הגלגלים מפני
תנועתו על שני קוטביו [11]והמשכו לתנועת העליון
והתנועעו בה ויתרכבו

1. ב: וכאשר ... עליהם] חסר בכ"י מ.

باختلاف حركاتها اذًا انما هو من اجل اختلاف حركات
الاقطاب لا من اجل اختلاف المراكز وهو بين بنفسه
ومعلوم ان لكل فلك حركة على قطبه ضرورة وهذه
الحركة ينفصل عن سواه من الافلاك ويتحاز عن
الذي فوقه والا فهما فلك واحد ولا يصح ان يكون للفلك
قطبان معلومان ولا يكون له حركة عليهما واذا لم
يكن له حركة عليهما كان لاعبا وكان وجود القطبين له
عبثا وباطلا فاذًا لا بد للفلك من حركة على
قطبيه ينفصل بها عن الذي فوقه الحاوي له ويتميز
بتلك الحركة منه فاذا كان لكل فلك حركة على قطبه
وحركة اخرى يتبع بها ما فوقه في حركته فانما يكون
باختلاف حركة الواحد من الافلاك من اجل حركته
على قطبه واتباعه بحركة الاعلى وتحركه بها فتتركب

1 حركات Missing in SHL

12 باختلاف] اختلاف S

[12]בעבור זה שתי התנועות האלו או יותר בגלגל E 26v
[13]האחד ויתמזגו. ובסיבת ההרכבה הזאת [14]יתחלפו
תנועותיו ויתחלפו נטיות הכוכבים [15]האלו קצתם
על קצתם.

[41] בעבור שהם מצאו [16]שני מקומות משתי
נקודות שני השוים מעגול [17]נטיית השמש שיומרו
אמתו בזה שתי העתקות [18]משני קטבי גלגל המזלות
סביב קטבי משוה [19]היום ונראה להן שאין המרחק
אשר בין שני [20]קוטבי גלגל המזלות וקטב התנועה
היומית [21]בצד אחד אחד תמיד. וכבר אמרנו [22]שהגלגל
הזה הנקרא גלגל המזלות אמנם הוא [23]בהנחה והיא
העגולה אשר יסוב עליה ומשני [24]צדדיה הכוכבים
הרצים ויקרבו ממנה [25]הכוכבים פעם אחרת.
וזה המאמר אמת [26]ועניינו נמצא בכל כוכב מהם.
וכבר למדנו [27]סבת זה.

12. ב: בגלגל] מ: מגלגל. 13. מ: האחד] חסר בכ"י ב.
17. ב: שתי] מ: שני.

كذلك هاهنا ان الحركات او الحركات في الفلك الواحد
وتمتزج وبحسب هذا التركيب تختلف حركاته وتختلف
ميول هذه الكواكب بعضها على بعض ولانهم الفوا
موضعي نقطتي الاعتدالين من دائرة ميل الشمس
تتبدل ان صححوا ان ذلك نقطتي قطب فلك البروج
حول قطبي معدل النهار وظهر لهم انه ليس البعد
الذي بين قطب فلك البروج وقطب الحركة اليومية
في جهة واحدة واحدا ابدا وقد قلنا ان هذا
الفلك المسمى فلك البروج انما هو بالوضع وهو
الدائرة التي تدور عليها وعن جنبتيها الكواكب
السيارة فتقرب منها الكواكب السيارة تارة وتبعد
عنها تارة وهذا القول صحيح ومعناه موجود في
كل كوكب منها وقد اعلمنا بسبب ذلك وهذه

[42] והעגולה הזאת הנקראת גלגל המזלות E 27r
[28]אמנם ירשמנה השמש בהעתקה כמו שזכר [29]בטלמיוס
וכאילו היא אמנם הונחה בסמיכות [30]אליה כמה
שזכרנו. אבל שאר הכוכבים [31]הרצים יעתקו פעם
אליה ופעם משני צדדיה [32]ונטיית כל כוכב מהם
מהעגולה הזאת ומשוה [33]היום שמור המרחק ידוע
התכלית, אבל [34]העתק הכוכבים הרצים האלו על
הגלגל הנוטה [35]ומשני צדדיו קיימוה על שהוא
תנועה לכוכבים [36]האלו על משך המזלות. ר"ל
מצד המערב [37]אל צד המזרח בהפך התנועה הכוללת
/מ 31ב/ [1]כי הם ראו כמו שאמרנו יעתקו בכל M 31v
[2]יום לאחור.

[43] אולם השמש והירח הנה [3]העתקם הוא לאחור
תמיד אבל כי תנועתם [4]זאת תהיה פעם מהירה ופעם
בוששת [5]ופעם ממוצעת. ואולם החמשה הנבוכים

30. מ: כמה] ב: כמו. /מ 31ב/ 2. מ: לאחור] ב: לחסור.
3. מ: לאחור] ב: לחוזר.

الدايره المسماه بفلك البروج اما لزومها الشمس
ما سامتا لها كما ذكر بطلميوس فكانها اما وضعت
ما لاضافه اليها كما ذكرنا . لكن سائر الكواكب
السياره تنتقل تاره عليها وتاره على جنبتيها
وميل كل كوكب منها عن هذه الدايره وعن معدل
النهار محفوظ البعد معلوم المنتهى لكن انتقال
هذه الكواكب السياره على الفلك المايل او عن
جنبتيه اثبتوه على انه حركه لهذه الكواكب على
توالي البروج اعني من جهه المغرب الى جهه المشرق
بخلاف الحركه الكليه لانهم شاهدوها كما قلنا تنتقل في
كل يوم الى خلف اما الشمس والقمر فنقلتهما الى
خلف دايما غير ان نقلتهما هذه تكون مرة سريعه
ومرة بطيه ومرة متوسطه واما الخمسه المتحيره

E 27v [6]הנה להם בקצת הזמנים העתקה לפנים [7]ר"ל
מן המזרח אל המערב. ובקצת העתים [8]העתקם מן
המערב אל המזרח והוא הרוב. [9]ולזה נקראו נבוכים
כי מצאו להם שתי [10]העתקות מתחלפות וביניהם
עמידה והיא [11]עמדם במקום אחד בעצמו ימים
ויושר [12]והיא העתקם אל צד המזרח. וקראו העתק
[13]אשר עם תנועת הכל חזרה ונבוכות.

[44] ועם [14]זה הנה הם מצאו לכל כוכב מהם
מהירות [15]ואיחור כמו לשמש ולירח כי ההעתקות
האלה [16]שומרות היושר כמו שהקדמנו ואמרנו כבר.
[17]ובעבור שמצא בטלמיוס ההעתקות האלה [18]המתחלפות
לכוכבים אלו בקש להם תכונה [19]ישלם בה עניינה
ויסודר בהנחתה מפורדיה [20]ויהיה איפשר עמה
סבוביה ויצוייר לפי זה [21]מה שיתנהו לסבת
ההעתקות האלו המתחלפות

14. מ: הם] חסר בכ"י ב.   21. מ: שיתנהו] ב: שיתנוהו.

فان لها في بعض الاحيان نقلة الى امام اعني من المشرق
الى المغرب وفي بعض الاحيان نقلة من المغرب الى
المشرق وهو الاكثر ولهذا سميت متحيرة اذ وجدوا
لها انتقالات مختلفة وبينهما وقوف وهو اقامتها
في موضع بعينه اياما واستقامة وهو نقلتها
الى جهة المشرق وسموا النقلة التي الى نحو حركة
الكل رجوعا وتقهقرا ومع ذلك فانهم وجدوا
لكل كوكب منها سرعة وابطاء كالشمس والقمر الا ان
هذه الانتقالات محفوظة النظام كما قدمنا وقلنا
قبل ولما الفى بطلميوس هذه الانتقالات المختلفة
لهذه الكواكب اراد لها هيئة يتم بها امرها وينتظم
بحسبها شناتها وتصح معه استدارتها وتشكل
بحسب ما تعطيه نسب هذه الانتقالات المختلفة

S وتتشكل] وتشكل 12 S معها] معه 12

[22]ויתחברו כולם בגלגל האחד מהם, ולכן הושמו E 28[r]
[23]תנועות כל כוכב מהם עם התחלפותם בעצם
[24]גלגלו מקובצים ויהיה כל אחד מהגלגלים
[25]הז׳ אשר לרצים לפי הנחתו כבר קבץ מספר
[26]גלגלים מתנועעים תנועות מתחלפות וכולם
[27]נבדלי המרכזים ותנועותיהם כולם על
[28]מרכזיהם לא על קוטביהם. וכל אחד מהם
[29]יתנועע תנועתו המיוחדת בו והיא נכנסת
[30]קצתה בקצת וקבוציהם הוא גלגל הכוכב [31]והוא
עם זה מתנועע בתנועת העליון זולת [32]התנועות
ההם אשר לגלגלים ההם המונחים [33]בו. והחלק
האחד מהם יתנועע תנועה [34]לא יתנועע אותה החלק
האחר ויובדלו [35]חלקיו בתנועות וישתתפו בתנועות
ולא יתאמתו [36]עם זה הסדר חיבור ולא ישלם בו
יושר ולא [37]הויה.

[45] ואם היה כללו עגול

30. מ: גלגל] ב: גלגלי.

فائتلف جميعها في الفلك الواحد منها ولذلك
جعل حركات كل كوكب منها على اختلافها في نفس
فلكه مجموعه فيكون كل واحد من الافلاك السبعه
التي للسياره على وضعه قد جمع عده افلاك
متحركات حركه مختلفه وكلها متباينه المراكز وحركا تها
كلها على مراكزها لا على اقطابها وكل واحد منها يتحرك
حركته الخاصه وهي متداخله بعضها في بعض ومجموعها
هو فلك الكوكب وهو مع ذلك يتحرك بحركه الاول
غير تلك الحركات التي لتلك الافلاك الموضوعه
فيه وجزء الواحد منها يتحرك حركه لا يتحركها الجزء
الاخر فتتباين اجزاوه في حركات وتشترك في
حركات ولا يصح مع هذا الترتيب التمام ولا
يكمل به نظام ولا يكون وان كان كلسنه مستديرا

וחלקיו כולם עגולים [38]הנה חלקיו העגולים E 28v
המתפרדים בתנועה /מ 32א/ [1]לא ישאר מה שישאר M 32r
לו מן הגלגל עגול [2]כי הגלגל היוצא המרכז
ממנו כשיבדל [3]בתנועתו מכל הכדור ישאר בעבורה
[4]תמונה בלתי שלמה העגול. וכן שיבדל [5]גלגל
ההקפה לא יהיה מה שישאר ממנו [6]עגולו ולא
עם זה קיום, ולכן יהיה השורש [7]הזה בכלל
יוצא מעניין השלמות רחוק [8]לקבלו אלא על צד
ההתחכמות והתנועה [9]לשמור התנועות הנזכרות
והעמידם [10]עליהם בהנחת השמות להם כשיזכירם.
[11]ואולם שיהיה זה באפשרות כמו שזכר בטלמיוס
[12]לא ראה יעזרך האל במה שקיים מהפסד [13]השרשים
האלה המונחים ורחקם מן היושר [14]ואחר זה
השתכל במה שקיימתי

اجزاوه جميعاً مستديرةً فان اجزاوه المستديرة
المنفصلة بالحركة لا يبقى ما يتبعه من الفلك مستديراً
فان الفلك الخارج المركز منه اذا انفصل عن حركته
من كل الحركة لا يبقى منها شكلا غير تام الاستدارة
وكذلك اذا انفصل فلك التدوير لم يكن ما
يتبعه تام الاستدارة وليس معهما اثبات
فلذلك كان الاصل ما بجملة خارجاً عن معنى الكمال
بعيداً قبوله الا على جهة الاحتيال لحفظ الحركات
المذكورة وحصرها والاشارة اليها ووضع الاشهر
لها عند ذكرها واما ان يكون ذلك في الامكان
كما ذكر بطلميوس فلا وانظر اعزك الله تعالى
فيما اثبته من فساد هذه الاصول وبعدها عن
الصواب وبعد ذلك فتامل ما اثبته في

فتقبلها وحم على السم المعرب

4 الحركة] الكرة SH

באיכות [15]התכונה והשורש אשר ישלימו בו התנועות E 29r
[16]האלו ויסודרו בהנחתו מהם המפורדות [17]ועם זה
יתבאר ממנו בגזירה שאי אפשר [18]שיהיה הדבר בהם
בשום הנחה זולתו [19]ושאמתת העתקה ההיא עם חילופיה.
[20]אמנם היא על הדרך שהבאתי בה.

[46] אומר [21]שהם אמנם בנו מאמרם בהם לפי מה
[22]שהשיגו בחוש לא דבר זולתו ושמוהו שורש [23]בקצת
ועזבוהו אחרי כך בקצת כי לא יתאמת [24]להם תמיד
כי סיבת התנועה אשר לגלגלים [25]אלו באמת ובתמים
לא כוונו אליה. ר"ל הטבע [26]המיוחד באחד אחד
מהםואילו הם כוונו [27]אליה היה מגמת מה שרצו
ממנו מתכונתם [28]ואיכות תנועתם קרוב והיתה
הידיעה [29]בדברים ההם אשר כוונו אל ידיעתם
[30]ממנה נקל והיתה הדרך אל המעשים [31]ההם דרך
יותר מבוארת ומשורש חזק [32]ואמתי כי היתה הדרך
אשר היה ראוי [33]להם שילכו בה לידיעת החלקים
מעייני [34]הכוכבים כבר נטו ממנה מראשית העניין
[35]והגיעו אל מה שהגיעו מהם אחר גלגלים רבים
[36]וקשי שאינו מעט כמו שימצאם מי שיעמוד
[37]עליהם מן הספרים אבל הם עם זה היו סבה
[38]לחקירת השורש הזה האמתי וסיבת

23. ב: אחרי] מ: אחר. 36. מ: וקשי] ב: וקש.

كيفية الهيئة والاصل الذي تتم به هذه الحركات
ويستظم منها بوضعه الشاب ومع ذلك تبين
منه بالقطع انه لا يصح ان يكون الامر فيها على وضع غيره
وان حقيقة تلك النقل على احلافها انما هي على
نحو ما اتى به   اقول انهم بنوا مولهم فيها على الحشر   انما
لا غير فجعلوه اصلا في البعض اذ لم تصدق لهم دائما
لان الحركة التي لهذه الافلاك بالصحة والحقيقة لم يهتدوا
اليها اعني الطبيعية الخاصة بواحد واحد منها ولو انهم
اهتدوا اليها لكان مرامهم ما ارادوه من هيئتها وكيفية
حركاتها مرتبا ولكان العلم بتلك الاشياء التي قصدوا
الى علمها منها سهلا ولكان الطرق الى تلك الاعمال من
طريق اوضح ومن اصول اقوى واصح اذ كانت الطرق
التي سعى ان يسلكوها الى معرفة الحسبان من احوال
الكواكب قد حادوا عنها من اول الامر فوصلوا الى
ما وصلوا منها بعد حلول كثير وصعوبة ليست باليسيرة
حسبما يحررها من يقف عليها من الكتاب ولكنهم مع
هذا كانوا سببا للبحث عن هذا الاصل الحقيقي وعلة

6 البعض وتركوه بعد ذلك في البعض SH   7 لان سبب H
10 مرتبا] قريبا SH

העלות [39]מתכונתם ולהתנשא על העניין הנכבד E 29v
בע"ה [40]וראוי להללם על זה ולהודיע מעלתם
וגמולם /מ 32ב/ [1]מחוייב וקיים. M 32v

[47] ואני מתחיל [2]המאמר במה [3]שיעדתי בו מזה.
וראוי שלא יקדים [4]לעיין במה שאומר אלא מי
שקדם לו העיון [5]בספרים המחוברים לחכמה הזאת
כדי [6]שיתבאר לו ויבחין ההפרש אשר בין ההנחות
[7]האלה אשר אניחם ובין ההנחות ההם ויראה [8]לו
בביאור מה שבין שני הדרכים הסלולים [9]בכוונה
והקלות והקרובה מן האמת.

[48] [10]ואומר ובאלהים אעזור כי גלגל הכוכבים
[11]הקיימים העליון הנראה אלינו [12]אחר שהתאמת
שהוא על זולת קטבי הכל [13]אשר הם קטבי הגלגל
המניע התנועה היומית [14]שהיא שורש לכל התנועות
והתחלתם שאי אפשר [15]שתהיה התנועה ההיא אלא
לגרם שהוא [16]למעלה מגלגל הכוכבים הקיימים
קטביו קיימים [17]תמיד יניע בתנועתו הגלגלים
תנועה תמידית [18]על עניין אחד לא ישתנה ולא
יתחלף והוא הראשון [19]הפשוט באמת ואי אפשר שתהיה
תחת גלגל [20]הכוכבים הקיימים כי גלגל הכוכבים
הקימים [21]נכנס בדינו והוא מתנועע בתנועתו
[22]ונמשך אליו. ואולם גלגל הכוכבים הקימים

39. ב: בע"ה] מ: ב"ה. /מ 32ב/ 3. בשולי מ וב:
שיעדתי] בטקסט מ: שידעתי. 15. ב: לגרם] מ: לנגדם.
20. מ: כי ... הקימים] חסר בכ"י ב.

العثور من ههنا على المعنى الحلي بتوفيق الله سبحانه فشكرهم
لذلك لازم والاعتراف بفضلهم وحقهم واجب قائم
وانا مبتدئ بالقول فيما وعدت به من ذلك وينبغي
ان لا يتقدم على النظر فيما اقوله الا من تقدم له نظر
في الكتب الموضوعة لهذا العلم كي يتبين له الفرق
بين هذه الاوضاع التي نضعها وبين تلك الاوضاع
ويظهر له تباين ما بين الطريقين المسلوكين في القصد
والسهولة والقرب من الحقيقة فاقول
والله تعالى المعين ان الفلك المكوكب الاعلى الظاهر
الينا اذا صح انه على غير قطبي الكل اللذين هما قطبا
الفلك المحرك الحركة اليومية التي هي اصل لجميع
الحركات ومبدا لها ولا يصح ان تكون تلك الحركة الا ابدا
لجرم فوق المكوكب قطباه ثابتان يحرك بحركته جميع
الافلاك حركة دائمة على حال واحدة لا تتغير ولا
تتبدل وهو الاول البسيط بالحقيقة ولا يصح
ان يكون هو المكوكب لان المكوكب داخل في حكمه
وهو يتحرك بحركته وتابع له فاما الفلك المكوكب

[23]אינו פשוט בתכלית ולא תנועתו ג"כ פשוטה. E 30r
[24]והראיה על זה מה שהוא נראה בהבטה [25]מהעתק
הכוכבים מהם שיראו על עגול [26]משוה היום. עוד
יראו אחר זה חוץ ממנו [27]ברוחב אל השמאל או אל
הדרום ויראה להם [28]עם זה איחור ממקומם אשר
היו בו קודם [29]לכן. ואין ההעתקה הזאת לפשוט.
[49] וכן יורה [30]כמו זה מהם ר"ל מחילוף
מצבם לפי מה [31]שהוא נמצא בעולם הזה השפל מן
השנויים [32]הגדולים והעתק ענייני חלקיהם בהעתק
[33]המיושב מהם אל בלתי מיושב והממוצע אל [34]בלתי
ממוצע. ושיתוקן האויר מקצת [35]המקומות החרבים
עד שיתישבו ויפסד [36]אויר קצת המקומות עד
שיחרבו. וכן [37]העתק מי הים והתגברם על מקומות
והראות [38]מקומות כבר כסמו ים כי הנראה מן
[39]העניינים האלו והדומה להם מעידים והם ראיה
/ב 147א/ [16]שאילו [17]הפעולות אמנם הם להעתק B 147r
מצבו ואינם בסבת אחר מן הגלגלים אשר [18]לכוכבים
הרצים כי אילו היו בסבת אחד מהם כבר היו נכפלים
וחוזרים [19]בהכפל תנועותיו והיו שבים בשובו
והם אם כן בסבת גלגל הכוכבים [20]הקיימים.
[50] ואמנם נקרא הגלגל הזה

24. מ: בהבטה] ב: בה בהבטה.

٤٣

فليس بسيطاً في الغاية ولا حركته بسيطة والدليل
على ذلك ما هو مشاهد بالرصد من انتقالات الكواكب
منها التي ترى على دائرة مُعدل النهار ثم ترى بعد ذلك
خارجة عنها في العرض الى الشمال او الى الجنوب ويرى
لها مع ذلك تأخر عن مواضعها التي كانت قبلُ فيها
وليس هذا الانتقال بالبسيط وكذلك يدلّ مثلُ ذلك
منها اعني من اختلاف وضعها على ما هو موجود في هذا
العالم السفلي من التغايير العظيمة وانتقال احوال
اجرامها لانتقال المسكون منها الى غير المسكون والمعتدل
الى غير المعتدل وصلاح هواء بعض المواضع العامرة
حتى تعمر وفساد هواء مواضع حتى تخرب وكذلك انتقال
مياه البحر وغلبتها على مواضع وظهور مواضع كان البحر
قد علا
عاليا عليها فان الذي يظهر من امثال هذه الامور يعطي
ان هذه الافاعيل انما هي لنقلة سماوية وليست لواحد
من الافلاك التي للكواكب السيارة لانها لو كانت لاحدها
لتكررت مع تكرر حركاتها وعادت مع عوداتها فهي اذاً
لذلك الفلك المكوكب وانما سمي هذا الفلك

13 عاليا] قد علا S and E supra

גלגל הכוכבים הקיימים בעבור [21]קיום מרחקי E 30V
הכוכבים אשר בו קצתם מקצתם ותנועתו היומית
בהכרח [22]בא מגלגל אחר מניע אותו פשוט בתכלית
מכל פנים קוטביו זולת [23]קוטבי גלגל הכוכבים
הקיימים ותהיה תנועת גלגל הכוכבים הקיימים
[24]על קוטביו הוא על תנועתו מעצמו ואין גלגל
הכוכבים הקיימים בתכלית [25]הפשיטות כי ההרכבה
נראית בו. וזה כי הכוכבים התקועים בו [26]והמקומות
החלביים ואעפ"י שהם כולם מחומר אחד הנה הם
מתחלפים /ב 147ב/ [1]לשאר בדואיו באורה והבהירות. B 147V
ואילו היה הכל דבר אחד מכל פנים [2]היה ענייננו
אחדולא יתחלף חלק אחד בשום דבר. וכן שאר
הגלגלים [3]האחרים יתחלפו קצתם קצתם ביתרון
מהתנועות וחילוף הקוטבים והכוכבים [4]התקועים
בהם ובמקריהם ר"ל מיני נתינת אורם כי קצתם
מאירים [5]מעצמותם, וקצתם קונים האורה מזולתו.
[51] וגם כן הנה אור הכוכבים [6]אשר בגלגל
הכוכבים הקיימים והכוכבים הרצים יתחלפו בבהירות
[7]ויראו קצתם כעין שעוה וקצתם כעין גחלת וקצתם
כבוערות וקצתם [8]כישות ללובן וקצת לחשכות כמו
שנראה זה בהם

ففلك الكواكب الثابتة لاجل ثبات ابعاد الكواكب
التي فيه بعضها من بعض وحركته التي هي مسير بالضرورة صادرة
عن فلك آخر محرك له بسيط في الغاية من جميع الوجوه
فطباه عن قطبي المكوكب وتكون حركة المكوكب على
قطبيه هي حركته لنفسه وليس هذا الفلك المكوكب
في غاية البساطة لان التركيب ظاهر فيه وذلك ان
الكواكب المركوزة فيه في المواضع اللبنية وان كان جميعها
من عنصر واحد فانها مخالفة لسايره في الاستضاءة
والنورية ولو كان كل شيء واحدا من كل الوجوه لكانت
حالته واحدة ولم يخالف الجزء منه جزءا اخر في شيء
وكذلك سائر الافلاك الاخر يخالف بعضها بعضا بفصول
من الحركات واختلاف الاقطاب والكواكب المركوزة
فيها وما عراضها اعني انواع استضاءتها اذ بعضها مضيء
من ذاته وبعضها يستفيد الضوء من غيره واختلاف نور
الكواكب التي في الفلك المكوكب والكواكب السيارة مختلف
الاضاءة فيرى بعضها شمسيا وبعضها خمريا وبعضها الى الاتقاد
وبعضها الى البياض وبعضها الى الاظلام كما ذلك ظاهر فيها

לעין ואין רוחק [9]והקורבה ולא האויר העב E 31r
והדקי והוא שיעשה זה אבל הם תמיד בעניין
[10]הזה עם התחלף ענייני האויר לא ישתנה כי אם
מינים אחרים מהשנוי [11]יהיו בסבת המבדיל בין
הראות וביניהם ועניינו מן הזכות ומן העכירו׳
[12]והם אעפ"י שהם מקרים לאילו העצמים הנה הם
סגולות בכל אחד [13]מהם לקיומם והם הבדלים להם
ועצם וגשם השמים כולו ואעפ"י שהוא [14]אחד הנה
יהיה אחד בפנים מה ורבים בפנים אחרים כי ממנו
מה [15]שהוא שלם הפשיטות [...] ויתחלפו החלקים
ממנו בזה בתוספת והחסרון.

[52] [16]וכאשר קויים כי תנועת גלגל הכוכבים
אינה פשוטה ושחלקיו יתחלפו [17]קצתם מקצת
אם כן אינו בתכלית הפשיטות וזולתו הוא הפשוט
פשטות [18]שלמה ואחר שהיה שלם בפשיטות הנה אי
אפשר להשיגו בחוש כי [19]החושים לא ישיגו אלא
המקרים והוא אין לו מקרה כי אם הוא רחוק
[20]מן ההשגה אלא בשכל. ולכן אמנם ההוראה עליו
בתנועה הנמצאת לכל [21]ואין תנועתו היא העדות
אבל אמנם העדות תנועות הגרמים

15. [...] לפי הערבית כמה מלים נשמטו כאן. אין סימן לזה בכ"י.

للعيان وليس القرب والبعد ولا الهوا الكثيف والرقيق
هو الذي يفعل ذلك بل هو دايما على تلك الحال مع اختلاف
احوال الهوا الا بتغير الا نوعا اخر من التغير يكون بسبب
الحايل بين الرآي وبينها وحاله من الصفا والكدره وتلك
وان كانت اعراضا لهذه الجواهر فهي قواطن لكل واحد
منها لثباتها فهي كالفصول لها وجوهر السماء وان
كان واحدا فانما يكون واحدا بوجه ما وكثيرا بوجه اخر
اذ منه ما هو تام البساطه ومنه ما ليس بتام البساطه
وتختلف الاجرام منه في ذلك بالكثره والقله بالزياده
والنقصان واذا ثبت ان حركة الفلك المكوكب
ليست ببسيطه وان اجراه تخالف بعضها بعضا فليس البساطه
هو بسيطا في الغايه وسواه هو البسيط التام واذا
كان تام البساطه فلا يمكن ادراكه بالاحساس اذ
الحواس لا تدرك الا الاعراض وهو فلا عرض له
فهو بعيد عن الادراك الا بالعقل ولذلك انما
الاستدلال عليه بالحركة الموجوده للكل وليست
حركته هي المشاهده بل انما المشاهد حركات الاجرام

המתנועעים [22] בתנועתו לא זולתו הם הראייה גם כן על מציאותו מתנועע ומניע, [23] ואם כן אמנם השגתי בשכל. E 31^{v}

[53] ויסבול שיהיה המכונה בספר בכסא כאומרו [24] רוחב כסאו השמים והארץ [...] ויסבול גם כן שהוא יהיה המכונה בערש [25] באמרו האל אין אלוה הוא אדון הערש הנכבד ויסבול שיהיה אחד מהם [26] גלגל הכוכבים הקיימים ויהיה השני הראשון המניע הכל.

[54] וזהו אשר [...] /ב 148א/ [1] הביאנו לדחות הגלגלים ההם האחרים זולת השבעה הנזכרים בספר [2] הנכבד ר"ל לדחות הגלגלים ההם היוצאים המרכזים וגלגלי ההקפות [3] ומספרו רב אצל מי שהניחו B 148^{r}

24, 26. [...] לפי הערבית כמה מלים נשמטו במקומות האלה. אין סימן לזה בכ"י.

المحركة بحركته لا عن وهي الدالة ايضا على وجود من
محركا ومتحركا فاذا انما ادراكه بالعقل ويحتمل ان يكون بالكرسي
هو المكنى عنه في الكتاب العزيز بقوله تعالى وسع
كرسيه السماوات والارض ولا يؤوده حفظهما
وهو العلي العظيم وان الهاء في قوله ولا يؤوده حفظهما
تعود على الكرسي وكذلك وهو العلي العظيم ويحتمل ايضا
ان يكون هو المكنى عنه بالعرش في قوله تعالى الله لا
اله الا هو رب العرش العظيم ويحتمل ايضا ان يكون
احدهما الفلك المكوكب ويكون الثاني الاول المحرك
للكل وهذا هو الذي جرانا على القول بهذا الفلك التاسع
فاما الثامن فيدل عليه قوله تعالى انا زينا السماء
الدنيا بزينة الكواكب ولم يعن بالدنيا معنى الدنو من
الارض بل الدنو من الاعلى وهو الادنى على الحقيقة
الى المحرك الاول وهو الذي قوانا ايضا على دفع
تلك الافلاك الاخرى سوى التسعة المذكورة في
الكتاب العزيز اعني دفع تلك الافلاك الخارجة المراكز
وافلاك التداوير وعددها اكثر عند من وضعها

מן הקודמים מבעלי החכמה הזאת [4]וא"כ הגלגל E 32r
העליון הפשוט הוא המתנועע מעצמו והוא המניע
הכל [5]ממה שתחתיו לא יקבל התנועה מגשם אחר וכל
שתחתיו מן הגלגל [6]יתנועע בתנועתו וישלים
כוונתו אם בטבע או בשוקה /מ 33א/ [1]אל התדמות M 33r
אליו ולהתחבר בתנועתו [2]עם היות קטבי כל אחד
מהם יוצאים [3]מקוטביו ויוצאים קוטבי קצתם
מקטבי [4]קצתם וכל אחד מהם יש לו על קוטביו
[5]תנועה מיוחדת לו וכולם יתנועעו אצל [6]תנועת
הכל כמו שיתבאר מדברינו אחר [7]זה וממה שראוי
לזכור אותו בכאן [8]שאנחנו נאמר כי כל אחד
מהגלגלים השבעה [9]אשר תחת גלגל הכוכבים הקיימים
ימשך [10]אחר זה תנועת גלגל הכוכבים הקיימים
[11]כמו שימשך אחר העליון בתנועה היומית [12]והוא
הנותן להם התנועה הנוטה ההיא [13]ר"ל אשר היא
מיוחסת לגלגל המזלות כי הוא [14]אמנם יהיה
לגלגלים האחרים בסיבת [15]המשך קוטביהם לקוטביו
כמו שיראה [16]זה במקומו.

[55] ולכן יראה לכוכביהם באורך [17]הזמן שינוי
מצב ממקומותיהם, ואם יהיה [18]זה נעלם מן החוש
אלא בזמן ארוך ובהמזג [19]התנועה הזאת עם תנועת
כל אחד מאלו [20]השבעה והתערבה בהם ישתנו
ענייניה [21]ומקומותיה

1. מ: אל התדמות] ב: להתדמות. 8. מ: כי] חסר בכ"י ב.
16. מ: לכוכביהם] ב: לכוכבים. 19. ב: תנועת]
מ: התנועה.

٤ و

من المتقدمين في هذا العلم واذا الفلك الاعلى البسيط
هو المحرك من نفسه وهو يحرك كلما تحته ولا يقبل
الحركة من جسم آخر وجميع ما تحته من الافلاك تتحرك بحركته
وبروم قصده اما بالطبع او شوقا للتشبه به واقتداء
بحركته او اللحاق به مع ان اقطابها جميعا خارجة عن قطبه
وخارجة اقطاب بعضها عن اقطاب بعض وكل واحد
منها له حركة على قطبه تخصه وجميعها تتحرك بنحو حركة
الكل حسبما يتبين من كلامنا بعد هذا ومما ينبغي
ان نذكره هاهنا ان قول ان الافلاك السبعة التي تحت
الملوك تتبع حركة الكواكب ثم يتبع الاعلى في الحركة
اليومية وهو المدرق لها تلك الحركة المائلة اعني
التي تنسب الى فلك البروج لانها انما تكون للافلاك
الاخر بسبب اقطابها لقطبه ثم يظهر ذلك في
موضعه ولذلك نظهر للكواكب على مر الزمان تغير وضع
عن مواضعها وان كان ذلك يخفى عن الحس الا في
الدهر الطويل وما تراه يهمل الى كيفية حركة كل واحد من
هذه السبعة واختلافها تغير احوالها ومواضعها

2 المحرك] المتحرك SH   11 المبذرق S

E 32v ויהיה קשה להכירה ולברור [22]אותם מהם ופעמים
שימשך בקצתם [23]קצתם לאשר מעלה ממנו בתנועה
[24]ונעלמה הכרת שתי תנועות אלו. ר"ל העליון
[25]מהם מתנועת הקרוב אלינו. ולכן יתערבו
[26]התנועות הנראות לנו וימזגו ויקשה או
[27]ירחק להפריש ביניהם אלא שתנועת כל [28]גלגל
מהם המיוחדת בו תהיה נכרת [29]ותניח מעורבת
בזולתה והיא עם זה [30]שומרת הסדר והמשך קצתה
לקצתה [31]נראה לעין.

[56] עוד אומר כי הסדר [32]היותר טוב במה
שנכון אליו מזה המאמר [33]שנתחיל מגלגל העליון
שתנועתו פשוטה [34]אל מה שהוא פחות ממנו בפשיטות
[35]עד שיכלה אל האחרון מהם והוא הקרוב
[36]אלינו ותהיה ההתחלה ממקום [37]התחלת התנועה
כי משם יובדלו התנועות [38]ונמשיך המאמר בהם
M 33v על סדר ואין הכונה /מ 33ב/ [1]במאמר שנביא
שיעורי התנועות [2][ונמשיך המאמר בהם על סדר
ואין הכונה [3]במאמר] ולא שיודיע שאר המקרים
[4]אשר יקרו בהם ולא שנתעסק בחלקיות [5]מעניינים
וחשבון תנועותיהם בשלמות [6]כי יהיה צריך בזה
אריכות ועיון יותר [7]מדקדק ולחדש מבט אבל
הכונה המכוונת [8]לבאר איכות

2-3. [ונמשיך ... במאמר] חסר בכ"י ב; בכ"י מ יש סימן לציין את המלים האלו שהן מיותרות.

ويعسر تميزها وتخليصها منها وربما نبع في بعضها بعضا
للذي يوقفه في الحركة فيخفى تميزها من الحركتين اعني
حركة الاعلى منهما عن حركة الادنى منهما فلذلك تختلط
الحركات الظاهرة لنا وتمتزج ويعسر او يبعد التفريق
بينهما الا ان حركة كل فلك الخاصة به تمتاز وتحصل منها
مشوبة بغيرها وهي مع ذلك محفوظة النظام واتباع
بعضها البعض مشاهدة بالعيان ثم نقول ان احسن
الترتيب فيما نقصد اليه في هذا القول ان يبتدئ هو
الفلك الاعلى البسيط بالحركة الى ما اقل باطراد حتى
تنتهي الى اخرها وهو الادنى منها فلو لا الابتداء
حيث مبدا الحركة ادى من هنالك يتصل الحركات
فاخذ في القول منها على التوالي وليس الغرض في هذا
القول ان ناتي بمقادير الحركات ولا ان نعرف ساير
الاعراض العارضة فيها ولا ان نشتغل بالحساب
من امورها وحساب حركاتها على التمام اذ يحتاج في
ذلك الى تطويل ونظر اشد استقصا وتحديد
رصد بل الغرض المقصود تبيين كيفية هذه

E 33r התנועות האלה ולחברם [9]ולקבצם עם חלופיהם בגלגל האחד מהם [10]וסדרם מבלתי יציאה מטבעם ולא [11]הסיר גלגליהם מהתנועה בסיבוב [12]הנמצאות להם על שמרכז כולם הוא [13]מרכז הכל ושתנועותיהם הטבעיות [14]להם הם אצל תנועת הכל ושכוונת כולם [15]להתחבר בעליון ולהמשך אחריו או [16]בקשת הקרוב מתנועתו ומה שקרב [17]בתנועתו מן ההשגה אליו תהיה השגתו [18]אל תכליתו יותר שלמה וחסרונו ממנו [19]יותר מעט ומה שרחק ממנו תהיה [20]השגתו יותר קטנה וקצורו יותר.

[57] [21]המאמר בגלגל המניע [22]התנועה הכללית. [23]ונאמר כי הגלגל העליון יתנועע על שני [24]קוטבים קיימים תמיד ותנועתו מן המזרח [25]אל המערב סיבוב אחד ביום ובלילה [26]והוא המניע את הכל ותנועתו יותר [27]מהירה מכל התנועות אשר תחתיו [28]וכל מה שתחתיו מן הגלגלים הם מקצרים [29]מתנועתו זאת. ושיעור קיצור כל גלגל [30]מהם מהתנועה הכוללת לפי שיעור [31]רחקו מן המניע אותה או קורבתו [32]ממנה וכל אחד מן

15. מ: אחריו] חסר בכ"י ב.

الحركات والتيامها واجتماعها على اختلافها في
الفلك الواحد منها واستطاعتها من غير خروج عن
طبايعها ولا زوال ولا لها عن الحركة على الاستداره
الموجوده لها وعلى ان مركز جميعها هو مركز الكل
وان حركاتها الطبيعية لها هي نحو حركة الكل وان
مقصودها اجمع الاقتدا بالاعلى والاتباع له او طلب
القرب من حركته فما قرب بحركته من اللاحق به كان
ادراكه لغاياته اتم وتقصيره عنها ابعد وما بعد
عنه كان ادراكه انقص وتقصيره انزع

القول
في الفلك المحرك الحركة الكليه

فنقول ان الفلك الاعلى يتحرك على قطبين ثابتين ابدا
وحركته من المشرق الى المغرب دوره في اليوم والليله
وهو المحرك للكل وحركته اسرع جميع الحركات التي
تحته وكلما تحته من الافلاك فيقصر عن حركته هذه
وقدر تقصير كل فلك منها عن الحركة الكليه على قدر
بعده عن المحرك الاعلى وقربه منه وكل واحد من

8 ابعد] انقص SHL

E 33v הגלגלים אשר [33]למטה ממנו ישתוקק להתדמות אליו
[34]ויתנועע נמשך אחריו לפי שיעור מה [35]שיש לו
מן הכח המתדבק בו מן העליון [36]וישמור צורתו
M 34r בתנועתו המיוחדת בו. /מ 34א/ [1]ויתנועע בה על
שני קוטביו תנועה [2]אחרת נמשך לתנועת העליון
ומשתעבד [3]לתנועה ההיא ומתדמה לעליון. ויתחלפו
[4]תנועות הגלגלים אשר למטה מן העליון [5]בתנועתם
הנמשכת במהירות והאיחור [6]לפי שיעור הקרוב מן
העליון והרחוק [7]ממנו כי הכח בתנועה הוא לפי
שיעור הקרבה [8]מן המניע שהכח מסודר [9]מאתו.
ובעבור שהגלגל העליון הפשוט [10]תנועתו פשוטה
ואין בה שינוי הנה הוא [11]תמיד על עניין אחד
מן המהירות [12]ומי שילוה אליו מן הגלגלים הנה
הוא [13]מפשיטות התנועה בשיעור קרבתו מן [14]הפשוט
וכחו בתנועה יותר חזק ומהירותו [15]יותר כי
בהשתלחותו מן העליון. וכל [16]מה שירחק ממנו מן
הגרמים יהיה כחו [17]יותר חלוש ולכן תהיה תנועתו
גם כן [18]יותר מתאחרת. כי התנועה לפי [19]שיעור
הכח וזה אשר אמרנו מהיות התנועה לפי שיעור מן
הדברים שיודו בהם [20]הכל.

[58] ואיפשר שיחשוב חושב

.35 מ: בו מן] ב: שמן. /מ 34א/ .16 ב: שירחק] מ: שרחק. .19 ב: וזה ... לפי שיעור] חסר בכ"י מ.

الافلاك التي دونه يشتاق الى التشبه به وتتحرك
تابعًا له بقدر ماله من القوة المتصلة به من الاعلى
لحفظ صورته عن حركته الخاصة به فتتحرك لذلك على
قطبه حركة اخرى تابعًا لحركة الاعلى متصلًا بتلك
الحركة ومتشبهًا بالاعلى فتختلف حركات الافلاك
التي دون الاعلى في حركتها التابعة بالسرعة والابطا
على قدر القرب من الاعلى والبعد عنه لان القوة على
الحركة انما هي بقدر القرب من المحرك الاعلى الذي الأعلى
القوة صادرة عنه ولان الفلك البسيط هو حركته
بسيطة وليست تتغير فهي ابدًا على حال واحدة
من السرعة وما يليه من الافلاك فهو في بساطة
الحركة بقدر قربه من البسيط وقوته على الحركة
اشد وسرعته اكثر اذ منبعثها من الاعلى وكلما
بَعُدَ عنه من الاجرام كانت قوته اضعف
فلذلك تكون حركته ابطا اتصالا لان الحركة على قدر ان
القوة وهذا الذي قلناه من الحركة على قدر القوة من
الامور المقر بها عند الجميع ولعل ظانًا يظن

[21]כי תנועת העליון מן הגלגלים יסבבו כולם E 34r
[22]וינועו אותה כל הגלגלים אשר למטה [23]מן
העליון תנועה שוה לתנועתו. ובעבור [24]שהכל
ישלים הסבוב בהשלים העליון [25]אותו מבלתי שילאה
דבר ממה [26]שתחתיו מהשיג אותו בו או שיתאחר
[27]אבל יחשוב שהתנועה לכל אחד לא [28]יותר העליון
בה על אחד מן הגרמים אשר [29]תחתיו כמו שידמה
זה מי שהניח [30]התנועה המתנגדת בתנועת העליון
[31]במה שתחתיו מן הגלגלים ולאמר כי [32]התנועה
היומית שוה לכל כי הכל [33]מתדבק ומתאחד ויאמר
כי בתנועה [34]הזאת יהיה הכל אחד ומתדבק וזה
/מ 34ב/ [1]כמו שנראה מן הדברים העגולים [2]שיעשו M 34v
במלאכה ויהיו על קוטר אחד [3]יתנועעו כולם על
שני קוטבים וקצתם [4]תוך קצתם כי הנה באלו ישתוו
תנועות [5]החיצון והפנימי ולא יהיה יתרון לאחד
[6]מהם על האחר בתנועה הזאת. [7]ונאמר שאין העניין
בשמים [8]ובתנועתם על דמיון [9]מה שהם בו הגרמים
האלו אשר אתנו [10]המתנועעים על כוש אחד כי הכוש
הוא [11]המחבר לאלו בתנועתו ובתנועתו [12]יתנועעו
כולם. ואילו היו השמים [13]כן היה מתחייב שתתנועע

22. מ: וינועו] ב: ויניעו. 31. מ: במה] ב: למה.
/מ 34ב/ 4. מ: תנועות] ב: תנועת.

ان حركة الاعلى من الافلاك تدير الكل وحركة اعني
الافلاك التي دون الاعلى حركة مساوية لحركته وان
الجميع يستكمل الدورة عند استكمال الاعلى اياها
من غير ان يحس بما دونه عنه او ساخر بل يظن + ط او يظن
ان الحركة للكل واحدة لا يفضل الاعلى فيها على واحد
من الاجرام التي تحته كما يوهم ذلك من وضع الحركة
المقابلة لحركة الاعلى لما تحته من الافلاك ويقول + ط او ٮعول
ان الحركة اليومية للجميع مساوية اذ الجميع متصل
ومتحد ويقول ان هذه الحركة تكون الكل واحدا + ط او ٮقول
متصلا وذلك بمثل ما نشاهده من الاكر المستديرة
التي تعمل بالصناعة وتكون على محور واحد ويتحرك جميعها
على قطب وبعضها داخل بعض فان في هذه تساوي
حركة الداخل والخارج ولا يفضل احدهما على الاخرى
هذه الحركة فنقول انه لسبب الحال في السماء وفي
حركتها على مثال ما عليه حركة هذه الاجرام الدنيا المتحركة على
محور واحد لان المحور هو الجامع لهذه في الحركة وحركته
يحرك جميعها ولو كانت السما كذلك لوجب ان يحرك

4 يظن : ES ط او يظن E mg. 7 ويقول : ES ط او ٮعول E mg. 9 ويقول : ES ط او ٮقول E mg.
10 الاكر] الامور SH 14 لسبب] ليست SHL

הארץ וכל [14]מה שעליה ר"ל המים והאויר התנועה E 34v
[15]ההיא בעצמה והיה המהירות בקרוב [16]אלינו
יותר נראה מאשר הוא בעליון. [17]ואילו היה זה
כן לא היה דבר עומד [18]קיים על שטח הארץ
ולא באויר במהירות [19]התנועה.

[59] ואם יאמר אומר אומנם [20]התנועה לגרם
העגול לבד ר"ל הגלגלים [21]ובתנועה הזאת יתיחד
ויובדל מן [22]הגרמים אשר תחתיו כאלו לא יהיה
[23]למה שתחת השמים תנועה סבובית [24]אבל אמנם יש
להם התנועה הישרה [25]בטבעם ונאמר כאשר לא יהיה
הכל [26]מתאחד בתנועה הזאת ולא [27]מתדבק אבל
יהיה הכוש המקבץ [28]אותם נחלק ויהיו חלקיו
חלוקים איזה [29]דבר יחבר בין שתי תנועות שני
אלו [30]החלקים החלוקים ואין כח להם להחלקם
[31]והפסק מה שבין שניהם ואיך תהיה [32]תנועת
שניהם אחת, אבל אומר [33]שהוא בעבור שהיה גרם
השמים עגול /מ 35א/ [1]והיתה תנועתו הטבעית לו M 35r
על העגול [2]והיה שלמותו וצורתו וכל גלגל הנה
הוא [3]משתוקק לשלמותו האחרון.

[60] והיה [4]הגרם העליון מתנועע בכח ויחלקהו
[5]למה שלמטה ממנו מן הגלגלים עם [6]היותם מקבלים
הכח ההוא והתנועה [7]וחושקים מפני שהוא שלמותם
ויתנועעו [8]הגלגלים אשר למטה מן העליון

15. בשולי מ: והיה] בטקסט מ וב: והיא. 18. מ וב: במהירות לפי הערבית: למהירות. 20. מ וב: התנועה] לפי הערבית: התנועה הסבובית. 27. מ: יהיה] ב: יש. 27. בטקסט מ: הכוש] בשולי מ: הגוש. 29. מ: תנועות] ב: התנועות.

الارض ومن عليها اعنى الهواء والماء تلك الحركة بعينها
او كانت تكون السرعة في الادنى منها اظهر منها في الاعلا
ولو كان ذلك كذلك لما على بسيط الارض ولا في الهواء
شيء لسرعة الحركة فان قيل انما الحركة المستديرة للجسم
المستدير فقط اعنى الافلاك وهذه الحركة تتحد
وتنفصل عن الاجرام التي تحتها فانه ليس لما تحت السماء
حركة مستديرة بل انما لها الحركة المستقيمة بطبعها
قلنا اذا ليس يكون الكل متحدا بهذه الحركة ولا متصلا
بل يكون المحور الكامع لها منفصلا وتكون جزأه مفترق
فاى شيء يولف بين حركتي هذين الجزئين المنفصلين ولا
قوة لهما لانفصالهما وانقطاعها بينهما فكيف تكون حركتهما
واحدة بل اقول انه لما كان جرم السماء مستديرا
وكانت حركته الطبيعية له على الاستدارة وهي كماله
وصورته وكل فلك يتشوق الى كماله الاخير
وكان الجرم الاعلى يتحرك بقوه ويبثها فيما دونه من
الافلاك مع قبول منها لتلك القوة والحركة ويتشوق
اذ كانت كمالا لها فتحرك الافلاك التي دون الاعلى

3 كان ذلك كذلك لما ثبت ES 9 جزأه] جزوه S : جزئيه H

בתנועתו [9]תנועה טבעית ולא הכרחית אלא שהיא E 35r
[10]בהם אינה על קטביהם אבל נמשכים [11]בה לתנועת
העליון כאילו הם נושאים [12]בה עם היותם בוחרים
אותם. ובעבור [13]שהם נבדלים מן העליון. ולכל
גלגל מהם [14]שני קטבים ויש לו כח אחר ייוחד בו
[15]ויתנועע בו אצל התנועה ההיא [16]היורדת עליו
מהגלגל העליון המניע [17]לכולם במה שחלק העליון
ההוא למה [18]שלמטה ממנו מן הכח ההוא א"כ אין
[19]תנועתם אשר יניעם העליון מונעת [20]אותם
מתנועותיהם המיוחדות בהם [21]והם יתנועעו ג"כ
על קוטביהם תנועה [22]נמשכת לתנועה הזאת
ומתחברת עמה [23]מפני שהיא בלתי מתנגדת לה ולא
[24]סותר צדה לצדה.

[61] ובעבור שהגרם [25]העליון נבדל מן הכח
אשר חלק אותו [26]למה שלמטה ממנו מן הגלגלים
למה שיהיה [27]נבדל המשליך האבן והחץ המושלכים
ואינו [28]מתחבר לכח ההוא אשר חלקו כקלע
[29]שיניע האבן כל זמן שהתמיד להניעו. [30]ואמנם
הוא ככח המתפשט בחץ אחר [31]השלכת המשליך אותו
שהוא כל מה [32]שירחק מן המניע יחלש עד שיכלה
הכח [33]ההוא עם נפילת החץ כן הכח ההוא אשר
[34]חלקו העליון למה שתחתיו ולא יסור מלחסר עד
שיגיע זה /מ 35ב/ [1]אל ארץ אשר היא נחת בטבע. M 35v
[2]ולכן

9. מ: ולא] ב: לא. 11. ב: לתנועת] מ: לתנועה.
14. מ: אחר] ב: אחד. 27. מ: האבן] ב: מן האבן.
34. ב: עד שיגיע זה] חסר בכ"י מ. /מ 35ב/ 1. מ: אל הארץ] ב: לארץ.

بحركه حركه طبيعه لاقسريه الا انها فيها على اقطابها
بل تابعه بها لحركه الاعلى لانها محموله فيها مع اجسامها
لها ولا حل انها منفصله عن الاعلى ولكل فلك منها
قطبان وله قوه تخص بها اخرى تتحرك بها نحو
الحركه الوارده عليه من الفلك الاعلى المحرك لجميعها بما بثه
ذلك الاعلى فيما دونه منها فليست حركتها التي
تحركها الاعلى بمانعه لها عن حركاتها المختصه بها فهي
تتحرك اذا على اقطابها حركه تابعه لهذه الحركه
ومنتصبه معها لانها غير مقابله لها ولا معانده
لجهتها ولان الجرم الاعلى مفارق القوه التي بثها فيما دونه
من الافلاك كما يفارق الرامي الحجر او السهم المرمى
وليس هو مصاحبا لتلك القوه التي بثها كالعكاز
الذي يحرك الحجر ما دام يحركه وانما هي كالقوه الساريه
في السهم عند رمي الرامي وكلما بعد عن المحرك فترت
الى ان تفنى تلك القوه عند سقوط السهم كذلك
تلك القوه التي بثها الاعلى فيما دونه لا تزال تضعف
الى ان تبلغ الى الارض التي هي ساكنه بالطبع ولذلك

16 تصعف] صح تنقص E supra

לא ישאר אחר הפרדו מן העליון [3]אל שלמטה E 35v
ממנו אל עניין אחד אבל [4]חלק הקרוב לעליון מן
הכח ההוא יותר [5]מחלקי מי שהוא יותר רחוק ממנו.
[6]ולכן יחלש אצל האחרון להחלש הכח. [7]ולכן ישתוקק
כל אחד מהגלגלים אשר [8]תחת העליון אל התנועה
ההיא על קוטביו [9]כי הוא שלמותו וצורתו. ויתנועע
בעבור [10]זה על קוטביו תנועה אחרת נמשכת אליו
[11]ומתפשטת בה כדי שיקרב מתנועת [12]העליון בשיעור
השתעבדו. ומפני [13]שהכח אשר יגיע אל מה שלמטה
מן [14]העליון אינו כשיעורו בעליון ולא בנלוה
[15]לנלוה. ואילו היה בשיעורו היה מתנועע
[16]השפל במהירות יותר מן העליון כי הגרם
[17]יותר גדול מן הגרם והכח בשניהם שוה, [18]ואינו
כן א"כ הוא למטה ממנו.

[62] וכל מה [19]שרחק יהיה יותר חלוש כשאר
הכוחות [20]הנבדלות מן המניע אותם הראשון כמו
[21]שהיא תנועת החץ והאבן וזולת זה ממה [22]שיבדל
מהם מניעם. א"כ עניין הגלגלים [23]אשר למטה מן
העליון בהגעת הכח אליהם [24]מן העליון כמו העניין
הזה. ומפני הסרון [25]הכח לא ישלמו הסבוב

5. מ: מחלקי] ב: מחלק. 5. מ: יותר] חסר בכ"י ב.
12. מ: בשיעור] חסר בכ"י ב. 15. מ: בשיעורו]
ב: כשיעורו. 25. מ: הסבוב] ב: הסיבות.

لا تبقى بعد انفصالها عن الاعلى الى ما دونه على حال واحدة
بل حظ الاقرب الى الاعلى من تلك القوة اكثر من
الذي هو ابعد منه ولذلك تفتر عند الاخير لفتور
القوة ولذلك تشتاق كل واحد من الافلاك التي تحت
الاعلى الى تلك الحركة على قطبه اذ هي كفلكه
وصورته فيتحرك لذلك على قطبه حركة اخرى
تابعة لتلك ومشبهة لها بالقرب من حركة الاعلى
بقدر استطاعته ولان القوة التي انتهت الى ما
دون التالي للاعلى ليست على قدرها في الاعلى ولا
في التالي للتالي ولو كانت على قدرها لتحرك
الادنى اسرع من الاعلى اذ الجرم اعظم من الجرم والقوة
فيهما سوا وليست كذلك فهي اذا دونها ولما
بعدت كانت افتر كسائر القوى المفارقة للمحرك
الاول لها مثل ما عليه حركة السهم والحجر وغير ذلك
مما نفارقها محركها فحال الافلاك التي دون
الاعلى في وصول القوة اليها من الاعلى على مثل
هذه الحال ولنقصان القوة لاستكمال الدوره

5 كفلكه] كماله SH 17 لاستكمال] لا تستكمل SH

עמו בזמן אחד. [26]ואילו הם השלימו הסיבוב עמו E 36r
לא היו מחסרים [27]הכח והיו מגיעים תכליתו ולא
יקצרו [28]ממנו. ואילו הגיעו התכלית היה להם
[29]די ספוקם ולא היתה נמצאת להם תנועה [30]אחרת
בכח אחר ירדפם ויעזרם להגיע [31]אל תכליתם
ולהשלים צורתם. אבל הם [32]בלתי מסתפקים מן התנועה.
והם א"כ [33]אולי ישלם שלמותם בתנועת עצמם [34]על
קטביהם. וזה תכלית מה שנאמר בגרם המניע
/מ 36א/ [1]התנועה הראשונה הכללית. M 36r

[63] [2]ונדבר אחר זה בגלגל הנלוה [3]אליו והוא
גלגל הכוכבים [4]הקיימים. ועתה יתחייב לנו
[5]שנתחיל המאמר בתנועה אשר תראה [6]לכוכבים אשר
בגלגל הכוכבים הקיימים [7]הנלוה לעליון הדבק
בו הקרוב אליו ואיכותה [8]לפי הסדר אשר התנינו.
ונאמר כי [9]הגלגל הזה יראה לכוכבים אשר עליו
[10]שתי העתקות מתחלפות זולת התנועה [11]היומית
במה שנראה במבטים מעניינים, [12]ושתי העתקות
אלו אחת מהם באורך [13]והיא אשר

26. מ: השלימו] חסר בכ"י ב.

معه

معه في زمان واحد ولو انها استكملت الدورة
لم ينقص القوة وكانت تكون قد بلغت غايتها ولم
تقصر عنها ولو بلغت الغاية لكفت وما كان
يوجد لها حركة اخرى بقوة اخرى ترفدها
وتعينها على بلوغ غايتها واستكمال صورتها لكنها
لم تكف عن الحركة فهي اذًا انما تتم كمالها بحركتها لنفسها
على اقطابها وهذا منتهى ما نقوله في الجرم المحرك
الحركة الاولى الكلية ه

القول
على الفلك المكوكب ه

فلنقل بعد على الفلك التالي له وهو المكوكب ويجب
الان علينا ان نبتدي بالقول في الحركة التي تظهر للكواكب
التي على الفلك المكوكب التالي للاعلى المتصل بالقرب
منه وكيفيتها على نحو الترتيب الذي شرطناه فنقول
ان هذا الفلك يظهر للكواكب عليه تنقلان مختلفان
دون الحركة اليومية بما شوهد بالارصاد من امرها
وهما ان التنقلان احدهما في الطول وهي التي الى

להפך תנועת הכל ויקראו [14]אותה אשר למשך E 36v
המזלות, והאחרת [15]ברוחב והיא אשר תראה לוקחת
אל הצפון [16]ואל הדרום. ואולם אשר לאורך הנה
[17]היא לפי מה שזכר בטלמיוס מצד המערב [18]ואל
צד המזרח ואל הגלגל הנוטה. ואולם [19]לפי מה
שזכרו המתאחרים החדשים [20]מצאו אותה בלתי
שומרת לסדר ההוא [21]בתנועה בזמנים המתחלפים.
אבל מצאו [22]אותה מתחלפת ופעם יתוסף מהלכה
[23]ופעם יחסר לפי הזמנים.

[64] והיו הקודמים [24]הראשונים כבר זכרו כי
לכוכבים הקיימים [25]תנועה תקדם בה פעם למשך
המזלות [26]ותאחר בה פעם להפך המשכם ושהם [27]לא
ישלימו עגולות המזלות בתנועה עד [28]סופה
וקראו אותה בזמן הקדום הקדימה [29]והאיחור בערבי
אלאקבאל ואלאדבאר דנו [30]המתאחרים על זה בתנועה
הזאת. והוא [31]עד עתה בספק. אבל הניח בה
המלמד [32]אבו אסחק אלזרקאלה מאמרו בתנועת
[33]הקדימה והאיחור ועשו האחרונים לה [34]לוחות.
ועשו ג"כ לוחות לחילוף נטיית עגול [35]השמש
לפי מה שתחייבהו התנועה הזאת

17. ב: מה] חסר בכ"י מ. 18. ואל הגלגל] לפי הערבית: ועל הגלגל. 22. מ: מהלכה] ב: מהלכם. 26. מ: המשכם] ב: המשלים. 27. עגולות] לפי הערבית צ"ל: עגולת.

خلاف حركة الكل ويسمونها التي الى توالي البروج
والاخرى في العرض وهي تري اخذه الى الشمال والى
الجنوب اما التي في الطول فانها بما ذكر بطليموس
من جهة المغرب الى جهة المشرق وعلى الفلك المايل
واما ما ذكره المتاخرون حين وجدوها غير حافظة
لذلك النظام في الحركة في الازمان المختلفة بل
وجدوها تختلف فتارة يزيد سيرها وتارة ينقص
بحسب الازمان وكان المتقدمون الاولون قد
ذكروا ان للكواكب الثابتة حركة تقبل بها تارة
على توالي البروج وتدبر بها تارة الى خلاف تواليها
وانها لا تستوي في دائرة البروج بالحركة الى اخرها
وسموها في القديم بالاقبال والادبار وعول
المتاخرون على هذا في هذه الحركة وهي حتى الان
مشكوك فيها لكن عليها وضع الاستاذ ابو اسحق
الزرقالة مقالة في حركة الاقبال والادبار وعمل
المتاخرون لها جداول وعمل ايضا جدولا لاختلاف
ميل دائرة الشمس بحسب ما توجبه هذه الحركة

E 37r [36]וזאת התנועה לפי הנראה כמו שהניח אבו /מ 36ב/
M 36v [1]אסחק.

[65] אלא כי ההעתקה באורך עם [2]זאת הקדימה והאיחור איפשר בה [3]שתהיה למשך המזלות ואם לא יעמדו [4]עדיין על אמיתת מן ההבטה כי לא [5]תשלם הידיעה בה אלא בזמן ארוך [6]ועשות ההבינה לכוכבים בתמידות [7]עם אורך הזמן והיא על האמת יותר [8]קרובה. ואולם איך היה [9]ההעתקה הזאת ותכונתה [10]הנה היא כמו שאספר. וזה כי העליון [11]שלגלגלים כשיתנועע התנועה היומית [12]על שני קוטביו הקיימים תמיד לתנועה [13]הזאת יתנועע בתנועתו זאת זה הגלגל [14]הנלוה אליו. ומפני שקוטבי זה הנלוה [15]אליו יוצאים מקוטבי העליון אל צד העליון מהם הנה [16]בהכרח שיתנועעו שני הקוטבים האלה [17]כי . גלגלם נשוא בתנועה זאת ויחדשו ב׳ [18]הקוטבים האלה בתנועתם זאת ב׳ עגולות [19]קטביהם קטבי הכל והגלגל הזה אע"פ [20]שהוא יתנועע בתנועת העליון הנה מקצר [21]מהתנועה ההיא ויקצרו לזה שני קטביו [22]מהשלים שני העגולים בזמן אשר ישלים [23]העליון בו הסבוב, ולכן יתנועע הגלגל [24]הזה על קטבי עצמו כדי שישלים מה [25]שלאה וקצר ממנו מתנועת העליון אצל [26]תנועת העליון

6. מ: ההבינה] ב: הבינה; לפי הערבית: ההבטה.

25. ב: וקצר] חסר בכ"י מ.

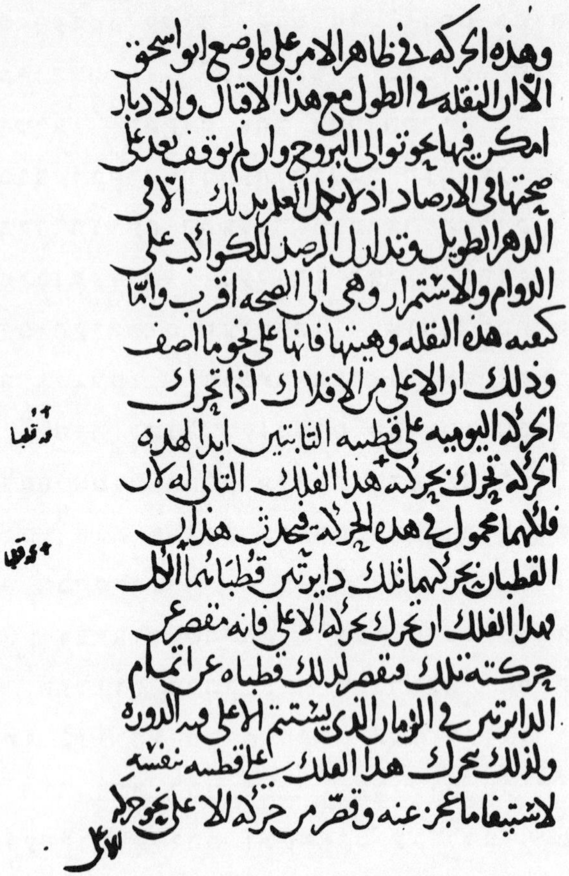
وهذه الحركة في ظاهر الامر على ما وضع ابو اسحق
الان النقلة في الطول مع هذا الاقبال والادبار
امكن فيها نحو توالي البروج وان لم يوقف بعد على
صحتها في الارصاد اذ لا تحمل العلم بذلك الا في
الدهر الطويل وتداول الرصد للكواكب على
الدوام والاستمرار وهي الى الصحة اقرب واما
كيفية هذه النقلة وهيئتها فانها على نحو ما اصف
وذلك ان الاعلى من الافلاك اذا تحرك
الحركة اليومية على قطبيه الثابتين ابدا لهذه
الحركة تحرك بحركته هذا الفلك التالي له لان
فكلاهما محمول في هذه الحركة فيحدث هذان
القطبان بحركتهما تلك دائرتين قطباهما الكل
هذا الفلك ان تحرك بحركة الاعلى فانه مقصر عن
حركته تلك ويقصر لذلك قطباه عن اتمام
الدائرتين في الزمان الذي يستتم الاعلى فيه الدورة
ولذلك يتحرك هذا الفلك على قطبيه بنفسه
لاستيفاء ما عجز عنه وقصر من حركة الاعلى نحو حركة
الكل

10 بحركته ES : محرر قطبا E mg. 10 له ولان قطبي هذا التالي له خارجان على قطبي الاعلى الى ناحية عنها فبالضرورة ان يتحرك هذا القطبان لان ... SHL 12 قطباهما قطبا SH and E mg.

וישלים לעצמו על ב׳ קוטביו [27] והם נחים לתנועתו E 37^{v}
זאת המיוחדת בו [28] עד שישיג בתנועת העליון.
ר"ל שישיג [29] המקום אחר אשר השלים בו העליון
[30] הסיבוב ונקרא תנועת הגלגל הזה על שני
[31] קוטביו תנועת ההשלמה. וכאשר השלים [32] הגלגל
הזה הסיבוב והשיג בעליון לפי [33] החוק השלימו
הכוכבים הקיימים תנועתם [34] באורך במה שהוסיפו
בתנועת גלגלם. [35] ונשאר הקיצור אשר קצר אותו
הגלגל [36] הזה לשני הקוטבים לבד כי תנועת
[37] ההשלמה אמנם תהיה עליהם והם /ב 151 [א]/ [8] כמו B 151^{r}
הקיימים [9] הנה קצורה בהכרח להפך ר"ל להפך
התנועה הכללית.

[66] ובעבור שמרחק [10] שני קוטבים אילו
מקוטבי העליון מרחק אחד שמור לא ישתנה הנה
[11] יחדשו שני הקוטבים האלה אשר לגלגל הזה
בקצור הזה אשר להם שני [12] עגולות עם אורך הזמן
יהיו נעתקים עליהם ונקראים עגולות [13] מהלך שני
הקוטבים. והנה הגלגל הזה כמו שאמרנו נכחיים
לעגולת [14] משוה היום וקוטביהם קוטבים ושיעור
העגולה בשיעור יציאת הכוכב [15] אשר ימצעו הגלגל
כשיחולו על משוה היום ממשוה היום אל הצפון
[16] ואל הדרום. ומה שבין מקומותם

13. לעגולת] ב: לעגולות.

فيتمم لنفسه على قطبه وهما ساكنان بحركته هذه
المختصة به حتى يلحق بحركة الاعلى اعني حتى يلحق الموضع
الذي استتم فيه الاعلا الدوره فلنسم حركة هذا
الفلك على قطبه حركة الاستيفا فاذا استوفى هذا
الفلك الدوره ولحق بالاعلى الرسم المذكور استوفت على
الكواكب الثابته حركتها في الطول بما زادته بحركة فلكها
وبقي التقصير الذي كان قصر به هذا الفلك للقطبين
خاصه اذ كانت حركة الاستيفا انما كانت عليهما وهما
بمنزلة التالسن لها فيقصر بهما بالضروره الى خلاف
اعني الى خلاف الحركه ولاجل ان يبعد هذين القطبين
من قطبي الاعلى بعدا واحدا محفوظا الاصغر يتحدد
هذان القطبان اللذان لهذا الفلك بهذا الفلك الذي
لهما دائرتين مع طول الزمان يكون مستقلين عليهما فلنسمهما
دايرتي مر القطبين وهما في هذا الفلك كما قلنا موازيان
لدائرة معدل النهار تحيطان بهما قطباها ومقدار هذه الدائره
بقدر خروج الكواكب التي بوسط هذا الفلك بحلولها
عن معدل النهار الى الشمال والى الجنوب فما بين مواضعها

9 التالسن] الثابتين SH   10 الحركة الكلية SH

בצפון אל מקומותם בדרום הוא [17]שיעור העגלה E 38r
הזאת. ר"ל שתהיה הקשת מן העגולה הגדולה
ההולכת [18]בקוטבי העליון אשר תקיפם עגולות
מהלך קוטב הגלגל הזה כמו כפל [19]הנטייה וזה
כמו כפל נטיית עגולת השמש על משוה היום.
ותהיה [20]יציאת הכוכבים אשר ימצעו הגלגל הזה
כמו יציאת השמש ממשוה [21]היום. וזה כמו שזכרו
הראשונים בלתי דקדוק לשיעור ההוא. ושתי
[22]עגולות אילו אשר למהלך שני הקוטבים בעצמם
שתי העגולות אשר [23]יחדשו אותם שני אילו הקוטבים
עם השלמת עיגול הגלגל העליון.

[67] [24]ומפני שהגלגל הזה יקצר בכללו מן
התנועה הכללית וישלים דרך משל [25]בתנועתו על
שני קוטביו הקצור ההוא והקוטב קיים לתוספת
הזה [26]יהיו הכוכבים אשר בגלגל הזה בכללם
שומרים למקומותם מן האורך לבד /ב 151[ב]/ B 151v
[1]ואולם הנה הם בלתי שומרים למקומותם ממנו
ויקצר הקוטב לבדו מה [2]שקצר אותו הגלגל ולא
יקצרו הכוכבים אשר עליהם וזה לפי מה שעשו
[3]בו המאוחרים מבעלי החכמה הזאת. אבל ישלים
בתנועת גלגלו

في الشمال الى مواضعها في الجنوب هو مقدار هذه
الدايره اعني ان تكون القوس من الدايره العظيمه المارة
بقطبي الاعلى التي يحور بها دايره ممر قطب هذا الفلك
نحو من ضعف الميل وذلك نحو من ضعف ميل
دايره الشمس على معدل النهار فتكون خروج الكوا كب
الى متوسط هذا الفلك نحو من خروج الشمس
عن معدل النهار وهذا بما ذكره الاولون دون تحقيق
لذلك الفلك وها ان الدايرتان اللتان لمر القطبين
ثما بعينهما الدايرتان اللتان نحو بهما هذان القطبان
عند تمام دوره الفلك الاعلى ولان هذا الفلك
تقصر حركته عن الحركة الكليه وتستوفي مثلا حركته على
قطبه ذلك التقصير والقطب ثابت فهذه الزياده
تكون الكواكب التي في هذا الفلك بجملتها حافظه لمواضعها
من الطول خاصه واما في العرض فغير حافظه لمواضعها
منه وتقصير القطب وحده بما قصره الفلك ولا
تقصير للكواكب التي عليه وهذا هو على ما كان عليه
المتاخرون من اهل هذا العلم بل تستوفي حركة فلكها

8 الفلك] القدر SH 9 نحوهما] يحدثوها SH

12 فهذه] لهذه SH

לעצמו [4]תנועת ההשלמה מה שקצר ממנו הגלגל E 38V
תחילה ויסבבו בעבור זה שני [5]קוטבים בשתי
העגולות ההם אשר למהלך מפני כי שניהם נחים
לתנועה [6]הזאת אשר יניעה גלגל עליהם.

[68] ובעבור כי מרחק הכוכבים מכל אחד
[7]משני הקוטבים בלתי שמור תמיד יראה לכוכבים
עיוות אל מקום [8]שיניעהו השני קוטבים כשיסבבו
בקצורם והוא הנקראת תנועת הרוחב [9]כי השני
בקצורם יתאחרו שתי עגולות מהלכם ויהיו מקוטבי
העליון [10]בזמנים המתחלפים וצדדים מתחלפים
וילפתו מפני זה הכוכבים [11]בהמשכם לשני הקוטבים
כי מרחקם משניהם שמור. ומה שהיה [12]מהם על
עגולת משוה היום לא יסמך עליו אבל יטה
ויתעות ממנה [13]לפי המקומות אשר יחולו בהם
השני קוטבים משתי עגולות המהלך [14]והצדדים
אשר היו עליהם מקוטבי העליון ויהיה הכוכב
לזה פעם אל [15]צפון ממשוה היום ופעם אל הדרום
כשיעור יציאות שתי הקוטבים [16]אשר יסובבו
מקוטבי העליון וכן שאר הכוכבים יסורו ממקומם
[17]ויקרבו פעם אל משוה היום וירחקו פעם.

[69] ואולם איך

لنفسها حركة الاستيفا ولكان قصّر عنه الفلك اولا
فيدور لذلك القطبان في تينك الدائرتين اللتين
للممر لانهما ساكنان لهذه الحركة التي تحركها الفلك ط تاليان
عليها ولاجل ان بعد الكواكب من كل واحد من القطبين
بعدا محفوظا ابدا يرى للكواكب انتقال الى حسب
حركة القطبين اذا دارا بتقصيرهما وتلك هي
التي تسمى حركة العرض لان القطبين بتقصيرهما يتاخران
في دائرتي ممرهما ويكونان من قطبي الاعلا في الازمان
المختلفة في جهات مختلفة فتلتوي لذلك الكواكب
بتبعتها للقطبين لان بعدهما منها محفوظ فما كان منها
على دائرة معدل النهار لا يستقر عليها بل يميل وينتقل
عنها بحسب المواضع التي يحلها القطبان من دائرتي
الممر والجهات التي يكونان عليها من قطبي الاعلى ويكون
الكواكب لذلك تارة الى الشمال عن معدل النهار وتارة
الى الجنوب بقدر خروج القطبين اللذين يدوران من
قطبي الاعلى وكذلك سائر الكواكب تزول عن مواضعها
فتقرب الى معدل النهار تارة وتبعد تارة فاما كيف

قوبل بها وصحت على النسخة

3 ساكنان ESH : ط تاليان E mg.

יהיה [18]עם זה לכוכבים שתי העתקות ההקדמה E 39r
והאיחור אשר זכרו המתאחרים [19]מן החכמים ואמתו
אותה במבטים. הנה ההעתקה ההיא תראה להם
[20]בהכרח בעבור סבוב שני הקוטבים על שתי
עגולות המהלך והתמזג [21]קצור שני הקוטבים.
ר"ל העתקם המקצרת מהשלמת הסבוב [22]בזמן אשר
ישלים העליון בו הסבוב לפי מה שהקדמנו
ואמרנו והתערבו [23]בתנועה אשר לגלגל הכוכבים
על קוטביו המיוחדים בו להסתר התנועה [24]הזאת
מאתנו והראות מה שיתחייב ממנה מן המקרים
כמו שיתבאר [25]אחר זה. ונקדים מה שצריך
להקדימו ממה שיתעורר אל [26]ההעתקה הזאת ויקרב
ציורה ונאמר כי כשיהיה /ב 152א/ [1]כדור יסבבו B 152r
שני קוטביו על שתי עגולות ויתנועע הכדור
בתנועתם [2]היא סביב קוטב כדור אחר למעלה
ממנה ורשמת נקודה על שטחו [3]ר"ל שטח הכדור
אשר קוטביו מתנועעים הנה הנקודה תחדש בהעתק
[4]הזה אשר יתנועע בתנועת קוטביו הסובבים
/מ 37א/ [1]על שתי עגולות קטנות עגולה שלמת M 37r
[2]העגול.

[70] דמיון זה כי כדור אב קוטביו ג וה
[3]ויסבבו על

21. שני הקוטבים] ב: שני הכוכבים הקוטבים.

تكون مع هذا للكواكب ثقله الاقبال والادبار
اللتين ذكرهما المتاخرون من العلماء وصححوها
بالارصاد فان تلك الثقلة تظهر لنا بالضروره
لاجل استداره القطب على دايره الممر وانتزاح
تقصير القطب اعني ثقلتهما المقصره عن اتمام الدوره
في الزمان الذي يستتم فيه الزمان الدوره على ما تقدمنا
فقلنا واختلاطه بالحركة التي لفلك الكواكب على
قطبه الخاصه به لخفا هذه الحركة عنا وظهور
ما يلزم عنها من الاعراض حسب ما تبين بعد هذا
ولنقدم ما يحتاج الى تقديمه مما ينبيه على هذه الثقلة
ويقرب تصورها فنقول ــــــ انه اذا كانت
كره تدور قطباها على دايرتين صغيرتين وتحرك
الكره التي هي حول قطب كره اخرى فوقها وتعلمت
نقطة على بسيطها اعني بسيط الكره التي قطباها
متحركان فان النقطه تحدث ثقله بهذه الكره
التي تتحرك بحركة قطبيها الدايرين دايرة صحيحة
الاستداره مثل كره اب قطباها دايران على

3 لنا] لنها S 6 فيه الزمان] الاعلى فيه SH

שתי עגולות קטנות והם גד והז [4]סביב שני קטבים E 39[V]
לכדור אחד. וכבר [5]רשמת נקודת א על שטח כדור
אב והתנועע [6]כדור אב בתנועת קוטביו הסובבים
על שתי [7]עגולות גד והז והשלמם בסיבוב עד
[8]ששב אל אשר התחיל ממנו. אומר כי [9]נקודת א
חדשה בתנועה הכדור עגולה [10]שלמת העגול מופת
זה אנחנו נדמה [11]שני קטבי הכדור הזה הסובבים
שתי נקודת [12]ג וה משתי העגולות ונוליך על
שתיהם [13]ועל נקודת א קשת מעגולה גדולה הנה
[14]בהכרח תהיה הקשת הזאת חצי עגולה. [15]ונקודת
א מן חצי היום מונחת. ותהיה [16]מפני זה ידועת
המרחק א׳ מב׳ הקוטבים [17]ר"ל ג וה.

[71] וכאשר סבב הכדור בסיבוב [18]שני קוטביו
על שתי עגולות גד והז הנה [19]תתנועע קשת גאה
על ענינם ותחדש [20]תנועתה כדור מדומה עם השלים
שני [21]הקוטבים הסבוב על שתי עגולות גד [22]והז
.

4. אחד] לפי הערבית צ"ל: אחר. 6. ב: אב] חסר בכ"י מ.

8. מ: התחיל] ב: התחייב.

دايرتين صغيرتين وهما د ج ه ز حول قطبين
لكرة اخرى وقد تعلمت نقطة آ على بسيط كرة
اب وحركة كرة اب بحركة قطبها الدايرين
على دايرتي ج د ه ز كان استيفاؤهما الدوران
حتى عادا الى حيث ابتدآ منه اقول ان نقطة
آ احدثت بحركة الكرة دايرة صحيحة الاستدارة

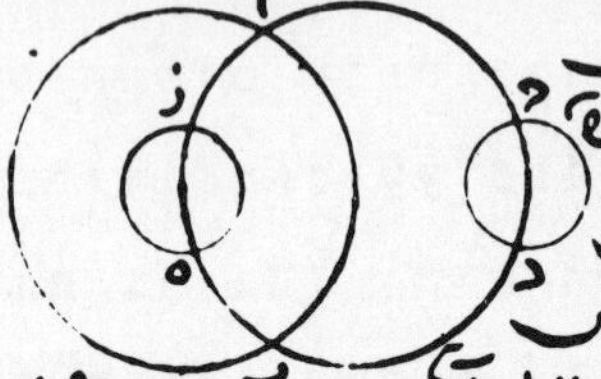

برهان ذلك الكرة
انا نتوهم قطبي هذه
الدايرين لعظمى
ج ه من الدايرين قوسا
ولنترعلهما وعلى نقطة آ من دايرة عظيمة فبالضرورة
تكون هذا القوس نصف دايرة نقطة آ من هذا النصف
مفروضة فتكون بذلك معلومة البعد من كل واحد
من القطبين اعني ج و ه فاذا دارت الكرة
واستدارت قطباها على دايرتي ج د ه ز فتحرك
قوس ج آ على حالها وتحدث حركتها كرة متوهمة
عند استتمام القطبين الدورة على دايرتي ج د ه ز

3 وتحركه] وتحركت S 4 جه] جد وهز SH
9 لعطمى] نقطتى S 16 جا] جاه SH

ונדמה הכדור הזה קיים כמו שהוא [23] וקטביו E 40r
ג וה. הנה לפי שמרחק א מכל [24] אחד מקטבי ג וה
על עניין אחד בשתי [25] הצדדים יחד בכל סיבוב.
והנה מרחקי [26] אג ואה בכל [27] תנועה נקודת [28] א
מתדמים [29] בכל העגולה. [30] ומרחקי אג [31] בכל
העתקת [32] נקודת א [33] שוה. וכן מרחק אה בהעתקה
ההיא שוה [34] הנה שתי נקודות ג וה הם שני קוטבים
לעגולה [35] אשר תרשום אותה נקודת א בתנועת הגלגל
[36] אשר רשמת עליו המתנועע בתנועת קטביו [37] והסובבים
על שתי עגולות גד והז והיא השלמת [38] העגול כי
הקשתות שיצאו מקטבי הכדור /מ 37ב/ [1] אל מקיפיהם M 37v
אשר בכל צד משני הצדדים [2] שוים. וזה מה שכוננו
ביאורו.

[72] ואומר ג"כ [3] כי כשיהיה כדור והיו שני
קוטביו סובבים [4] כמו שזכרנו והיה לכדור עם
התנועה הזאת [5] תנועה אחרת על קוטבי שתי העגולות
[6] הקיימות לתנועת שתי הקוטבים והתמזגו [7] שתי
התנועות יחד. ורשמת נקודה על [8] שטח הכדור והתנועע
הכדור בשתי אלו [9] התנועות יחד הנה הנקודה הרשומה
לא [10] תחדש עם שתי אלו התנועות עגולה

32. מ: א] חסר בכ"י ב. /מ 37ב/ 3. מ: כי] חסר בכ"י ב.

وتتوهم هذه الكرة ثابتة كما هي وقطباها ج ه
ولان بعدي نقطة ا من كل واحد من قطبي ج ه
على حال واحدة في الكانين عليهما في جميع الدورة
فبعدا ا ج ا ه في جميع حركة نقطة ا متشابهان في كل
الدائرة وبعد ا ب في جميع نقلة نقطة ا متساوٍ
وكذلك بعدا ا ه في تلك النقلة متساوٍ فنقطتا
ج ه هما قطبان للدائرة التي ترسمها نقطة ا بحركة
الفلك التي تعلقت عليه المحرك بحركته قطبيه
الدائرين على دائرتي ج د ه ز وهي صحيحة الاستدا ره
لان القسي التي تخرج من قطبي الكرة الى محيطها التي في
كل جهة من الجهتين متساوية وذلك ما قصدنا بيانه
ونقول ـــــــ ايضا انه اذا كانت كرة وكا ن
قطباها دائرين على نحو ما ذكرناه للكرة مع هذه
الحركة حركة اخرى على قطبي الدائرتين الماستين لحركة
القطبين وامتزجت الحركتان جميعا وتعلمت نقطة على
بسيط الكرة وتحركت الكرة بهاتين الحركتين معا فان
النقطة المتعلمة ليست تحدث مع هاتين الحركتين دايرة

5 ا ب] ا ج SHL   8 المحرك بحركته] المتحرك بحركة SH

שלמת [11]העגול בשטח אחד ולא יהיה שוב הנקודה E 40v
[12]בהשלים הכדור סבובה אל המקום אשר [13]התחילה
ממנו מן העגולה אבל יוצאת [14]ממנו ויהיה מה
שהתחדשוהו הנקודה [15]בסיבובה על תמונת סיבוב
הלולב החלזוני [16]הוא בינו בלעז. ר"ל שהעגולה
התחיל [17]מנקודה ותכלה בהשלים הסיבוב אל
[18]נקודה אחרת זולתה תהיה בשטח אחר [19]וכאשר
סבב הכדור מספר סבובים [20]יהיו העגולים אשר
תחדשם הנקודה [21]כמו הסבוב הלולבי.

[73] דמיון זה כי כדור [22]אב קטביו ג וה
והם יסובבו על שתי עגולות [23]גד והז ויתנועע
הכדור בתנועתם. ר"ל [24]בתנועת שתי הקוטבים.
על קטבי שתי [25]העגולות אשר הם טב. והכדור
עצמו [26]עם זה מתנועע ג"כ בסיבוב על קטבי הג
[27]והם קיימים תנועה אחרת זולת התנועה [28]ההיא
אשר יניעה בתנועת קטביו. והנה [29]תרשם על
שטח כדור אב נקודת א. ואומר [30]כי נקודת א
תחדש עם התמזגות תנועת [31]הכדור על קטבי הג
בתנועתה

15. ב: בסיבובה] מ: בבסיבובה. 16. מ: בינו] ב: וינו. 25. טב] לפי הערבית: טכ. 26. הג] לפי הערבית: טכ. 31. הג] לפי הערבית: טכ.

صحيحه الاستداره في سطح واحد ولا يكون عوده
النقطه عند تمام الكره دورها الى الموضع الذى
ابتدأت منه من الدايره بل خارجا عنه ويكون
ما تحدثه النقطه باستدارتها على شكل استداره
اللولب حلزونيًا اعنى ان الدايره تبتدى من نقطه
وتنتهى عند تمام الدوره الى نقطه اخرى غيرها
لتكون سطحا اخر واذا دارت الكره عدّه دورات
كانت الدايره التى تحدثها النقطه على نحو الاداره
اللولبيه مثال ذلك ان كره اب
قطباها ده وهما يدوران على دايرتي جد وز
وتتحرك الكره بحركتيهما اعنى بحركه القطبين على
قطبي الدايرتين اللتين هما طك والكره نفسها
مع ذلك متحركه ايضا دورًا على تينك الدايرتين
اعنى طك وهما الثابتان حركه اخرى غير تلك
الحركه التى يحركها حركه قطبيها وقد نعلم على بسيط
كره اب نقطه ا فاقول ان نقطه ا تحدث
عند امتزاج حركه الكره على قطبي طك بحركتها

10 ده] جـ وه SHL 15 بحركها] تحركها S

האחרת [32]אשר תתנועע בתנועת קטביו הסובבים E 41r
[33]עגול לולבי ותמונה חלזונית. מופת זה
[34]אנחנו נוליך על קטבי שתי העגולות [35]הקטנות
אשר סיבוב קטבי הכדור עליהם [36]עגולה גדולה.
והיא עגולת טהלב. ונחתוך [37]שתי עגולות גד והז
על שתי נקודות ה ג ומן [38]המבואר כי נקודת ה
לנוכח נקודת ג נכוחות /מ 38א/ [1]יהיה הקו M 38r
המגיע ביניהם קוטר לכדור.

[74] [2]ונדמה העגולה אשר תחדשה נקודת א
[3]כשהתנועע הכדור בתנועת הקטר הזה [4]על שתי
עגולות הז וגד אלו לא תהיה לכדור [5]תנועה
שנית עגולות אלב. הנה תהיה [6]לזה שלמות העגול
כמו שביארנו בשאלה [7]הקודמת. וכן נדמה העגולה
אשר [8]תחדשה נקודת א כשסבב כדור אב על [9]קטבי
כט אלו לא יתנועע הכדור תנועה [10]אחרת עגולת
אלב. וזאת העגולה ר"ל עגולת [11]אלב בהכרח
נכוחית לשתי עגולות

36. טהלב] לפי הערבית: טסלכ. /מ 38א/ 5. בשולי
מ: אלב] לא ברור מה כתוב בטקסט מ ובטקסט ב; בשולי ב:
ט וכ קטבי עגול אלב גה קטבי עגול אלב וקוטר גה עמוד [?]
על שטח. 5. מ: הנה תהיה] חסר בכ"י ב.

الاخرى التي تحرك بحركة قطبها الدائرتين استدارة
لولبية وشكلا حلزونيا ٥
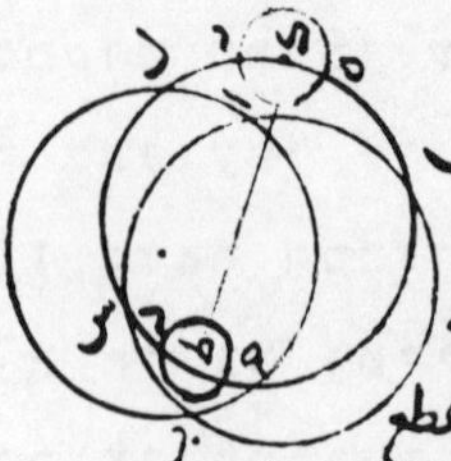

برهان ذلك ان نرسم على قطبي
الدائرتين الصغرتين اللتين مدار
قطبي الكرة عليهما دائرة عظيمة
وهي دائرة ط س ل ك ولنقطع
دائرة ج د ه ز على نقطتي ه ج ومن البين
ان نقطة ه تقابل نقطة ب تقابلا يكون الخط
الواصل بينهما محورا للكرة ونتوهم الدائرة التي
تحدثها نقطة ا اذا تحركت الكرة بحركة طرفي
هذا المحور على دائرتي ه ز ج د لو لم يكن
للكرة حركة ثانية دائرة ا س ب فلو كان
لذلك صحت الاستدارة كما بيناه في المسئلة
المتقدمة وكذلك نتوهم الدائرة التي تحدثها
نقطة ا اذا دارت كرة ا ب على قطبي ط ك
لو لم تحرك الكرة حركة اخرى دائرة ا ل ب وهذه
الدائرة اعني ا ل ب بالضرورة موازية لدائرتي

6 طسلك] طهلب H   8 ب] ج SHL

הז וגד [12]וילך על שתי נקודות החתוכים לשתי E 41^{V}
אלו [13]העגולות הגדולות על קטבי טכ אופק
טאב [14]הנה בעבור כי עליית נקודת א הונחה על
[15]האופק במקום חתוכי שתי העגולות. [16]הנה
כאשר נדחה בתנועתו על עגולה [17]ר"ל קטב ה
אל ז לצד ז ונטה הכדור להדחתו [18]נמשכה בעבור
זה נקודת א אל צד נטיית [19]הקטב. וכשהתנועע
עם זה כדור אב התנועה [20]האחרת על קטבי ה
וג תעתק נקודת א [21]ממקומה נוטה מעגולת
אטב בעבור שהיא [22]שומרת המרחק מקטב ה
הנעתק אל צד ז [23]ותשוב דרך משל על נקודת ב.
[75] וכאשר סבב [24]הכדור על קטבי טכ
ועלתה נקודה ב מאופק [25]טאב הנה היא לא תעלה
ממקומה הראשון [26]אבל על נקודת ק ממנו דרך
משל. וכן כל [27]זמן שהתמיד קטב ה להעתק אל
צד ז הנה [28]כשהגיע אל ז דרך משל תכלה
נקודת א אל ל והיא [29]בכל סיבוב תעלה מנקודה
מתחלפת לנקודת [30]עלייתה בסיבוב הנלוה אליו.
והיא תעלה [31]מנקודה ותכלה בסיבוב אל אחרת.
[32]ותחדש תמיד עגולות בלתי שלמות העיגול

15. מ: שתי] חסר בכ"י ב. 17. ב: לצד] מ: צד.
20. מ: האחרת] ב: אחרת. 21. מ: אטב] ב: אסב.
25. טאב] צ"ל: טאכ.

ه ز جـ د وتمر على نقطة التقاطع لتلك الدائرتين
العظيمتين وعلى قطبي ط ك افق ط ا ك فلان
تقاطع نقط ا وص على الافق في موضع تقاطع مغ
الدائرتين واذا اندفع القطب بحركته على الدائرة اعنى
قطب ه الى جهة ز ومالت الدائرة لاندفاعه
انحدرت لذلك نقطة ا الى جهة ميل القطب
واذا تحركت مع ذلك كرة ا ب الحركة الاخرى على
قطبي ط ل تنتقل نقطة ا عن موضعها مايلة عن النسخة المغربية
دائرة ا ب لانها محفوظة البعد من قطب ه المنتقل اس ب
الى جهة ز فتصير مثلا على نقطة ب واذا استدار
الكرة على قطبي وطلعت نقطة ز من افق
ط ا ك فانها لا تطلع من موضعها الاول ولكن
على نقطة ق منه مثلا وكذلك ما دام قطب ه بـ
مستفلا الى جهة ز فاذا انتهى الى ز مثلا انتهت نقطة
ا الى ل وهي في كل دائرة تطلع من نقطة مخالفة لنقطة
طلوعها الى الدورة التالية لها فهي تطلع من نقطة وتنتهي
بالدورة الى اخرى فتحدث لهذا دوائر غير تامة الاستدارة

النسخة المغربية
ابدا

1 نقطة ES : نقطتي H   3 تقاطع نقط ا وص] مطلع نقطة ا
فرض S : مطلع نقطة ا وضع H   8 ط ل] ط وك S : ه وجـ H
9 ا ب] ا س ب BS and E mg. : ا ط ب M   11 قطبي
ط وك SHL   11 ز ES : ب H : ف L   13 ق : ESHL
محرر ب E mg.   17 لهذا] ابدا H and E mg.

[33]כי כל אחת מהם ר"ל העגולות כמו שביארנו E 42r
[34]אינם בשטח אחד. ותבוא [35]תמונת כולם תמונת
חלזונית. וכן [36]יהיה עניין נקודת א כשנעתק
[37]הקוטב מנקודת ז אל הנקודה המתנגדת /מ 38ב/ M 38v
[1]לנקודת ה מן העגולה ונעתקה בהעתקו [2]נקודת
הא מן הל אל הב הנה היא תחדש [3]כמו כן תמונה
דומה בראשונה לב׳ הרביעיים [4]הנשארים שתי
תמונות דומות בשתי אלו. [5]ותשוב נקודת א
המונחת אל מקומה הראשון [6]והנה מחובר כל שתי
התנועות ארבע [7]תמונות כמו שביארנו וזה
שרצינו לציירו.

[76] [8]ואומר ג"כ העגולה אשר ירשמו אותה
[9]הכוכבים בתנועת גלגליהם על שני קטביהם
[10]יהיו הכוכבים הקיימים או הנבוכים. [11]אמנם
נטייתם יחד על עגולות משוה [12]היום על שיעור
מרחק הקוטב אשר לגלגל [13]הכוכב ההוא או הכוכבים
מקטב גלגל [14]העליון אשר הוא קטב משוה היום
ושהוא [15]כל מה שרחקו קטבי משוה היום מקטב
[16]גלגל הכוכבים תהיה נטיית העגולה אשר [17]עליה
הכוכב כמו מרחק הקטב מקטב [18]העליון

אין צורה בכ"י מ על אף שיש מקום לה. 11. עגולות]
צ"ל: עגולת. 12. מ: מרחק] ב: זה.

لان كل واحد منها اعنى الدوائر كما بينا قبل ليست
فى سطح واحد وبالى شكل جميعها شكلا حلزونيا
ولذلك يكون حال نقطة آ اذا اسفل القطب
نقطة ز الى النقطة المقابلة لنقطة ة من الدائرة
واسفلت باسفاله نقطة آ من ك الى ب فانها
تحدث لذلك شكلا شبيها بالاول وفى
الربع الباقى شكلين شبيهين بهذين ويرجع نقطة
آ المعروضة الى موضعها الاول وقد رسمت
مجموع الحركة اربعة اشكال على ما وضعنا وذلك ما
قصدنا تصويره واقول ان اتصال
الدائرة التى ترسمها الكواكب عن حركات افلاكها على اقطابها
كانت للكواكب الثابتة او المتحيرة ميلها جميعا على
دائرة معدل النهار على قدر بعد القطب الذى لفلك
تلك الكواكب او الكوكب عن قطب الفلك الاعلى
الذى هو قطب معدل النهار وهما بعد قطبا معدل
النهار عن قطب فلك الكواكب كان ميل الدائرة
التى عليها الكوكب بمثل بعد القطب من قطب الاعلى

7 فى الربعين الباقيين SHL : محرر الباقيين [?] E mg.

E 42v וזה מן המבואר בעצמו. וכן אומר [19] כי לכל אחד
מאלו הגלגלים כשיתנועע [20]בעצמו על קטביו אצל
תנועת הכל. ר"ל [21]התנועה היומית ונעתק בתנועה
ההיא [22]הכוכב התקוע בגלגל ההוא שיעור אחד
[23]בעגולתו הנוטה. ואם היינו בלתי מרגישים
[24]בתנועה הזאת הנה לא יהיה מה שיעלה [25]מחלקי
השיעור ההוא אשר חתכם הכוכב [26]בגלגלו הנוטה
שוה למה שיעלה עמהם מחלקי [27]עגולת משוה היום
תמיד אבל הוא פעמים [28]יהיה מתחלף לפי נטיית
החלק ההוא אשר [29]חתך מעגולת נטיתו על משוה
היום אל [30]הצפון או אל הדרום או היותו על
M 65r החתוכים /מ 65א/ [1]מהם. וזה הדבר כבר התבאר
במגסטי.

[77] [2]והתבאר עם זה כי כשיהיה תכלית
[3]הנטייה ידוע הנה נטיית כל חלק יונח [4]על
העגולה הנוטה ההיא תהיה ידועה [5]ומה שיעלה עם
החלק ההוא באופק [6]המונח מעגולת משוה היום
יהיה ידוע [7]וכן התבאר שם כי מה שיהיה

وهذا أمرٌ بيّنٌ بنفسه وكذلك اقول
ان كل واحد من الافلاك اذا تحرك بنفسه على
قطبه نحو حركة الكل اعني الحركة اليوميه
وانتقل بتلك الحركة الكوكب المركوز في ذلك
الفلك مسافة ما في دايرته المايله وان كان لا
يحسّ بهذه الحركة فليس ما يطلع مع اجزاء تلك
المسافه التي قطعها الكوكب في فلكه المايل
بمساوٍ لما يطلع معها من اجزاء دايره مُعدل النهار
ابدا ولكنه قد يكون مختلفا بحسب ميل
ذلك الجزو الذي قطع من دايره ميله على معدل
النهار الى الشمال او الى الجنوب او بحوز على التقاطع السمت لعله كونه
لما وهذا شي قد تبيّن في المجسطي وتبيّن
مع ذلك انه اذا كان منتهى الميل معلوما فان
كل جزو يفرض على تلك الدايره المايله على تلك
الدايره يكون معلوما وما يطلع مع ذلك الجزو في
الافق المعروض من دايره مُعدل النهار يكون معلوما
وكذلك تبيّن هنالك ان الذي يكون من

11 بحوز] كونه H and E mg. 15–14 على تلك الدائرة Omit
17 بين Missing in HL

מעליות כל [8]הרביע מרביעי עגולת הנטייה אשר E 43r
[9]תאחז בשתי נקודות השווים ושני [10]ההפוכים שוים
לעליות כל הרביע ההולך [11]בקוטר אליו מרביעי
עגולת משוה היום [12]בחלקי העליות. ואמנם יתחלפו
בחלקים [13]אשר הם יותר מעטים מרביע העגולה
[14]ופעמים יוסיפו העליות על העליות ופעמים
[15]יחסרו מהם. והנה ניישר אל זה קצת [16]הישרה
במקומו בע"ה.

[78] ובעבור שהיה [17]מה שימצא מהעתקת הכוכבים
הקיימים [18]בהבטה יתחלף שעורו לפי התחלף הזמנים
[19]כי פעמים תמצא ההעתקה הזאת כי איחורה [20]בזמן
אחד יותר מעט איחור. ובזמן אחר [21]יותר איחור
ובקצת הזמנים במשך [22]המזלות ובקצתם בהפך משך
המזלות ואצל [23]תנועת הכל. והנה יעמוד זמן
ארוך לא תשוער [24]בהם ההעתקה במבט בעלי המזל
ההוא כי [25]רוב מה שהכירו בו העתקת הכוכבים
הקיימים [26]האלה. אמנם היא בראותם יציאתם
ברוחב [27]בהביטם אותם במשוה היום ר"ל שהם עיינו
[28]מה שהם. ר"ל מן הכוכבים הקיימים על העגולה
[29]הנקראת משוה היום סרים ממנה ומה שהיו

24. המזל] לפי הערביה: הזמן. 26. מ: היא] ב: היה.

مطالع جميع الربع من ارباع دايره الميل التي تتجاوز
نقطتي الاعتدالين والانقلابين مساو لمطالع
جميع الربع المناظر له من ارباع دايره معدل النهار
في اجزا المطالع وانما تختلف في الاجزا التي هي اقل
من ربع الدايره وقد يزيد المطالع على المطالع وقد ينقص
عنها وسنرشد الى ذلك بعض الارشاد في مواضعه
ان شا الله تعالى ولما كان ما يلقى من نقلة الكواكب الثابتة
عند الرصد يختلف مقداره بحسب اختلاف الاوتار
اذ قد يوجد هذه النقلة مع بطوها في زمان ما اقل بطوا
وفي زمان اخر اكثر بطوا وفي بعض الازمان الى
توالي البروج وفي بعضها الى خلاف توالها ونحو حركة
الكل وقد تملك الزمن الطويل فنستشعر لما ينقله في
ارصاد اهل ذلك الزمان فان اكثر ما اهتدوا به
الى نقلة هذه الكواكب انما كان بتاهيره خروجها
في العرض عند رصدهم اياها عن معدل النهار اعني
انهم عاينوا ما كان منها اغنى من الكواكب الثابتة على
الدايره المسماه بمعدل النهار زايلا عنها والذي كان

ط ميلها اقل

4 مل ارك] ط ميلها اقل E mg. : هى اقل S
8 الاوتار] الازمان SHL 9 يطرها] بطئها S
12 الزمن] الزمان S 12 لما] لها S

[30]בזמן הקודם צפוניים ממנה דרומיים ממקומו E 43v
[31]ומה שהיו דרומים שבו צפוניים ממקומם
[32]הראשון וגזרו גזירה שהעתקם זאת על גלגל
[33]נוטה. ובעבור שהיא עם היציאה הזאת [34]חוזרת
לאחור שפטו שזה הנוטה המניע [35]אותם יניע
הגלגל הזה להפך תנועת העליון.

[79] [36]ומפני שהיו השבעה הרצים מתחלפים
[37]בתנועת האורך חילוף גדול והיה התחלפותו
[38]ברוחב מעט שמו תנועת כולם יחד נמשכת [39]לזה
הגלגל הנוטה בתנועת המתחלפת ועל /מ 65ב/ [1]קטביו M 65v
לבד. וכאשר היה גלגל הכוכבים [2]הקיימים נוטה
אצלם הנה לא ידעתי למה [3]זה ציירוהו נמשך לאחר
שהוא למעלה [4]ממנו בלי כוכב. והנה היה מספיק
[5]להם בו שישימהו הוא הנוטה בעצמו ולא [6]יטרחו
לבקש אחר למעלה ממנו. וג"כ למה [7]לא הניחו זה
הגלגל הנוטה אשר יניע הגלגלים [8]האלו על קוטביו
התנועה המתחלפת לתנועת [9]העליון ר"ל הכללית
מתנגד המצב למצב [10]העליון עד שיהיה תחת גלגל
הירח כי אין [11]ראיה להם מדרך התבונה על שהוא
תחת [12]העליון ולמעלה מכולם.

في الزمان المتقادم شمالًا عنها عاد جنوبًا عن مكانه وما
كان جنوبًا عاد شمالًا عن مكانه الاول قطعوا قطعًا
بان نقلها ملك على فلك مايل ولانها مع هذا الخروج
متحركة الى خلاف جعلوا بان هذا المايل المحرك لها
يحرك هذا الفلك الى خلاف حركة الاعلى ولمّا
كانت السبعة السيارة مختلفة في حركة الطول
اختلافا كثيرًا وكان اختلافها في العرض يسيرًا
جعلوا حركتها جميعًا تابعة لحركة هذا الفلك
المايل في الحركة المختلفة وعلى قطبه خاصة واذا
كان الفلك المكوكب مايلا عندهم فلا اعلم لماذا
صيروه تابعًا لاخرَ فوقه غير مكوكب وقد كان
لهم فيه كفاية فجعلوه هو المايل بنفسه ولا
يلجون الى اخر فوقه وايضًا ولو لم يضعوا هذا الفلك
المايل الذي يحرك هذه الافلاك على قطبه الحركة
المخالفة لحركة الاعلى اعني الكلية مقابل الوضع
لوضع الاعلى حتى يكون تحت فلك القمر اذ لا دليل
لهم من طريق الحقيقة على انه تحت الاعلى وفوق جميعها

והיתה לקיחת [13]ראיתם על היותו תחת גלגל הירח E 44r
יותר [14]חזקה מפני שהוא מניע הגלגל אשר בו
[15]הירח תחילת התנועה ההיא המתחלת [16]להיות גלגל
הירח יותר מהיר [17]מכל הגלגלים בתנועה הזאת
המתחלפת [18]לקורבתו מהמניע אותה. ובעבור זה
[19]מה שהיה קרוב מן הירח יותר מהיר [20]ממה שרחק.
ולכן היה גלגל הכוכבים [21]הקיימים היותר מאחר
מכולם ותלך [22]התנועה ההיא על סדר ישר.

[80] וג"כ למה [23]לא יחסו היציאה מן המרכז
אשר לכל [24]אל זה הגלגל הנוטה לבדו ויהיה
המתחלפות [25]גלגלים אלו במהירות והאיחור מיוחס
[26]ליציאת מרכז הגלגל הנוטה והנעתו [27]לגלגלים
אלו עליו ויקבלו ויודו בזה מחלוקת [28]כל אחד
מהגלגלים ההם והתחלקם לחלקים [29]יתחלף קצתם את
קצתם בתנועה עם [30]השתתף והסתבך קצתם עם קצתם
[31]בתנועה ובגרם.

[81] ובעבור שלא התאמת [32]לראשונים מתנועת
גלגל הכוכבים הזה מה [33]שיקיימוהו באמת הרבה
בעבור זה הנבוכות [34]בו והספק באמתת העתקם כי
הקודמים כהרמז [35]ומי שהיה אחריו מבעלי הטלמאוס
הם [36]התרפים יזכירו כי

16. לפי הערבית: הירח יותר מהיר] מ וב: הירח להיות יותר מהיר. 24. המתחלפות] צ"ל: התחלפות. 33. ב: שיקיימהו] מ: שיקמוהו. 34. מ: בו] חסר בכ"י ב. 35. ב: הטלמאוס] מ: הטללומאוס; לפי הערבית: טלסמאן.

وكان يكون دليلهم على كونه تحت القمر اوى لاجل انه يحرك
الفلك الذي فيه القمر اولا لذلك الحركة المخالفة تحرر اولا
لكون القمر اسرع الافلاك في هذه الحركة المخالفة
لقربه من محركه ولاجل ذلك كان ما قرب من القمر اسرع
مما بعد ولذلك كان الفلك المكوكب ابطاها
فجرى تلك الحركة على نظام وايضا لم ينسبوا الخروج
عن المركز الذي للكل الى هذا الفلك المايل وحده
ويكون اختلاف هذه الافلاك في السرعة والابطا
منسوبا الى خروج مركز الفلك المايل وتحركه
لهذه الافلاك عليه وسيكون بهذا من تفصيل
كل واحد من تلك الافلاك وتقسيمها الى اجزا
تخالف بعضها بعضا مع اشتراك واشتباك في الحركة
بعضها مع بعض في الحركة بالجرم ولما لم يحقق
الاولون من حركة هذا الفلك المكوكب ما
اثبتوه على صحة لاجل ذلك التحير فيها والتشكك كثر
في صحة نقلها فان الاقدمين كهرمس ومن كان
بعده من اصحاب الطلسمات منكرون ان لهذه

2 تحرر اولا E mg. 13 بالجرم] وفى الجرم S

לכוכבים אלו העתקה פעם למשך [37]המזלות ופעם E 44v
לחלופיהם. והיה זה כאילו הוא [38]אצלם עניין
ידוע או מקובל. וכאשר באו /מ 39א/ [1]האחרונים M 39r
כמו הכלדיים ומי שמצא [2]תנועת אלו הכוכבים קודם
זמן בכת נצר כדי [3]שיתאמתו מה שזכרו הראשונים
לא [4]מצאו להם תנועה ועזבו התנועה ההיא [5]אשר
כבר זכרו אותה הקודמים הראושנים [6]כי לא קיימו
לה חשבון ולא תכונה יתאמת [7]בה אפשרותה. והיתה
דעתם כי גלגל [8]הכוכבים הקיימים הוא המניע
התנועה [9]היומית ושגלגל המזלות והיא עגולת
[10]הנטייה לשמש תחתיך עגולת משוה היום [11]על
שתי נקודות אחת משתיהם תקרא נקודת [12]השווי
האביבי והאחרת נקודת השווי החרפי [13]והם ראשית
מזל טלה וראשית מזל מאזנים. [14]ושהם שומרים אלו
החתוכים תמיד.

[82] ואחר [15]כן מי שבאו אחריהם ולא בזמן
גדול קודם [16]זמן אלכסנדר לפי מה שהניח אברכס
[17]מהבטת טימוכראס וארסטולס בזמן ת"נ [18]שנה
ממניין בכת נצר. ואחר כך מה שהביטו [19]מילאוש
המהנדס ר"ל חכם התשבורת [20]בשנת תתמ"ה לבכת
נצר. ואחר כך מה [21]שהביטו

36-37. מ: פעם למשך המזלות] חסר בכ"י ב.   /מ 39א/

2. בכת נצר] מ וב: כבת נצר.

الكواكب انتقالاً تارة الى توالى البروج وتارة الى خلاف
توالى البروج وكان هذا كان عندهم امراً متعارفاً ولما
اتى الذى بعدهم كالكلدانيين من رصد هذه الكواكب
قبل زمان بخت نصر ليصححوا ما ذكره الاولون لم يجدوا
لها حركة فحلوا تلك الحركة التى كان ذكرها القدما
الاولون اذ لم يكونوا اثبتوا لها حسابا ولا هيئة
يصح بها امكانها فاعتقدوا ان فلك الكواكب الثابتة
هو المحرك الحركة اليومية وان فلك البروج وهى
دائرة الميل للشمس يقطع دائرة معدل النهار على
نقطتين احداهما تسمى نقطة الاعتدال الربيعى والاخرى
نقطة الاعتدال الخريفى وهما اول برج الحمل واول
برج الميزان وانهما حافظتان لهذا التقاطع دائما
ثم ان الذين اتوا بعد هؤلاءِ بزمان طويل قبل زمن
الاسكندر بما اورده ابرخس من ارصاد طيماخارس
وارسطلس على عهد اربع مائة وخمسين سنة من
تاريخ بخت نصر ثم ما رصد منلاوس المهندس
في سنة ثمن مائة وخمس واربعين لبخت نصر ثم ما رصد

13 ولاءِ] ولا H 15 ارسطلس S

אברכס עצמו אחר מות אלכסנדר [22]כמו ת׳ שנה E 45r
והבטת מי שהיה בזמנו הנה [23]הם זכרו שהם מצאו
אלו הכוכבים האלה [24]שיעתקו אצל משך המזלות.
ודקדקו מה [25]שהשיגוהו מהעתקתם וקימוה על שהיא
[26]תנועה לגלגל הזה על משך המזלות לבד. [27]עוד
כי בטלמיוס ג"כ הביט אחר אברכס ברס"ו [28]שנה
ומצא ההעתקה לכוכבים הקיימים האלו [29]תמיד
אל משך המזלות. והנה אברכס כבר [30]עשה חשבון
ההעתקה הזאת וזכר שהיא על [31]קטבי גלגל המזלות
לצד המשכם מדרגה [32]בק׳ שנה וכאשר מצא בטלמיוס
מה שהקיש [33]אותו ממקומות הכוכבים האלה על הדרך
[34]ההוא קיימו ואמתו ועשה חשבון [35]ההעתקה ההיא
ודקדק אותה לפי זה.

[83] [36]עוד כי המתאחרים אחר בטלמיוס בעבור
[1]שהביטו הכוכבים האלה והקישו בין מה /מ 39ב/ M 39v
[2]שמצאו ממקומותם במבט ובין מקומותם [3]הראויים
להם בחשבון ההוא מצאו אותם [4]מתחלפים להם ובלתי
מסכימים בהם [5]השתוממו בעבור זה באותם ההבטות
[6]הקדומות ולא נסמכו באמתת ההעתקה [7]ההיא וחשב
קצת מי שבא אחר בטלמיוס [8]והוא תאון האסכנדרני
כי לכוכבים הקיימים [9]העתקה

25. מ: שהשיגוהו] ב: שהעתקוהו. /מ 39ב/ 4. מ: בהם] ב: עדיהם כי. 8. מ: לכוכבים] ב: הכוכבים.

ابرخس نفسه بعد وفاه الاسكندر بنحو من اربع مايه
سنه وارصاد من كان في زمانه فانهم ذكروا انهم الفوا
هذه الكواكب تنتقل نحو توالي البروج فدونوا ما
ادركوه من نقلتها واثبتوه على انها حركه لهذا الفلك
على توالي البروج فقط ثم ان بطلميوس ايضا رصد من
بعد ابرخس بمايتين وستين سنه والانتقال لهذه
الكواكب الثابته دايما الى توالي البروج وقد كان
ابرخس عمل حساب هذه النقله وذكر انها على
قطبي فلك البروج نحو تواليها درجه في مايه سنه
ولما الفى بطلميوس ما قاسه من مواضع هذه النقله
ودونها على حسب ذلك ثم ان المتاخرين بعد بطلميو س
لما رصدوا هذه الكواكب وقايسوا بين ما وجدوه
من مواضعها بالرصد وبين مواضعها المقومه بتلك
الاعمال الفوها مخالفه لها وغير متفقه معها فاستر بوا
لذلك تلك الارصاد القديمه ولم يثقوا بصحه
تلك النقله وزعم بعض من اتى بعد بطلميوس وهو
ثاون الاسكندري ان للكواكب الثابته نقله

6 بمايتين وخمس S 10 هذه] الكوكب على ذلك النسق اثبته وصححه وعمل حساب هذه S adds

יקדים בה ואחרת יאחר בה. וכל [10]אחת מהם ח׳ E 45v
חלקים. ויש לה עם זה העתקה [11]אל משך המזלות
מדרגה בק׳ שנה ודחה [12]התנועה הזאת מי שבא
אחריו כי מצאו [13]מקומותם במבט זולת המקומות
אשר הם [14]מתוקנים עליהם בפעלתם הקדומה ופעם
[15]יוסיפו עליהם ופעם יחסרו ומהם לפי [16]הזמנים
המתוקנים להם.

[84] עוד כי הבתאני [17]באר שהכוכבים הקיימים
ילכו מנקודת [18]השווי האביבי בזמנים השוים
מהלך [19]מתחלף ועזב עניינה מפני זה, [20]ובעבור
שעין אבו אסחק אלזרקאלה ההעתקות [21]האלה
המתחלפות השתדל בחיבוריהם לפי [22]מה שנראה לו.
אבל שהוא עדיין לא התאמת [23]עניינם בשלמות והניח
להם תכונה יהיו [24]עליה וחשבון על שקוטבי הגלגל
הזה יתנועעו [25]על שתי עגולות נכוחיות למשוה
היום ממה [26]שיחייב שתהיה תנועתם נמשכת לתנועת
[27]שני אלו הקוטבים. והעיר במה שהניח מזה [28]על
מה שנפלו עליו עתה ממה שלא התבונן [29]אליו. ר״ל
אל התנועה אשר יתחייב זה לפי האמת [30]והיא
תנועת הגלגל הזה על קוטביו משתעבד [31]ונמשך
לתנועת העליון

14. ב: הקדומה] מ: הקדמה.

تقبل بها تارة وتدبر اخرى وكل واحدة منهما ثمانية
اجزا وان الجامع ذلك نقله الى توالى البروج درجة
في مائة سنة ودفع هذه الحركة من اتى بعده اذ
وجدوا مواضعها بالرصد في غير المواضع التى هي
مقومة عليها باعمال القدماء فمرة تزيد عليها ومرة تنقص
عنها بحسب الازمان المقوم لها ثم ان البتاني بين
ان الكواكب الثابتة تسير عن نقطة الاعتدال الربيعي
في ازمان متساوية سيرا مختلفا فنزل امرها على ذلك
ولما نظر ابو اسحق الزرقاله في هذه الانتقالات المختلفة
احتال في تالفها على ما ظهر له لانه بعد لم يحصوا امرها
على التمام فوضع لها هيئة تكون عليها وحسابا على
ان قطبي هذا الفلك يتحركان على دائرتين موازيتين
لدائرة معدل النهار مما يوجب ان تكون حركتها تابعة
لحركة هذين القطبين فنبه بما اورده من ذلك
على ما وقفنا عليه الان مما لم يتفطن اليه اعني الى
الحركة التى توجب ذلك على الحقيقة وهي حركة هذا
الفلك على قطبه مستتبعا وتابعا لحركة الاعلى

8 فنزل] فترك S

כדי שישלים [32]הקיצור אשר יקצר ממנו מתנועתו E 46r
וכדי [33]שיוכר בו ויובדל ממנו

[85] התאמתה עתה [34]התנועה כמו שהניחה
אבו אסחק [35]מהיות מה שיראה מחילוף העתקת
/מ 40א/ [1]הכוכבים האלו אמנם הוא הקדמה M 40r
[2]ואיחור אבל הנה העינין הוא בהם [3]בהפך לפי
האמת כי ההקדמה [4]אצלם היה על שהיא ההעתקה
להפך [5]תנועת הכל. והאיחור אצלם היא [6]ההעתקה
אל צד תנועת הכל. והיא [7]באמת בהפך זה כמו
שיתבאר. [8]ועם זה הנה ההעתקה אשר זכר [9]אותם
בטלמיוס להפך תנועת הכל [10]הקיימת עם ההקדמה
והאיחור [11]כעינין בהעתקת הכוכבים הנבוכים
[12]והראות החזרה להם והעמידה עם [13]העתקם זאת
להפך תנועת הכל [14]אבל היא לא נתאמת כמותה
עד [15]היום הזה. וכדי שיתאמת מה [16]שאמרנו הנה
נחזור לזכור התנועה [17]הזאת אשר לגלגל הזה
ר"ל גלגל [18]הכוכבים הקיימים ונביא אחר כן
[19]הדמיון עליו כדי שיהיה ציור ההעתקה [20]הזאת
יותר שלם ואמתתה יותר נגלת.

[86] [21]ונאמר כי הגלגל הזה כשהתנועע
[22]תנועתו אשר היא מיוחדת בו והוא [23]על קטביו
נמשכת ורודפת

32-33. מ: מתנועתו ... ויובדל ממנו] חסר בכ"י ב.
12. ב: עם] מ: על.   15. מ: מה] חסר בכ"י ב.

ليستوى فى التقصير الذى يقصر عنه من حركته وليمتاز
بميل ويفصل عنه فتستقر الان الحركة على نحو ما
وضع ابو اسحق الزرقاله من ان الذى يظهر من اختلاف
اسقال هذه الكواكب المسماه الثابته انما هو
اقبال وادبار لا غير على ان الامر مقلوب فيها بالحقيقه
لان الاقبال عندهم كان على انه النقله الى خلاف حركة
الكل والادبار عندهم هو النقله الى جهة الكل وهو
بالحقيقه مقلوب هذا كما يتبين ومع هذا فان
حركة   النقله التى ذكرها بطلميوس الى خلاف الكل ثابته
مع الاقبال والادبار كما كان فى اسقال الكواكب المتحيره
وظهور الرجوع لها والاستقامه مع اسقالها ذلك
الى خلاف حركة الكل لكنها غير محققه الكميه الى
هذه الغايه ولكيما يتضح ما قلناه فلنعد ذكر هذه
الحركة التى لهذا الفلك المذكور ونأتى بعدها بما لمثلنا
عليها ليكون تصور هذه النقله اتم وحقيقتها اظهر
فنقول ان هذا الفلك اذا تحرك
حركته التى تخصه وهى على قطبه تابعًا ومستتبعًا

1 نقص] يقصر SH and E mg.   2 سميل] بهما SH and E mg.

E 46v לתנועת [24]העליון והיא אשר קראנוה תנועת
[25]ההשלמה והתעגל קוטביו על שתי [26]עגולות
מהלכן בקצורם מן העליון [27]אל הפך תנועת העליון
מפני ששניהן [28]בסגולתם מקצרים מן העליון
זולת [29]הכוכבים כי היתה עליהם תנועת [30]ההשלמה.
והם קימים לה. והתמזג [31]מפני זה העתקת תנועת
M 40v הכוכבים [32]אשר על קוטבי גלגל הזה באורך /מ 40ב/
[1]לצד תנועת הכל עם מה שתניע [2]אותה העתקת שתי
הקטבים על שתי [3]עגולות מהלכם אשר הוא הפועל
[4]למקרה כי מרחק הככבים משני הקטבים [5]מרחק
לא ישתנה. וכאשר נעתקו שני [6]הקטבים ישתנו
בהשתנות מצבם מצב [7]הככבים האלה אשר בגלגל הזה
לפי [8]מרחקי שני הקטבים מקטבי משוה [9]היום אל
הצד אשר ירחקו אליהם [10]ויטו מפני זה הכוכבים
אשר בגלגל הזה [11]עם שהם כבר השלימו תנועת
העליון [12]באורך והשיגו בה בתנועה אשר יניע
[13]גלגלה על קטביו זולת מעט מזער ממה [14]שלא
התאמת עניינו עד היום [15]ויעתקו ברחב בהעתקת
שני הקטבים.

[87] [16]ומפני שהתנועה הזאת אשר לכוכבים
[17]האלה ר"ל הרודפת בה לתנועת העליון [18]להשלמה
אינה על עגולים נכוחיים

31. ב: תנועת] מ: בתנועת.

حركة الاعلى وهي التي سميناها حركة الاستيفا واستدارت
قطباهما على دايرتي ممرهما فقصر بهما عن الاعلى الى خلاف
حركة الاعلى فانهما في خاصتهما مقصران عن الاعلى دون
الكواكب التي كانت عليهما حركة الاستيفا وهما ثابتان
لها فتمتزج لذلك اسفال حركة الكواكب التي على
قطبي هذا الفلك في الطول نحو حركة الكل مع ما
حركها اسفال القطبين على دايرتي ممرهما الذي هو
الفاعل للعصر لان بعد الكواكب من القطبين بعد لا
يتغير واذا اسفل القطبان تغير بتغير وضعهما وضع هذه
الكواكب التي في هذا الفلك بحسب تباعد القطبين
عن قطبي معدل النهار الى الجهة التي تباعدا اليها فتميل الفلك
هذه الكواكب التي في هذا الفلك مع انها قد استوفت
حركة الاعلى في الطول ولحقت به ما حركة التي حرك
فلكها عن قطبه انما اليسير جدا ما لم يتعو امره الى
هذه الغاية وتسفل في العرض باسفال القطبين
ولان هذه الحركة التي لهذه الكواكب اعني المتبعة
لها حركة الاعلى للاستيفا لينتقل على دواير موازية

محرر للعرض النسخة المغربية كتلك

3 فانهما] لانهما S 4 التى] اذ S 8 للعصر] للعرض SH : محرر للعرض النسخة المغربية كتلك E mg. 14 عن] على SH

[19]למשוה היום אבל היא על עגולים נוטים [20]עליה E 47r
כמו שהעירונו עליו בהקדמה [21]אשר הקדמנו קודם
יהיו הכוכבים אשר [22]על אזור הכדור הזה יחדשו
עגולה נוטה [23]על עגולת משוה היום חותכת אותה
[24]על חציים בעגולת המזלות ונטיתה [25]עליה
בשיעור המרחקים אשר בין [26]קטבי הגלגל הזה ובין
קטבי העליון [27]ויהיו חתוכי העגולה האמצעית
אשר [28]על אזור הגלגל הזה עם עגולת [29]משוה
היום על שתי נקודות הם דומות [30]לשתי נקודות
שני השוים ושתי תכליות [31]המרחק אשר בין שניהם
הם דומים [32]לשתי נקודות שני ההפוכים ועל
[33]העגולה הזאת הנוטה תהיה תנועת [34]הכוכבים
הקיימים האמצעיות אזור /מ 41א/ [1]הגלגל הזה M 41r
ושאר מה שבו מן הכוכבים [2]ג"כ יתנועעו על
עגולים נכוחיים [3]לנוטה הזאת זולת כי התנועה
היומית [4]היא לכולם על העגולים הנכוחיים
[5]למשוה היום.

[88] וזאת התנועה אשר [6]זכרנו אותה להשלימה
על העגולה [7]הזאת הנוטה לצד תנועת הכל היא
[8]אשר לא השיג אותה אחד מכל מי [9]שעבר ומפני
התעלמה מהם קרה [10]להם הטעות כי חשבו שהגלגלים
[11]אשר תחת העליון יתנועעו להפך [12]תנועתו
וחולקים עליו בתנועתם

20. מ: עליה] חסר בכ"י ב. 22. מ: על] חסר בכ"י ב.

لمعدل النهار انما هي على دوائر مائلة عليها كما بينا في
المقدمة التي قدمناها قبل تكون الكواكب التي على نطاق
هذه الكواكب تحور دائرة قليلة على دائرة معدل النهار
قاطعة لها على الانصاف عن دائرة البروج وميلها عليها
بمقدار التباعد الذي بين قطبي هذا الفلك وبين قطبي
الاعلى ويكون تقاطع الدائرة الوسطى على نطاق هذا
الفلك مع دائرة معدل النهار على نقطتين هما نظيرتا
نقطتي الاعتدالين ونهاية التباعد بينهما هما
نظيرتان لنقطتي الانقلابين وعلى هذه الدائرة المائلة
تكون حركة الكواكب الثابتة المتوسطة نطاق هذا
الفلك وسائر ما فيه من الكواكب ايضا تتحرك على
دوائر موازية لهذه المائلة عن ان الحركة اليومية هي
لجميعها على الدوائر الموازية لمعدل النهار وهذه الحركة اعني
التي ذكرنا انها للاستيفا على هذه الدائرة المائلة نحو
حركة الكل هي التي لم يهتد اليها احد ممن سلف ومن
اغفالهم بما عرض لهم الغلط اذ ظنوا ان الافلاك التي
دون الاعلى تتحرك الى خلاف حركته وتعاندة بحركتها

عليه

ط مايله صح النسخة المغربية كتلك

3 الكوكب تحور دائرة قليلة] الكرة تحدث دائرة مائلة SH

3 قليلة] ط مايله صح النسخة المغربية كتلك .E mg

[13]הטבעית אשר בהם והפילם [14]זה בנבוכות E 47[v]
והיציאה מן האמת מעיניינם [15]ומתכונתם.
[89] ומפני שהיתה תנועת [16]גלגל הכוכבים
האלה המיוחדת בו [17]היא תנועה שוה ומתדמה
לתנועת [18]העליון ואל צדה אלא שהיא נוטה
[19]ממנה ר"ל מעגולת משוה היום [20]יתחלפו בעבור
זה שיעורי מה שיחתכוהו [21]הכוכבים האלה מעגולתם
הנוטה [22]עם שיעורי מה שיהיה מול פניהם. [23]ויעלה
עמהם מעגולת משוה היום. [24]וכבר התבאר זה במגסטי.
והנה נשיב [25]ביאורו בדימיון כי לא ישלמו החלקים
[26]תמיד בעגולה הזאת הנוטה עם מה [27]שיעלה עמה
מעגולת משוה היום. [28]אבל אם שיוסיפו עליה ואם
שיחסרו [29]ממנה או שישתוה לה אבל אין [30]אנחנו
מרגישים בתנועה הזאת [31]ולא נשער בה ר"ל
תנועת ההשלמה. [32]אבל אנחנו נשיג רשומים בהוספתם
/מ 41[ב]/ [1]באורך על מקומותם פעמים ובקצורם [2]מהם M 41[v]
פעמים עם יציאתם ברוחב ג"כ.
[90] [3]ואלה המקרים הם אשר הורונו עליה [4]כי
לולא התנועה ההיא לא קרו להם [5]המקרים האלה
כי הם תקועים בגלגלם [6]דבקים במקומותם ממנו ולכן

22. ב: שעורי] מ: שיעור. 26. מ: הנוטה] ב: תנועה.
32. רשומים] צ"ל: רשומם. /מ 41[ב]/ 4. ב: התנועה
ההיא] בטקסט מ: המקרים ההם; בשולי מ: תנועה והיא.
6. מ: במקומותם] ב: ממקומותם.

الطبعه التي لها فاوقعهم ذلك في الحيره والخروج
عن الحقيقه من امرها ومن هيئتها ولما كانت حركه
فلك هذه الكواكب الخاصه به حركه مستويه
ومشابهه لحركه الاعلا والى جهتها الا انها مايله عنها
اعني عن دايره معدل النهار يختلف لاجل ذلك
مقادير ما تقطعه هذه الكواكب من دايرتها المايله
مع مقادير ما يواجهها ويطلع معها من دايره معدل
النهار وقد تبين هذا في المجسطي وسنعيد بيانه
في المثال اذ لا تستوى الاجزا ابدا من هذه الدايره
المايله مع ما يطلع معها من معدل النهار بل اما ان
تزيد عليها واما ان تنقص عنها اوقاتا ونحن وان كنا
لا نحس بهذه الحركه ولا نشعر بها اعني حركه الاستيفا
لكنا ندرك اثرها بزيادتها في الطول على مواضعها
احيانا وتقصيرها عنها احيانا مع خروجها في
العرض ايضا وهذه العوارض التي دلتنا
عليها اذ لولا تلك الحركه لما عرضت لها هذه العوارض
اذ هي مركوزه في فلكها لازمه لمواضعها منه وكذلك

מה [7]שהיו מאלו הכוכבים קרובים משני נקודות E 48r
[8]החתוכים לשתי עגולות אלו ר"ל [9]העגולה הנוטה
ועגולת משוה היום [10]מכמו חמשה וארבעים חלק
מכל [11]אחד משני הצדדין ר"ל השני רביעיים
[12]אשר ימצעו אותם שני נקודות [13]החתוך כי
החלקים אשר תחתכם [14]מגלגלם הנוטה יקצרו מן
החלקים [15]אשר הם למול פניהם. ר"ל מן החלקים
[16]המשתוים להם ממשוה היום. ויעלו [17]מפני זה
בהם עם פחות מהם. ויראה [18]להם בעבור זה העתקה
להפך בכולם [19]וכאלו הם חוזרים לאחור מן התנועה
[20]העליונה או שיתנועעו להפך תנועתה [21]ויקראו
זה הקצור ההקדמה כי הוא [22]לצד משך המזלות
וכאשר לקחו [23]אלו הכוכבים אשר על אזור גלגל
המזלות [24]הרשום בגלגלים בהעתקה על החלקים
[25]אשר ילוו אל החלקים ההם אשר [26]זכרנום.
ר"ל ממרחק חמשה וארבעים [27]חלקים מנקודת החתוך
עד תשלום [28]מאה וחמשה ושלשים חלק או קרוב
[29]מהם והוא הרביע הנלוה אחר הרביע [30]הנזכר
אשר תמצעהו הנקודה [31]הדומה לנקודת ההפוך.
הנה החלקים [32]אשר יחתכום הכוכבים

13. ב: תחתכם] מ: תחתיכם. 18. מ: להפך בכולם] ב: בהפך לכולם. 23. מ: גלגל] חסר בכ"י ב. 25. מ: אל] ב: אילו. 27. ב ושולי מ: החתוך] בטקסט מ: ההפוך. 29. מ: הנלוה אחר הרביע] חסר בכ"י ב.

ما دار من هذه الكواكب قريبا من نقطتي التقاطع
اللتين الدائرتين اعني الدائره المايله ودائره
معدل النهار من نحو خمسه واربعين جزءا من كل
واحد من الجهتين اعني الربعين اللذين تتوسطهما
نقطتا التقاطع فان الاجزا التي يقطعها من فلكها
المايل تقصر عن الاجزا التي تواجهها اعني عن الاجزا تحرر غير
المساويه لها من معدل النهار فتطلع لذلك فيها
مع اقل منها ونظهر لها لاجل ذلك استقال الى
خلاف في جميعها وكانها تقهقر عن العليا او يتحرك الى
خلاف حركتها ويسمون هذا التقصير الاقبال لانه
نحو توالي البروج واذا اخرت هذه الكواكب التي
على نطاق فلك البروج المرسومه في فلكها [illegible] في
الاستقال على الاجزا التي تلي تلك الاجزا التي ذكرناها
اعني من بعد خمسه واربعين جزءا من نقطه التقاطع
الى تمام مايه وخمسه وثلثين جزءا او نحوها وهو الربع
الثاني للربع المذكور والذي يتوسط النقطه النظيره
لنقطه الانقلاب فان الاجزا التي يقطعها الكواكب

6 عن] تحرر غير E mg. 11 اخرت] اخذت S

E 48[v] בתנועתם [33]המיוחדת בהם יחסרו מאשר למול
[34]פניהם [...] מעגולת משוה היום מה [35]שהוא
M 42[r] יותר חלקים מהם. וייראה מפני זה /מ 42א/
[1]לכוכבים האלה יתרון ותוספת לנגד תנועת [2]הכל
בהקדמתם וזהו שקראו האיחור.

[91] [3]ויראה לכוכבים הקיימים בשתי הרביעים
האלה [4]שתי תנועות מתחלפות. והם אמנם [5]יתנועעו
תנועה אחרת שוה באמת ר"ל [6]שהם כל זמן שהתמידו
ברביע אשר [7]ימצעהו נקדת החתוך יהיה מה שיראה
[8]מהעתקתם מקצר וברביע הנלוה לו יהיה [9]מה
שיראה מהעתקתם נוסף ומרבה [10]ותשלם העגולה וכבר
הלך בה ב' הקדמות [11]ושתי איחורים' עם השתוות
שתי התנועות [12]באורך ר"ל תנועת העליון עם
תנועת גלגל [13]הכוכבים הקיימים וזה אמנם הוא
לפי [14]העניין אשר עשו אותה המתאחרים מב'
[15]תנועות ההקדמה והאיחור ועם שיהיה [16]להם עם
זה העתקה אל משך המזלות [17]והוא שיהיה קצת הקיצור
נשאר לגלגל [18]ויראה

34. [...] לפי הערבית שתי מלים נשמטו כאן. /מ 42א/
2. מ: שקראו] ב: שנקראו. 7. מ: נקדת] חסר בכ"י ב.
8. מ: וברביע] חסר בכ"י ב. 15. ועם] בערבית: "ואמא."

بحركتها الخاصة بها سقص عن التى تواجهها وتطلع معها
من دائرة معدل النهار فيطلع معها من دائرة معدل
النهار ما هو اكثر اجزا منها فيظهر لاجل ذلك لهذه
الكواكب تطفف وزيادة امام حركة الكل
تقدمها وهذا الذى يسمونه بالادبار فيرى
للكواكب الثابتة فى هذين الربعين حركتان مختلفتان
وهى فانما حركت حركة واحدة مستوية فى الحقيقة
فى جميع هذا النصف وكذلك يعترها فى النصف
الثانى سوا اعنى انها ما دامت فى الربع الذى
تتوسط نقطة التقاطع يكون ما يظهر من انتقالها
منقصرا وفى الربع التالى له يكون ما يظهر لانتقالها
زائدا ومطففا وبعضى الدائرة وقد مرّ فيها اقبال
وادبار مع تساوى الحركتين فى الطول اعنى حركة
الاعلى مع حركة المكوكب وهذا انما هو على المعنى
الذى عمل عليه المتأخرون من حركة الاقبال والادبار
واما ان يكون لها مع هذا انتقال الى توالى البروج
فهو بان يكون بعض التقصير باقيا للفلك ويظهر

[illegible]

3-2 فيطلع ... النهار Omit

8 بعبرتها Read

עם אורך הזמן. והוא [...] באפשר אלא [19]שהוא E 49r
אינו מגיע שיעורו השיעור אשר [20]זכר בטלמיוס.
[92] והתנועה הזאת בעבור [21]שהיא לוקחת אצל
תנועת הכל רודפת [22]אותה ר"ל תנועת גלגל הכוכבים
הקיימים [23]המיוחדת בו תהיה כשהתחילה בה מן
[24]הנקודה הדומה להיפוך הקיצי היא לוקחת [25]אל
הנקודה הדומה אל השיווי האביבי וממנו [26]אל
הנקודה הדומה אל השיווי הסתוי ומזאת [27]היא
לוקחת אל הנקודה הדומה לשיווי [28]החרפי בהפך
מה שהיניחו לעגולה אשר [29]למזלות אצל התנועה
אשר חשבו אשר [30]היא לשמש עליה וידיעת התחלף
החלקים [31]מן העגולה הנוטה הזאת לגלגל הזה
[32]עם מה שמול פניו. ויעלה [33]עמה מעגולת משוה
היום מבואר בדרך [34]אשר היניחה בטלמיוס וכן
יתבאר שם [35]שהוא כשנודע תכלית הנטייה /מ 42ב/ M 42v
[1]נודע ממנו בהכרח שיעור הקשתות מן [2]העגולים
הגדולים אשר יקיפם עגולת הנטייה [3]עם עגולת
משוה היום במה שבין שניהם [4]אצל כל חלק מונח
מחלקי שתי העגולות אי [5]זה מהם שיהיה.
[93] ונמשיל זה בעגולים [6]אותיות כדי
שיתוסף באורם ונקח זכרון [7]הקצור

18. [...] לפי הערבית כמה מלים נשמטו כאן.
34. מ: היניחה] ב: הניחם. 35. מ: שהוא] חסר בכ"י ב.
/מ 42ב/ 5. ב: ונמשיל זה] מ: ונמשיל לזה.
6. ונקח] בערבית: "ונוכר."

مع طول الزمان وهو اقرب الى الامكان الا انه
لا يبلغ مقداره المقدار الذي ذكره بطلميوس وهذه
الحركه لما كانت اخذه نحو حركة الكل مستتبعة لها
اعني حركة الفلك المكوكب الخاصه به يكون
اذا ابتدات بها من النقط النظيره الى الاعتدال
الربيعي ومنه الى النقطه للمنقلب الشتوي ومن
هذه هي اخذه الى النقطه النظيره للاعتدال الخريفي
على خلاف ما وضعوا الدايره التي للبروج عند
الحركه التي زعموا انهما عليهما وفوقه اختلاف الاجزا
من هذه الدايره المايله لهذا الفلك مع ما يواجهها
ويطلع معها من دايره معدل النهار بين الطرق التي
وضعها بطلميوس وكذلك نبين هنالك انه
اذا علم نهاية الميل علم منه بالضروره مقادير القسي
من الدواير العظام التي تجوزها دايره الميل مع دايره
معدل النهار فيما بينهما عند كل جزء مفروض
من هاتين الدايرتين ايتهما كانت ولنمثل لذلك
بالدواير والحروف ليزيد ايضاحا ونوخر ذكر التقصير

5 النقط النظيرة] النقطة النظيرة للمنقلب الصيفي هي آخذة الى النقطة النظيرة S 9 انهما عليهما وفوقه] انها للشمس عليها ومعرفة S : حاشية كان في الاصل عند موضع العلامة خلو كذلك النسخة المغربية .E mg 16 هاتين] النسخة المغربية احدى .E mg

E 49v אשר יקצרהו כלל הגדול הזה מן [8]העליון אחר
תנועתו המיוחדת בו אשר [9]ימשך אחריו בה ונעשה
עתה על שהוא [10]ישלים לעצמו וישיג בעליון כמו
שעשו אותו [11]המתאחרים ונשים עגולת משוה היום
[12]עגולת אבגד והעגולה האמצעית לגלגל [13]הזה
והוא אשר ירשום אותה א׳ מן הכוכבים [14]האמצעיים
בה בתנועת הגלגל הזה על קטביו [15]אבגד ויהיו
חתוכי שתי העגולות האלה [16]על שתי נקודות אג
ויהיו קטבי הכל שתי [17]נקודות סע וכן נשים קטבי
[18]גלגל הכוכבים הזה הם סובבים תמיד סביב [19]שני
קטבים קיימים בתנועתם ר"ל סביב סע [20]שתי
נקודות הז ונשים שתי עגולות מהלכם [21]אשר
יתנועעו עליהן שתי עגולות הג זפ כמו [22]שהוא
בצורה ונוליך על קטבי משוה היום [23]עגולת סבב
זעדמ הנה מפני ששתי עגולות [24]אבגד ואבגמ יחתכו
על שתי נקודות אג [25]אשר הם דומות לשתי נקודות
השוים [26]מגלגל המזלות יהיו שתי נקודות בד הם

7. כלל הגדול הזה] לפי הערבית צ"ל: הגלגל הזה.
10. ב ושולי מ: ישלים] בטקסט מ: ימשיל. 21. מ: הג]
ב: הנ.

الذى يعصره هذا الفلك عن الاعلى بعد حركته الخاصه به
التى يسعها بها ونعمل للادراك على انه يستوفى لنفسه
ويحوىا بالاعلى على حسب ما عمل عليه الماخوذ
فنعمل دائره معدل النهار دائره اكحم والدائره
المتوسطه لهذا الفلك وهى التى ترسمها اجزا
الكواكب المتوسطه فيها بحركة هذا الفلك على
قطبه ابحد وليكن تقاطع هاتين الدائرتين
على نقطتى اج وليكن قطبا الكل نقطتى سع
وكذلك نجعل قطبى هذا الفلك المكوكب اللذين
هما دائران ابدا حول قطبين ثابتين بحركتهما اعنى
حول سع نقطتى هز ونجعل دائرتى مرهما
اللذين يتحركان عليهما دائرتى هز زوطح
الصوره ولنمر على قطبى معدل
النهار دائره سكعدم
فلان دائرتى ابحد اكحم
تتقاطعان على نقطتى اج اللتين هما نظيرتا نقطتى
الاعتدالين من فلك البروج تكون نقطتا ب د هما

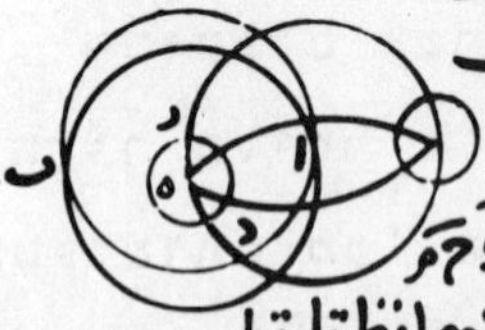

1 يقصره جملة SH 4 فنعمل] فنجعل S 5 اجزا]
احد SHL 12 ه ر] ه ن S 14 دائرة] دائرة ه S
16 اج Read

[27]דומות שתי ההפוכים. E 50r

[94] ויהיה האופק [28]כשהכדור נצב חצי העגולה
עאס הנה [29]מפני שגלגל הכוכבים הזה מקצר כמו
שאמרנו [30]מתנועת העליון הנה יקצרו בהכרח ב׳
[31]קטביו בב׳ עגולות מהלכם ויעתקו מהמקומות
[32]אשר הם דומים להם מן העליון ומרחקם [33]מקטבי
העליון אחד כלומר מרחק שתי [34]נקודות הז
עם שתי נקודות עס הנה [35]בהכרח תהיה העתקת שניהן
בקצורן להפך /מ 43א/ [1]תנועת העליון וסביב M 43r
קטביו על שתי עגולות [2]נכוחות ונכוחיות למשוה
היום כלומר ב׳ עגולות [3]הנ זפ ועל שתי העגולות
האלה יעתקו קטביו [4]הז להפך תנועת הכל. וכאשר
היה א׳ מן [5]הכוכבים אשר בגלגל הזה על א׳ מב׳
[6]נקודות התוך כלומר ב׳ נקודות א ג ונעתקו השני
[7]קוטבים ממקומותם מב׳ העגולות [8]אשר הם על
החתוכים אשר לשתי עגולות [9]הנ זפ עם עגולת
הסב כלומר עגולת [10]חצי היום יעתק קטב ה
בצד הנסתר [11]מאנשי האופק המונח וקטב ז בצד
[12]הנגלה לאנשיה. ואמנם

31. ב: מהלכם] חסר בכ"י מ. 34. מ: הז] ב: פז.
/מ 43א/ 3. מ: הנ] ב: הב.

نظيرتا الانقلابين وليكن اذا هو حيث الكره
بحسب نصف دايره ع اس ولان هذا الفلك
المكوكب نقص كما قلنا عن حركه الاعلى سيقصر
بالضروره قطباه في دايرتي مرهما بسبب ذلك — النسخه المغربيه منتقلان
عن الموضعين المناظرين لهما من الاعلى ويعد بهما من
الاعلى واحد اعني بعد نقطتي ه ز عن نقطتي
ع س فبالضروره سيكون انتقالهما ستقصيرهما الى
خلاف حركه الاعلى وحول قطبه على دايرتين
متوازيتين وموازيتين لمعدل النهار اعني دايرتي
ه ر ر ق فعلى هاتين الدايرتين ينتقل قطبا
ه ر الى خلاف حركه الكل واذا راجعنا الافلاك
التي في هذا الفلك على احدى نقطتي التقاطع اعني
نقطة ا ج وان ينتقل القطبان من موضعهما من — النسخه المغربيه وانتقل
الدايرتين اللتين هما على التقاطع الذي لدايرتي
ه ر ر ق مع دايره ه س ب اعني دايره نصف
النهار ينتقل قطب ه في الجهه الخفيه عن الافق — اهل
المعروض وقطب ر في الجهه الظاهره لاهله واما

4 بسبب ذلك] فينتقلان S : النسخة المغربية منتقلان E mg.
7 فبالضرورة S   10 ه ر] ه ن S   10 فعلى S
11 الافلاك] الكواكب HL   13 وان ينقل] النسخة المغربية وانتقل E mg.   15 ه ر] ه ن HL

יתנועעו שתי [13]נקודות הז אל שתי צידי נפ כלומר להפך [14]תנועת הכל והנה יטה בהכרח הככב [15]אשר על נקדת א מעגולת אבגמ כלומר [16]משוה היום ויצא ממנה בעגולת נטייתו [17]אל צד נטו שני הקטבים כי מרחקו משניהן [18]שמור ואחד תמיד. E 50V

[95] ותהיה נקודת ע היא [19]הקטב הצפוני דרך משל ותהיה תנועת [20]העליון בעגול משוה היום מעם נקודת א [21]לצד נקודת מ ונקודת קטב ז בתנועת העליון [22]בצד ההוא וקצורו לצד נקודת פ כי כאשר [23]התחיל הגלגל העליון בתנועה מן א ונמשך [24]אחריו קטב גלגל הכוכבים הקיימים מן ז וחזרה [25]נקודת א אל מקומה מן הצורה לא השלים [26]קטב ז העגולה אשר היא מהלך לז כי הוא [27]מקצר ממנה ויחסר חלק מקשת זפ כאילו [28]היא כלומר נקודת ז נעתקה לצד פ בשיעור [29]החלק ההוא אשר קצרה אותו וכאשר [30]היגיעה נקודת ז בקיצור אל פ כבר נשלמה [31]נטיית הכוכב בצפון מעגולת משוה היום כלומר אשר [32]היה על נקודת א

15. א] לפי הערבית צ"ל: ע.   21. מ: העליון] ב: העליון בעגול משוה.   26. מ: ז] חסר בכ"י ב.

يتحرك نقطتا د ز الى جهتي ز ق اعني الى خلاف
حركة الكل وستمسك بالضرورة الكواكب التي على
نقطة ه عن دائرة ا ك ح م اعني عن معدل
النهار وتخرج عنها في دائرة ميله الى حيث ذلك
القطبان لان بعده منهما محفوظ وواحدا ابدا
ولتكن نقطة ع هي القطب الشمالي مثلا فلو حركة
الاعلى في دائرة معدل النهار من لدن نقطة ا الى
نحو نقطة م ونقله قطب ز بحركة الاعلى في
تلك الجهة ونقصره الى جهة نقطة ق لانه اذا
ابتدا الفلك الاعلى بالحركة من ا وتبعه قطب
المكوكب من ز ورجعت نقطة ا الى موضعها من
الصورة لا يستوي قطب ز الدائرة التي هي ممر ز
اذ هو مقصر عنها فقصر جزوا من قوس ز ق
فكأنها اعني نقطة ز اسفل الى جهة ق بمقدار
ذلك الجزو الذي قصرت به واذا انتهت نقطة ز
بالتقصير الى ق فقد ساوى ميل الكوكب في الشمال
عن دائرة معدل النهار اعني الذي كان على نقطة ا

1 ه ز SH 1 ن ف SHL 2 الكوكب HL
3 نقطة آ HL

E 51r והגיע הכוכב על מרחק [33]נקודת ד בעגולה הנוטה עם דבקות הככב [34]למקומו מן האורך. ויהיה א לכוכב יעלה [35]באופק עאס על מרחק מן א בשיעור

M 43v קשת [36]עפ והוא שוה למרחק מ מנקודת ד /מ 43ב/ [1]אשר היא דומה לנקודת ההיפוך כי [2]מרחקו מקטב ז תמיד רביע עגולה וכן [3]תהיה העתקת הקטב מנקודת פ אל נקדת [4]הדומה לנקודת ז מעגולת מהלך והכוכב [5]חוזר מתכלית נטייתו בצפון אל הנקדה [6]הדומה לנקדת השווי השיני כלומר נקדת [7]ג ועניין הקוטב והכוכב בשני הרביעיים [8]הנשארים בעניין הזה בשתי הרביעיים [9]האלו כל רביע לאשר יהיה עמו כלו׳ הרביע [10]מעגולת המהלך אשר יסוב עליו הקטב [11]והרביע מעגולת הנטייה אשר יסוב עליו [12]הכוכב.

[96] ומפני שכבר זכרנו עניין [13]התנועה אשר התעוררנו אליו בע"ה והיא [14]תנועת גלגל הכוכבים הקיימים הזה בעצמו [15]רודף בה לתנועת העליון ומשלים [16]מה שקצר ממנו מתנועתו הכללית [17]בתנועה הזאת הטבעית לו המשלמת [18]לצורתו והיא אשר יובדל מתנועת [19]העליון ויוכר מבלתי שתתחלף לה ולא [20]סותרת לתנועה ואמנם היא לגלגל הזה

34. א לכוכב] לפי הערבית צ"ל: הכוכב. 36. מ: מ] חסר בכ"י ב /מ 43ב/ 6. השווי השיני] ב: הכדור. 12. ב: ומפני] מ: ומפני אשר.

وحصل الكوكب على بعد نقطه د في الدايره المايله
مع لزوم الكوكب لموضع من الطول ويكون الكوكب
يطلع في افق ع اس على بعد من آ بقدر قوس ع ف
وهو مساو لبعده من نقطه د الى من نقطه آ الى
النقطه المناظره لنقطه د من دايره الممر والكوكب
منصرف عن منتهى ميله في الشمال الى النقطه النظيره
لنقطه الاعتدال الثاني اعني نقطه ج وحال
القطب والكوكب في الربعين الباقيين كهيه الحال
في هذين الربعين هي ربع الذي يلو ربعه اعني
الربع من دايره الممر الذي يدور عليه القطب والربع من
دايره الميل الذي يدور عليها الكوكب لانا قد ذكرنا
امر الحركه التي اهتدينا اليها بتوفيق الله عز وجل وهي
حركه هذا الفلك المكوكب لنفسه مستتبعا
بها الحركه الاعلى ومستوفيا لما قصر عنه من حركته
الكليه بهذه الحركه الطبعيه له الممكنه لصورته
وهي التي ينفصل بها عن حركه الاعلى ويتمايز من
غير مخالفه ولا معانده لحركته وانها لهذا الفلك

1 نقطة د SH 4 لبعد م S 4 لبعده] من نقطة آ]
هي نظيرة نقطة المنقلب لان بعده من قطب ز ابدا ربع دائرة وكذلك
تكون نقلة القطب من نقطة ف SH 8 كهية] كهذه S
9 هي] كل SH :: في E mg.

[21]על קוטביו הולכת לתנועת העליון [22]ומתחברת E 51v
עמה זולת קוטביה כי הם [23]קיימים לה [ולא
סותרת לתנועתה. ואמנם [24]היא לגלגל הזה]
ויקצרו בעבור זה קטבי [25]הגלגל הזה ולא יקצר
כללו ולא הכוכבים [26]אשר עליו התקועים בו.
אבל ישיגוהו [27]בתנועה ההשלמה ואם תנועה בלתי
[28]מושגת בחוש. אבל השכל יאמת [29]אותה בהכרח
ויורה עליה מפני [30]ההעתקה אשר לכוכבים ברוחב
[31]והראות ההקדמה להם והאיחור [32]עם השלימות
התנועה אשר לעליון.

[97] [33]ומה שהיה מן הכוכבים התקועים
[34]בגלגל הזה על עגולת אבג הנה הוא [35]יתנועע
על קטבי ז וה בתנועת /מ 44א/ [1]גלגלו שיעור M 44r
שישיג בו מה שקצר ממנו [2]גלגלו מתנועת העליון
וישלמוה ותשאר [3]ההעתקה ברוחב לבד וזה לנטיתו
לצד נטיית [4]הקטב אשר לא ישלים דבר מזה הקיצור
[5]אבל הוא נשאר על קיצורו כי הכוכבים יתנועעו
[6]בתנועת הגלגל על שני הקטבים ואין [7]לקטבים
התנועה ההיא כי הם נחים בעצמן [8]ולכן אמנם יעשה
קיצור הקטב תנועת [9]הרוחב לבד לכוכבים ויינטו
פעם אל [10]הצפון ופעם אל הדרום.

[98] וכאשר הנחנו [11]א׳ מאלו הכוכבים

22. מ: הם] חסר בכ"י ב. 23-24. [ולא ... לגלגל הזה] בטקסט מ עם סימנים לציין את המלים האלה שהן מיותרות. 35. מ: ז וה] ב: ד וה. /מ 44א/ 9. מ: לכוכבים] ב: הכוכבים.

على قطبه مماسًا الحركة الاعلى ومصاحبًا لها دون
قطبيه لانهما ثابتان لها فيقصر لذلك قطبا هذا
الفلك ولا يقصر جملته ولا الكواكب التي عليه المركوزة
فيه بل تلحقه بحركة الاستيفا لكنها حركة غير مدركة
بالحس لكن العقل يصححها ضرورة ويستدل عليها
من اصل النقلة التي للكواكب في العرض وظهور
التقدم لنا والتاخر مع استيفا الحركة التي للاعلى
فما كان من الكواكب المركوزة في هذا الفلك على دايرة
ا ب ح وانه يتحرك على قطبي ز ه بحركة فلكيه قدر
ما يستدرك به ما قصر عنه فلكه عن حركة الاعلى
فيستوفيها ويبقى الاستقال في العرض فقط وذلك
لميله حيث مال به القطب الذي لم يستوف شيًا
من هذا التقصير بل هو باق على تقصيره لان الكواكب
تتحرك بحركة الفلك على القطبين تلك الحركة
لانهما ساكنان فلذلك انما يفعل تقصير القطب حركة
العرض خاصة للكواكب فتميل تارة الى الشمال
وتارة الى الجنوب فاذا فرضنا احد هذه الكواكب

وليس للقطبين

9 فلكه S

על נקודה אחת איזה [12]שתהיה מעגולת אבג כאילו E 52r
הוא דרך [13]משל על נקודת ל ויהיה מרחק הנקודה
[14]הזאת מן א אשר היה הנקודה הדומה [15]בנקודת
השיווי מ"ה חלק דרך משל ואומר [16]כי הכוכב
אשר על נקודת ל כשחתך החלקים [17]האלה בתנועת
ההשלמה והיא תנועתו [18]המיוחדת בו אשר ינוע
אותה בתנועת [19]גלגלו על קוטביו כלומר מן ל
אל נקודת א [20]הנה מה שיהיה מול פניה ויעלה
עמה [21]מעגולת משוה היום כלומר עגולת אבגמ
[22]ומה שהוא פחות ממנה והיא אשר [23]יסמך המרחק
אליה לא אל העגולה הנוטה [24]כי אין תנועתו
אשר על הנוטה ראיה [25]וכאשר היה זה כן הנה
הכוכב יראה [26]כאילו הוא מתאחר באורך
מתנועת [27]העליון בשיעור היתרון ההוא אשר
[28]בין החלקים מעגולת הנטייה והחלקים [29]אשר
ממשוה היום. ואם היתה תנועתו [30]תמיד שוה
אבל לנטיית קשת אל הנה היא [31]תקצר בעליה
מאשר תשתוה לה מאשר [32]איננה נוטה ויראה
לכוכב איחור [33]ממקומה ואע"פ שכבר השלים
תנועתו.

[99] [34]וביאור זה אנחנו נוליך על קטבי
עגולת

30. מ: שוה] חסר בכ"י ב. 31. מ: תשתוה] ב: השתנה.

و

على نقطه ما من دايره ا ب ح كانه مثلا على نقطه ل
ويكن بعد هذه النقطه من ا التي هي النقطه الشبيهه
بنقطه الاعتدال خمسه واربعين جزوا مثلا فاقول
ان الكوكب الذي على نقطه ل اذا قطع هذه الاجزا
بحركه الاستيفا وهي حركته الخاصه التي يتحركها حركه
فلكه على قطبه اعني من ل الى نقطه ا فان الذي
يواجهها ويطلع معها من دايره معدل النهار اعني
دايره ا ك ح من ما هو اقل وهي التي يضاف منها
البعد الها لا الى دايره المايله اذ ليس بحركته التي
على المايله ظهور واذا كان ذلك كذلك فان الكوكب
يرى كانه تاخر في الطول عن حركه الاعلى بمقدار
ذلك الفضل الذي بين الاجزا من دايره الميل
والاجزا التي من معدل النهار وان كانت حركته
مستويه لكن لميل قوس ا ل فهي تنقص في
الطول عن التي تسامتها من التي ليست بمايله فيرى
للكوكب تاخر عن موضعه وان كان قد استوفى
حركته وبيان ذلك انا نمر على قطبي دايره

SH الطلوع] الطول 15   SHL حركته ابدا 13

[35]אבגמ ועל נקודת ל חצי עגולת עטלס /מ 44ב/ E 52v
[1]הנה מפני שקשת כב אשר היא תכלית [2]הנטייה M 44v
מונחת ותהיה נטיתה היא נטיית [3]עגולת המזלות
כמו שזכרו הקדמונים והיא [4]עגולת בג ואכ וקשת
אב רביע עגולה [5]הנה היא ידועה וקשת אל מונחת
חמשה [6]וארבעים חלקים יהיה ממה שהקדימו [7]אבו
אסחק מחמד גאבר בן אפלח [8]בספרו בב׳ עגולות
אבגד ואכגמ [9]המתחתכים ולא תלך אחת משתיהם
[10]בקטבי האחרת הנה תרשום על עגלת [11]אבג שתי
נקודות ל וכ ויוצא משניהן על [12]עגולת אבגמ
קשת לט ובכ עומדות [13]על שתיהן על זויות נצבות
יהיה יחס [14]מיתר קשת אל אב הידועה אל מיתר
[15]קשת בכ המונחת כיחס מיתר קשת [16]אל המונחת
ג"כ אל מיתר קשת לט [17]המוסכלת ומיתר קשת אב
ידוע כי [18]היא רביע עגולה וקשת כב אשר [19]היא
קשת הנטייה מיתרה ידוע וקשת [20]אל המונחת מ"ה
חלק מיתרה ידועה [21]הנה מיתר קשת לט א"כ ידוע
ואם כן [22]קשת לט ידועה והיא י"ו חלק ול"ז
[23]דקים וכ"א שניים.

4. מ: בג] ב: כג. 7. ב: אפלח] מ: אפלאח. ט. מ: ואכגמ] ב: גמ. 11. ב: על] חסר בכ"י מ. 16. מ: אל ...קשת] חסר בכ"י ב.

اكحم وعلى نقطة ل نصف دايره ولان قوس
بكي التي هي نهاية الميل مفروضة وليكن مثلها هو
ميل دايرة البروج كما ذكر المتقدمون وهو كجن اك
وقوس اب ربع دايره فهي معلومه وقوس ال
مفروضه خمسه واربعين جزوا بلون ما قدمه ابو محمد
جابر ابن افلح في كتابه في دايرتين اب ح اكحم
ولم يمر احداهما بقطبي الاخرى وقد تعلم على دايره
ابحد نقطتا ل ب واخرج منها على دايره
اكحم قوسا لط ب ك قايمتين عليهما على
زوايا قايمة تكون نسبه جيب قوس اب المعلومه
الى جيب قوس ب ك المفروضه كنسبة جيب
قوس ال المفروضه ايضا الى جيب قوس لط
المجهوله وجيب قوس اب معلوم لانها ربع دايره
وقوس ك ب التي هي قوس الميل جيبها معلوم وقوس
ال المفروضه خمسة واربعون جزوا جيبها معلوم
فجيب قوس لط اذا معلوم فقوس لط معلوم
وهي ستة عشر وتسع وثلثون دقيقة واحد وعشرون

1 دايرة عطل س SHL 3 كج واك H 6 اكجم
المتقاطعين SHL

[100] וכן בעבור שהיה [24]משולש אטל מקשתות E 53^r
עגולים גדולים [25]וזוית ממנו נצבה יהיה גם כן
יחס מיתר [26]שלימות צלע לנצבת אל מיתר [27]שלימות
צלע טל א׳ מהמקיפים בו וכיחס [28]מיתר שלמות
צלע אט הנשאר מיתר [29]רביע העגולה שלימות
צלע אל היא קשת [30]לב והיא מ"ה חלק ומיתרה
ידוע ושלימות [31]צלע טל היא קשת לס והיא ע"ג
חלק וכ"ב [32]דקים ול"ט שניים הנה מיתרה ידוע
[33]ומיתר רביע העגולה ידוע היה מפני זה
[34]שלימות צלע סא הנשאר כלומר מיתר /מ 45[א]/ M 45^r
[1]קשת ספ ידוע וא"כ קשת טכ ידוע [2]והיא שבעה ומ׳
חלקים ול"א דקים וקשת [3]אס היא שלימות רביע
העגולה ותהיה [4]א"כ ידועה והוא מ"ב חלק וכ"ט
דקים והיא [5]לזה יותר קטנה מקשת אל המונחת מן
[6]העגולה הנוטה והיא אשר תעלה עמה.

[101] [7]וכאשר חתך הכוכב בתנועתו המיוחדת
[8]קשת שוה לקשת

25. וזוית] צ"ל: וזוית ס. 26. צלע] צ"ל: צלע אל היתר.

ثمانية وكذلك لما كان مثلث اطل من قسي
دواير عظام وزاويه ط منه قايمه تكون ايضا نسبه
جيب تمام ضلع ال الموتر للقايمه الى جيب تمام ضلع
ه ل احد المحيطين بها كنسبه جيب تمام ضلع
اط الباقي من جيب ربع الدايره وتمام ضلع ال
هي قوس لب وهي خمسه واربعون جزوا وجيبها
معلوم وتمام طل هي قوس لس وهي ثلثه وسبعون
جزوا واثنان وعشرون دقيقه وتسع وثلثون ثانيه
فجيبها معلوم وجيب ربع الدايره معلوم تكون
بذلك جيب تمام ضلع طل الباقي اعني جيب
قوس طك معلوما فقوس طك اذا معلوم
وهي تسع واربعون جزا واحدى وثلثون دقيقه
وقوس اط هي تمام ربع الدايره فتكون ايضا معلومه
وذلك اثنان واربعون جزا وتسع وعشرون دقيقه
فهي لذلك اصغر من قوس ال المفروضه من
الدايره المايله وهي التي تطلع معها واذا وضع
الكوكب تحركه الخاصه به قوسا مساويه لقوس

1 سلب] مثلث SH 4 ه ل] طل SH 10 طل] اط SH 16 وضع] قطع SH

אט כאילו הוא קשת לח [9]רי׳ מתאחר ממקומו בארך E 53^V
בשיעור קשת [10]אח הנה הוא אין הפרש בין האופק
וחצי [11]עגולת עטלה הנה חצי עגולת עטלה אילו
[12]התנועע לא היה מתחלף דבר מחלקיו [13]בעליות
ולכן יראה הכוכב כשחתך [14]קשת אל מקצר מדמיון
חלקיה ממשוה [15]היום ויחשב מפני זה כי הכוכב
חוזר [16]לאחור ומתנועע למשך המזלות ומה [17]שיראה
לעין מאיחורו ממקומו מגלגלו [18]בסמיכות אל משוה
היום וזה להסתר [19]תנועתו המיוחדת בו מן החוש
באורך [20]והראותו ברוחב וג"כ עניינו [21]כשיתנועע
בחלקים הנלוים אחר אלו [22]מן הרביע הזה והם
המ"ה חלקים הדבקים [23]בהם מנקודת א. ואולם
ברביע הנלוה [24]אחר זה הרביע והוא אשר ימצעהו
[25]נקודת ההפוך הנה העניין בהם בהפך [26]מה
שהקדמנו וזה כי הקשת. צורה. /מ 45ב/ [1]אשר יחתכה M 45^V
הכוכב בתנועת גלגלו המיוחדת [2]בו הנסתרת מאתנו
תעלו עם קשת ממשוה [3]היום יותר גדולה ממנו
ויראה הכוכב

8. מ: לח] ב: לא. 9. רי׳] לפי הערבית צ"ל: ייראה.
11. עטלה] לפי הערבית צ"ל: עטלס (בשני המקומות)
26. מ: צורה] חסר בכ"י ב.

اط كانها قوس لح روى ما حار عن موضعه في
الطول بعدد قوس اح فانه لا فرق بين الافق
ونصف دائرة ع ط ك س فان نصف دائرة ع ط ك س
لو تحرك هو اختلف شي من اجزائه في المطالع ولذلك
يرى الكوكب اذا قطع قوس ال مقصرا عن
ميال اجزائها من معدل النهار فيظن لذلك ان الكوكب
متقهقر ويتحرك الى توالي البروج بما يظهر للعيان
من تاخيره عن موضعه من فلكه بالاضافة الى
معدل النهار وذلك لخفاء حركته الخاصة به
عن الحس وظهورها في العرض وكذلك حاله
ايضا اذا تحرك في الاجزا التاليه لهذه من الربع
وهي الخمسه والاربعون جزوا المتصله بها من
نقطه ا واما في الربع التالي لهذا الربع وهو
الذي يتوسط نقط الاعتدال فان الامر فيها على
خلاف ما قدمناه وذلك ان القوس التي يقطعها
الكوكب بحركة فلكه الخاصه به الخفيه عنا تطلع
مع قوس من معدل النهار اعظم منها فيظهر للكوكب

في الطول من ا

4 هو] لما SH

יתרון [4]ותוספת על החלקים אשר יעלו עמו E 54r
מחלקי משוה [5]היום ויראה קודם לתנועת העליון
וידומה [6]בעבור זה מתנועע לפני תנועת הכל
[7]ועניינו בשני הרביעיים הנשארים כעניין [8]בשתי
הקודמים והקיצור הראשון הוא אשר [9]יקראוהו
ההקדמה והתוספת והיתרון [10]לפי תנועת הכל
[ועניינו בשני הרבעים [11]הנשארים בעניין
בשני הקודמים והקצור [12]הראשון הוא אשר
יקראוהו ההקדמה [13]והתוספת והיתרון לפי תנועת
הכל] יקראוהו [14]האיחור ואין ההקדמה ואין
האיחור לפי [15]האמת וזהו מה שיקרה לגלגל
הכוכבים [16]הקיימים מהמקרים אשר יחולו התחלפות
[17]ההעתקה באורך. ואולם התחלפו׳ ברחב [18]הוא
אמת ונראה. עניינו לעין וזה מה שכווננו [19]לבארו.
[102] ואולם אם יש לו קצור זולת זה
[20]אשר זכרנו אותו עד שיהיה לכוכבים [21]הקימיים
העתקה באורך אל משך המזלות [22]כמו שזכר בטלמ׳
וזולתו מהקודמ׳ עד שחשבו [23]בעבור זה כי
הגלגל הזה יתנועע בהפך [24]תנועת הכל הנה היותר
נראה והיותר קרוב [25]אל האפשרות כי בזאת
ההעתקה אפשר [26]שיהיו השינויים הגדולים אשר
יהיו בעולם [27]השפל עולם ההוייה וההפסד והעתק
[28]המיושב אל בלתי מיושב

7. ב: כעניין] מ: בעניין. 10–13. מ: [ועניינו ...
הכל] חסר בכ"י ב; כדאי להשמיט את המלים האלה מן הטקסט.
23. מ: בהפך] ב: להפך.

تطفيف وزيادة على الاجزا التي تطلع معه من
اجزا معدل النهار ويرى متقدما لحركة الاعلى
فيظن لذلك متحركا امام حركة الكل وحاله في
الربعين الباقيين كالحال في اللذين تقدما والتقصير
الاول هو الذي يسمونه بالاقبال والزيادة والتطفيف
امام حركة الكل يسمونه الادبار ولا ادبار ولا
اقبال في الحقيقة فهذا هو الذي يعرض للفلك
المملوك من الاعراض التي تخيل اختلاف النقلة
في الطول واما الاختلاف في العرض فصحيح وظاهر
للعيان وذلك ما قصدنا بالابانة عنه واما
انه هل له تقصير عن غير هذا الذي ذكرناه حتى تكون اشتغاله
للكواكب الثابتة في الطول الى توالي البروج كما
ذكر بطلميوس وغيره من القدماء حتى ظنوا لذلك ان هذا
الفلك يتحرك الى خلاف حركة الكل فانه الاظهر
والاقرب الى الامكان ان هذه النقلة يمكن
ان سكون للتغاير العظام التي تكون في العالم السفلي
من عالم الكون والفساد واسفال المعمور الى غير المعمور

15 هذه] بهذه SH 16 سكون] يكون S

E 54[v] והבלתי מיושב אל [29]מיושב וזהו אשר נראה לנו מהעתקת [30]הגלגל הזה ואלהים העוזר אין אלוה בלעדיו.

[103] [1][31]ואחר שדברנו בהעתקה הנראה [32]אשר לכוכבים הקיימים [33]ונתננו סיבוב החלוף בהם והודענו [34]שקטבי גלגלים אינם על העליון אבל הם [35]יוצאים מהם ושגלגליו על קטביו תנועה [36]לצד תנועת הכל זולת התנועה היומית והיא
M 46[r] /מ 46[א]/ [1]המיוחדת לו ושהתחלפות הקטבים הוא [2]המתחייב להתחלפות העתקם בגלגלם לפי [3]מה שהודענוהו ועל הדרך הזאת אשר [4]ביארנוהו והמשלנוהו הנה נדבר עתה על [5]מה שנודע מהעתקות הכוכבים הרצים [6]והתחלפותם ומה שיראה לעין ממנו [7]באורך והרוחב והמהירות והאיחור [8]והעמידה והחזרה במה שיש לו זה מהם [9]בהתמזגות שתי התנועות אשר לכל גלגל [10]מהם ונדבר עתה בו לפי מה שיכללם מן [11]הדברים הכוללים אשר יקרו להם ואחר [12]כן נבוא לדבר על מה שיתייחד כל א׳ מהן [13]ויובדל בע"ה.

33. סיבוב] לפי הערבית צ"ל: סיבות. /מ 46[א]/

1. מ: הקטבים] ב: הכוכבים. 3. מ: הזאת] חסר בכ"י ב.

وغير المعمور الى المعمور فهذا هو الذى ظهر لنا من نقله هذا
الفلك والله الموفق لا رب غيره ولا خير الا خيره
واذ قد تكلمنا فى الانتقال الظاهر الذى للكواكب
الثابته واعطينا اسباب الاختلاف فيه وعرفنا
بان قطبى فلكها ليس على قطبى الاعلا بل هما خارجان
عنهما وان لفلكيهما على قطبيه حركه نحو حركه الكل
سوى الحركه اليوميه وهى التى تخصه واختلاف
الاقطاب هو الموجب لاختلاف انتقالها فى
افلاكها حسب ما اوردناه وعلى نحو ما اوضحناه ومثلناه
فلنتكلم الان على ما نشاهد من انتقالات الكواكب
السياره
واختلافها وما يظهر للعيان من ذلك فى الطول والعرض
والسرعه والابطا والرجوع والاستقامه وما يتاله
ذلك منها باقتران الحركتين اللتين لكل فلك منها ونقول
اولا فى ذلك بحسب ما يشملها من الامور الكليه
العارضه لها ومن بعد ذلك ناتى بالكلام مفصلا
على ما يخص كل واحد منها بحول الله تعالى

[104] באיכות המזגות [14]שתי התנועות אשר E 55r
לכל אחד [15]מגלגלי הכוכבים הרצים. ורצוני
באומרי שתי [16]התנועות תנועת הגלגל על קוטביו
המיוחדים [17]בו ותנועתו ג"כ בהעתק קטביו על
שתי [18]עגולות מהלכם ומה שיראה לכוכבים
[19]מהסתערות התנועה בעבור זה. ונאמר [20]אולם
שהעתקת הקטבים על שתי עגולות [21]הוא אמת
קיים כי הגלגלים נשוא לעליון [22]תחילה ולגלגל
הכוכבים הקיימים שנית [23]שהוא נעתק בהעתק
העליון בכל יום [24]והיא התנועה הנראת וזה
מה שאין בו [25]ספק וקטבי כל גלגל מהם ממה
שתחת [26]העליון בהכרח סובבים בכל יום
[27]על שתי עגולות נכוחיות למשוה היום
אבל [28]אלו הגלגלים מפני שהיה כל א׳ מהם
ירחק מן [29]המניע יותר ממי שלמעלה ממנו
והכח [30]היורד על כל א׳ מהן למטה בכח ממי
[31]שלמעלה ממנו לא ישלים הגלגל הסיבוב
[32]ויקצר מהשלימו.

[105] ומפני כי כל גשם טבעי [33]הנה יש לו
צורה ישלם בה ושלמות הגלגלים [34]השמימיים
שיתנועע בסיבוב והתנועה

22. ב: ולגלגל] מ: ולכוכבי׳.

في كيفية امتزاج الحركتين
اللتين لكل فلك من افلاك
الكواكب السيارة
واعني بالحركتين حركة الفلك على قطبيه الخاصة به
وحركته ايضا بانتقال قطبه على دايرتي مرهما وما
يظهر للكواكب من اضطراب الحركة لاجل ذلك
فنقول اما ان نقلة القطبين على دايرتين
فصحيح ثابت لان قلبها محمول للاعلى اولا وللفلك
المكوكب ثانيا وهو مستقل باستقلال الاعلى في كل يوم
وهي الحركة المشاهدة فليس ذلك مما فيه شك
فقطبا كل فلك مما تحت الاعلى منها بالضرورة دايرا ن
في كل يوم على دايرتين موازيتين لمعدل النهار لكن هذه
الافلاك لما ان كل واحد منها بعد عن المحرك الكثير
من الذي فوقه والقوة الواردة على كل واحد منها دون ن
قوة الذي فوقه لا يستوفي الفلك الدورة وبقصر عن
اتمامها ولا بد ان كل جسم طبيعي فله صورة يجب
بها وحال الافلاك السماوية ان يتحرك دورا والحركة

[35]הטבעית בסיבוב אמנם תהיה למתנועע [36]על שני E 55v
קטבים. ואילו היתה מגולגלת ולא [37]היתה מסודרת
ולא שמורה. ולכן היתה [38]לגלגלים אלו בטבע
תנועה יניע אותה כל א׳ /מ 46ב/ [1]מהם לעצמו נמשך M 46v
לאשר למעלה ממנו [2]ורודף לתנועתו כי ישתוקק
לכמו שלימותו [3]ולהתדמות בו והיא ג"כ זולת
התנועה [4]אשר הוא נשוא בה וזאת היא הטבעית
[5]לו והיא אליו על קטביו ושניהם כקיימים [6]בעצמם
ואם היו עם זה נשואים לעליון [7]תחילה ולאשר
תחת העליון שנית לפי מה [8]שיראה במה שאחר זה
מהתחלפות [9]ההעתקת הכוכב אשר בכל א׳ מהם [10]מפני
כי שני קטביו יעתקו על ב׳ עגולות [11]בסיבוב
העליון וב׳ העגולות האלו נכוחיות [12]למשוה היום.
[106] וכל א׳ מן הכוכבים הרצים [13]נראה
מעניינו ונודע בראות שהוא [14]יסוב בכל יום על
העגולים הנכוחיים [15]למשוה היום כמו שיראה
לחוש. [16]וכאשר ארך הזמן וסבב הכוכב מספר
[17]סבובים מן הסבובים הימימיים [18]יראה הכוכב
ההוא נעתק מהנקדה [19]אשר נראה עליה תחילה
בסמיכות [20]אל העתקת דומה לה ממשוה היום
[21]ומתאחר

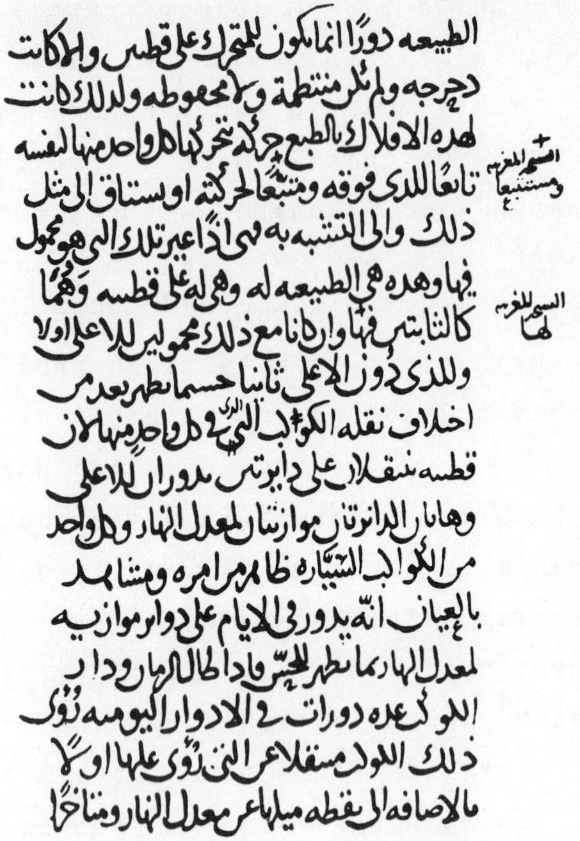
الطبيعه دورًا انما تكون للمتحرك على قطبس ولما كانت
دحرجه ولم تكن منتظمة ولا محفوظه ولذلك كانت
لهذه الافلاك بالطبع حركة تتحرك بها الكل واحد منها بنفسه
تابعًا للذى فوقه ومتبعًا لحركته او يشتاق الى مثل
ذلك والى التشبه به فى اذا غير تلك التى هو محمول
فيها وهذه هي الطبيعه له وهى له على قطبيه وهما
كالثابتين فيها واردنا مع ذلك محمولين للاعلى اولا
وللذى دون الاعلى ثانيا حسبما نظهر بعد من
اختلاف نقله الكواكب التى فى كل واحد منها لان
قطبيه ينتقلان على دايرتين مدوران للاعلى
وهاتان الدايرتان موازيتان لمعدل النهار وكل واحد
من الكواكب السياره ظاهر من امره ومشاهد
بالعيان انه يدور فى الايام على دواير موازيه
لمعدل النهار بما نظهر للحس واذا تاملنا دوا ر
الكواكب عده دورات فى الادوار اليوميه نرى
ذلك الكوكب منتقلا عن التى نرى عليها اولا
بالاضافة الى نقطه ميلها عن معدل النهار ومتاخرا

(margin: النسخة المغربية ومستتبعا)
(margin: النسخة المغربية لها)

1 للمتحرك على SHL 4 ومتبعا ES : النسخة المغربية
ومستتبعا E mg. 5 ذ لك] كماله SHL 17 نقطة
ميلها] نقلة مثلها SHL 17 عن] من S

ממנה באורך ויוצא [22]ממקומו הראשון ברוחב E 56[r]
ונודע מזה [23]שהוא לא יסוב על העגולים הנכוחיים
[24]למשוה היום באמת אבל הוא סיבוב [25]לולבי
ליציאת הכוכב ממקומו תמיד [26]ברוחב והוא א"כ
כמו שביאר׳ בשאלות [27]אשר הקדמנום מפני העתקת
שני [28]הקטבים על שני העגולים אשר ילכו [29]עליהן
ומפני התנועה האחרת [30]המתחלפת לה והיא התנועה
אשר ינוע [31]אותה הגלגל על קטבי העליון וזה
מן [32]המזרח אל המערב וכן תנועת אלו [33]הגלגלים
בעצמם המיוחדת בהם אשר [34]זכרנוה.

[107] ומפני תנועת ב׳ הקטבים [35]בקצור אל
הפך שניהם יחד ונודע [36]עם זה גם כן כי איחור
הכוכב באורך /מ 47[א]/ [1]אמנם הוא בעבור קצור M 47[r]
גלגלו מן העליון [2]וקצור גלגלו הוא סיבה להעתק
קטביו [3]עם יציאתם מקטבי העליון והעתקם [4]להפך
התנועה הכללית ג"כ כי הנה לא [5]יתאמת שיהיה
הכוכב תקוע בגלגלו [6]ותקרה לו העתקה ברוחב
אלא מפני [7]העתק שני קטביו אשר יסוב עליהן
גלגלו [8]כי מרחק

25. מ: ליציאת] ב: את.

عنها في الطول خارجا عن موضعه الاول في العرض
فعلم من ذلك انه ليس مرور على دوائر موازية
لمعدل النهار في الحقيقة وانما هي ادوار كوكبية [illegible] ادارة لولبية
لخروج الكوكب عن موضعه ابدا في العرض فهي اذا على
نحو ما بيّنّا في المسائل التي قدمناها من اجل نقطة
القطب على الدائرتين اللتين يدوران عليها ومن
اجل الحركة الاخرى المخالفة لها وهي الحركة التي
يحركها الفلك على قطبي الاعلى وهذه من المشرق
الى المغرب وكذلك حركة هذه الافلاك انفسها
الخاصة بها التي ذكرناها ومن اجل حركة القطب
بالتقصير الحادث لها جميعا وعلم مع ذلك ايضا
ان تاخر الكواكب في الطول انما هو لاجل تقصير
فلكه عن الاعلى وتقصير فلكه هو سبب لانتقال
قطبيه مع خروجهما عن قطبي الاعلى ونقلهما الى
خلاف الحركة الكلية ايضا فانه لا يصح ان يكون الكوكب
مركوزا في فلكه ويعرض له انتقال في العرض الا لاجل
انتقال قطبيه اللذين يدور عليهما فلكه لان بعد

3 ادوار كوكبية] ادارة لولبية S   5 نقطة] نقلة H

E 56[V] הכוכב מקטבי גלגלו שמור [9]תמיד לא ישתנה.
ומפני שהיה ההעתקה [10]ברוחב על ערך ידוע ויש
לו ב׳ תכליות [11]במרחק ממשוה היום לא תעבור
[12]אותם נראה כי קטבי הגלגל נעתקים [13]על ב׳
עגולות ושמרחק שניהן מקטבי [14]הגלגל אשר למעלה
ממנו כלומר שיתנועע [15]בתנועתו מרחק א׳ בהכרח
לא ישתנה [16]כי הוא אילו לא יהיה מרחק שניהן
מקטב [17]א׳ שמור תמיד יהיה הגלגל הזה מצחק
[18]בלתי קיים ולא שמור התנועה. הנה [19]קטבי
הגלגל אשר לכוכב א"כ בהכרח [20]סובבים על אותם
שני עגולות אשר [21]קטביהם קטבי העליון. ואם
היה [22]לו עם זה עניין אחר בו תתחלף העתקתו
[23]החילוף השיני והנה יבוא זכרונו אחר [24]זה
בע"ה.

[108] ואומר כי אין חילוף העתקת [25]כל אחד
מהכוכבים האלה [26]הנראה באורך וברוחב מפני
העתקת [27]שני הקטבים לבד אבל גם מפני התנועה
[28]האחרת אשר תתמזג עמה והיא [29]תנועת הגלגל על
קטביו המיוחדת בו [30]הוא אשר ימשך בה תנועת
הכל [31]כלומר אשר למעלה ממנו לבקש להשיג [32]בו

10. מ: ויש] חסר בכ"י ב. 13. מ: מקטבי] חסר בכ"י ב.
27. מ: הקטבים] ב: הכוכבים. 31. מ: לבקש] ב: מבקש.

الكوكب من قُطبي فلكه محفوظ ابدا لا سعير ولما كان
الاسقال في العرض على نسبه معلومه وله نهايتان
في البُعد عن معدل النهار لا سعداهما ظهر ان قطبي الفلك
سعلان على دايرتين وان بُعدهما عن قطبي الذي فوقه
اعني الذي يحرك بحركته بعد واحد بالضروره لا
سغير فانه لو لم يكن بعدهما من قطب واحد محفوظا
ابدا لكان هذا الفلك لا عبأ غير ثابت ولا محفوظ
الحركه فقطبا الفلك الذي للكوكب اذًا بالضروره
يدوران على تينك الدايرتين اللتين قطباهما قطب
الاعلى وان كان له مع ذلك معنى اخر به يختلف
عليه الاختلاف الثاني وسياتي ذكره بعدُ
ان شاء اللهُ تعالى   واقول انه ليس اختلاف
نقله كُل واحدٍ من هذهِ الكواكب الطالعه في الطول
والعرض ايضا لاجل استقال القطبين فقط
بل ومن اجل الحركه الاخرى التي تمازجها وهي
حركه الفلك على قطبيه المختصه به وهي التي
يتبعّ بها حركه الكل اعني الذي فوقه طلبا للحاق به

9 قطب] قطبا SH

או להתדמות בתנועתו ובזאת [33]התנועה יובדל E 57r
מזולתו ויוכר מבלעדיו [34]ואילו לא היתה
ההעתקה הזאת לכוכבים [35]האלה בסיבת העתק
שני הקטבי' האלה [36]אשר לכל א' מהם לא זולת
עם התנועה [37]היומית לא היה לכוכב חילוף
במהלך /מ 47ב/ [1]ומרחק ברוחב מן העגולה האחרת M 47v
אשר [2]תרשום אותה השמש והיא נקראת אזור
[3]המזלות מתחלף בשני הצדדים כולן פעמי'
[4]רבות בזמן חתוך הכוכב בקיצור לעגולה
[5]הנוטה פעם אחת.

[109] והנה נגלה בזה כי [6]לגלגלים האלו
תנועה אחרת לכל א' מהם [7]על קטביו ישלים בה
התנועה הכללית [8]ויתחלפו שתי התנועות בו
ויתמזגו ויהיה [9]התמזגם סבה למה שיראה מן
השינויים [10]להעתקת הכוכב התקוע בגלגל ומפני
שהיו [11]הגלגלים האלה כל מה שרחקו מן העליון
[12]תסתר הכח ההוא היורד עליהם. וכאשר [13]חסר
הכח תחלש התנועה בהכרח וקצרה [14]מן העליון
ויהיה קצור מה שרחק ממנו [15]יותר והשגת מה
שיהיה יותר קרוב ממנו [16]בתנועה יותר מחוייב.

[110] ומפני קצור הגלגל [17]מהעליון יקצרו
קוטביו בשתי עגולות מהלכן [18]להפך התנועה
היומית ומפני

34. לא] חסר בנוסח הערבי. /מ 47ב/ 12. תסתר]
לפי הערבית צ"ל: תחסר. 12. מ: ההוא] חסר בכ"י ב.

والتشبه بحركته وبهذه الحركة ينفصل عن غيره فيتميز
عن سواه وان كان انما تلك النقلة لهذه الكواكب
بسبب انتقال هذين القطبين الذي له لا غير مع الحركة
اليومية لما كان للكوكب اختلاف في المسير وابعاد في
العرض عن الدايرة التي ترسمها الشمس وهي المسماة بمنطقة   للأخرى
البروج مختلفة في المجسطي عليهما مرارا عدة في مدة
قطع الكوكب بالتقصير لدايرته المايلة مرة واحدة فبهذا
يظهر ان لهذه الافلاك حركة اخرى لكل واحد
منها على قطبيه يؤم بها الحركة الكلية فيختلف الحركات
فيه ويمتزج ويكون اشتراكهما سببا لما يظهر من
التغاير لتنقل الكوكب المركوز في الفلك ولما
كانت هذه الافلاك كلما بعدت عن الاعلى نقصت
القوة الواردة عليها واذا نقصت القوة فترت
الحركة بالضرورة وقصرت عن الاعلى ويكون تقصير ما
يبعد عنه اكثر ولحاق ما كان اقرب منه بالحركة
الزم فلاجل تقصير الفلك عن الاعلى تنقص قطباه
في دايرتي ممريهما الى خلاف الحركة اليومية لاجل

2 وان] فلو S   6 عليهما] كلتيهما SH   9 يؤمّ S

שהוא יתנועע [19]על קוטביו והם כקיימים לו E 57v
ימעט קצור [20]הכוכב וישאר הכוכב על קיצורו
[21]יחד ויהיה קצור הכוכב ויראה ממנו [22]שהוא
ההעתקה להפך כלומר למשך המזלות [23]והנה קצת אלו
הכוכבים יקרבו להשיג העליון [24]מפני הכח אשר
היגיע לגלגלו מן המניע [25]הקרוב ממנו ויקרב
להשלים מה שקצר [26]ממנו וקצתם ירחק מן ההשגה
להשבר [27]הכח היורד עליו וחולשתו בסיבת רחקו
מן [28]המניע אותו וירבה קיצורו מן העליון.
[111] [29]וכאשר התנועע א׳ מאלו הגלגלים ר"ל
גלגלי [30]הכוכבים הרצים תנועה מתמזגת מן
[31]תנועתו המיוחדת בו והיא אשר אל צד [32]התנועה
הכל ומתנועתו אשר ינוע אותה [33]הב׳ קוטבים
ברוחב בהעתקם על שני עגולות [34]המהלך והיא
להפך תנועת הכל ויקצר עם [35]זה הגלגל מעט מן
ההשגה ונשארו [36]קוטביו מקצרים הקיצור יחד הנה
יראה [37]מפני זה לכוכב התקוע בו הסתערות
תנועה [38]כי הוא יתנועע אצל תנועת הכל והקטב
יקח /מ 48א/ [1]בו מרחבו ויהיה שיעור M 48r

20-21. מ: וישאר ... קצור הכוכב] חסר בכ"י ב.

32. מ: ינוע] ב: יניע.

انه يتحرك على قطبه وبما كان الباسر له بعل نقصه
الكوكب وبقى القطب على نقصه اجمع ويكون
نقصه الكوكب يظهر منه انه نقله الى خلاف اعني
الى توالي البروج وبعض هذه الكواكب تقارب اللحاق
بالاعلى للقوة التي انبثت الى فلكه من المحرك القريب منه
فتقارب ان يستوفي ما قصر عنه وبعضها يبعد
عن اللحاق لانكسار القوة الواردة عليه وضعفها
بسبب بعده عن المحرك له فيكثر نقصه عن
الاعلى واذا تحرك احد هذه الافلاك اعني
فلك الكواكب السيارة حركة ممتزجة من حركته
الخاصة وهي التي الى جهة حركة الكل ومن حركته
التي تحركها القطبان في العرض لانتقالهما على
دايرتي الميل وهي الى خلاف حركة الكل وقصر مع
ذلك الفلك قليلا عن اللحاق وبقي قطباه
مقصرين بالنقصان اجمع فسيظهر لذلك الكوكب
المركوز فيه اضطراب حركة لانه يتحرك بحركة
الكل والقطب يجذبه عن عرضه ويكون مقدار

1 بعل] يفل SH   10 فلك] افلاك SH
12 بانتقالهما SH

רחבו כמו מה [2]שיהיה במרחקי שני הקוטבים E 58r
מקוטבי [3]הגלגל אשר למעלה ממנו בשני הצדדים.
[112] [4]ומפני שהיה קצור השני קוטבים נשאר
[5]וחסר קיצור הגלגל בתנועתו אשר ימשך [6]בה
תנועת הכל היה מה שיקצרהו הכוכב [7]מעט ומה
שיקצרהו הקוטב הרבה והנה [8]יחתוך הקוטב עגולת
מהלכו פעמים קודם [9]שישלים הכוכב סיבוב אחד
ולכן היה [10]הכוכב נוטה אל צפון מאזור המזלות
ונוטה [11]ממנו אל דרום פעמים בעיגול אחד
ויצא [12]העגולה אשר ירשום אותה השמש והיא
[13]הנקראת גלגל המזלות פעמים וישוב [14]אליה
כמותה והוא לא יקצר באורך אלא [15]סיבוב וכאילו
הוא יסוב העגולה הזאת [16]ויצא ממנה לצפון ולדרום
וישוב אליהם [17]ולכן חשבו כי אלו הז׳ גלגלים
יחד על קטבי [18]המזלות ובקשו מפני היציאה
הזאת סבוב [19]מיציאת מרכזי הגלגלים והתעגל
המרכזים [20]על גלגלים אחרים או עגולים ממה
שיקשה [21]לציירו וירחק מן האמת ענינו ולכן
אי [22]איפשר בשום פנים שיהיה התחלפות

9. מ: אחד] ב: אחר. 11. ויצא] לפי הערבית צ"ל: ויצא
מן. 18. סבוב] לפי הערבית צ"ל: סבה.

عرضه على ما يكون بعد القطب عن قطبي التي فوقه في
الخمس ولما كان يقصر القطب باقيا وينقص تقصير
الفلك بحركته التي يتلوا بها حركة الكل كان ما
يقصره الكوكب قليلا وما يقصره القطب كثيرا
فسيقطع القطب دايره مره مرارا قبل ان يستوفي
الكوكب دوره واحده فلذلك يكون الكوكب مايلا نحو
عن الشمال عن نطاق البروج ومايلا عنه نحو الجنو ب
مرارا في الدوره الواحده ويخرج عن الدايره التي
ترسمها الشمس وهي المسماه بفلك البروج مرارا
ويرجع اليها مثلها وهو لم يقصر في الطول الا دوره تحرر الاداره
وكانه يدور على هذه الدايره ويخرج عنها شمالا
وجنوبا ويعود اليها ولذلك ظنوا ان هذه الافلا ك
السبعه جميعا على قطبي فلك البروج واحالوا
لهذا الخروج عللا من خروج مراكز افلاك
واستداره المراكز على افلاك اخر ودواير مما
يصعب تصوره ويبعد عن الحق معناه فلذلك لا
يمكن ان يكون بوجه من الوجوه ان يكون اختلاف

10 الا دورة ESH : محرر الادارة E mg.

[23]המהלך לכוכב אשר זכר בטלמ׳ כלו׳ אשר [24]יתן E 58v
העדות במבט אלא על הפנים האלו [25]בלבד והוא עם
זה יותר קרוב אל הציור [26]ועניינו יותר מבואר
ועם זה לא ירחקהו [27]השכל ולא יתחייב ממנו
שקר כלל.

[113] [28]ונחלק עתה מה שכללנוהו ונזכור
העתקת [29]כוכב כוכב מן הרצים ונודיע שיעורי
[30]החילופים אשר לכל אחד מהם באורך [31]והרוחב
ר"ל ההעתקה הנראת לחוש [32]וההעתקה אשר ילקח
ראיה עליה באלו [33]ואיכות האמת בהם. ונתחיל
בעליון מן [34]השבעה והוא הנקרא שבתי.

[114] [35]המאמר בתנועת גלגל שבתי. [36]ונאמר
כי העתקת הכוכבים אלה הנראי׳ [37]לחוש הלקוחה
מהמבט אמנם היא [38]נמצאת למשך המזלות ר"ל
הפך תנועת [39]הכל ומצאו אותה במבט מתחלפת
תמיד /מ 48ב/ [1]בחלקי גלגל המזלות ואינה שוה M 48v
בכל חלקי העגולה [2]יחתוך אותם הכוכב מגלגלו.
ואין

33. מ: בהם] ב: להם. 36. מ: אלה] חסר בכ"י ב.
39. ב: מתחלפת] מ: מתחלקת.

المشير للكوكب الذى ذكر بطلميوس اعنى التى تعطيه
المشاهده بالرصد الا على هذا الوجه فقط وهو مع
ذلك اقرب الى التصور واصح معنا ومع ذلك
لا ينكر العقل منه شيئا ولا يلزم عنه محال البته
ولنفصل الان ما اجملناه ونذكر نقله كل كوكب
من السياره ونعرف بمقدار الاختلاف الذى
لكل واحد منها فى الطول والعرض اعنى النقل
الظاهر للحس والعلل التى يستدل عليها بيده وكيف
الحقيقه فيها ونبتدئ بالاعلى من السبعه وهو المسمى
بفلك زحل

القول
فى حركات فلك زحل

فنقول ان نقله هذا الكوكب الظاهره للحس
الماخوذه من الارصاد الى توالى البروج اعنى
خلاف حركة الكل والقدما بالرصد تختلف ابدا
فى اجزا فلك البروج وليست بمستويه فى جميع
اجزا الدايره لما يقطعها الكوكب من فلكه ولا بهذه

انما هى موجوده

3 معنى S 5 كل كوكب كوكب] كوكب S 6 الاختلافات S
8 الظاهرة S 15 والقدما] والقوما SHL

E 59r ההעתקה [3]הזאת לכוכב הזה בחלק א׳ בעצמו
מגלגלו [4]על עניין אחד מן הגודל והקטנות או מן
המצוע [5]אבל יעתק באורך בחלק הא׳ בעצמו מהעגלה
[6]הזאת בזמנים המתחלפים העתקות [7]מתחלפות ג"כ
והורה להם זה על כי שוב הכוכב הזה [8]בעגולה
הזאת אל הנקודה אשר התחיל ממנה [9]מתחלף בשובו
בהתחלפו.

[115] אבל שהם מצאו [10]הכוכב שב אליה בשובו
אל חלק א׳ מן [11]העגולה הנקראת גלגל המזלות ואל
מרחק א׳ מאמצע [12]השמש ר"ל כשהיה הכוכב ואמצע
השמש כל [13]א׳ משניהן בחלק מה מעגולת המזלות
ואחרי כן [14]שב כל א׳ משניהן אל חלק שהיה בו
תחילה [15]הנה העתקת הכוכב הזה תהיה אז בחלק
[16]ההוא כמו תנועתו בו תחילה ולא היה אפשר
[17]לבטלמ׳ הנחת העתקה הזאת על א׳ מן השרשים
[18]אשר היה מניחם אבל אמנם נשלם לו זה [19]בהנחת
ב׳ השרשים יחד וזה בששם לו גלגל [20]הקפ׳
יסוב מרכזו על גלגל אחר יוצא המרכז

14. ב: תחילה] מ: בתחילה.

سابعه

د

النقله لهذه الكواكب في الجزو الواحد بعينه من
فلكه على حاله واحده من العظم والصغر او من
التوسط بل ينتقل في الطول في الجزو الواحد بعينه
من هذه الدايره في الاوقات المختلفه انتقالات
مختلفه ايضا فدلهم ذلك على ان عوده هذا الكوكب
في هذه الدايره الى النقطه التي يبتدي منها مخالفه
لعودته في اختلافه الا انهم وجدوا الكوكب عايدا
اليها بعودته الى جزو واحد من الدايره المسماه
بفلك البروج والى بعد واحد من وسط الشمس
اعني اذا كان الكوكب ووسط الشمس كل واحد
منهما في جزء ما من دايره ثم عاد كل واحد
منهما الى الجزو الذي كان فيه اولا فان نقله هذا
الكوكب يكون حينيذ في ذلك الجزو مثل حركته فيه
اولا ولم يتهيا لبطلميوس وضع هذه النقله على
احد الاصلين اللذين كان وضعهما بل انما تم ذلك له
بوضع الاصلين جميعا وذلك بان جعل له فلك
تدوير يدور مركزه على فلك اخر خارج المركز

البروج

1 لهذه الكواكب] لهذا الكوكب S

[21]נושא אותו וגלגל אחר נוטה מגלגל המזלות E 59v
[22]והכוכב עם זה יתנועע בתנועת גלגל [23]ההקפ׳
תנועה מתחלפת ומרכז הנושא למרכז [24]גלגל ההקפ׳
יסוב ג"כ על עגולת מרכזה [25]מרכז גלגל המזלות
ורוחב ההנחה הזאת מן [26]האיפשרות נגלה ושקרות
מציאות כמו זה [27]בשמים מבואר ממה שהקדמנו.

[116] ואמנם [28]תהיה אפשר ההעתקה הזאת לככב
[29]הזה ולגלגל אשר הוא תקוע בו לפי מה [30]שאספר
והוא שהכוכב הזה תראה לו [31]העתקת איחור אצל
משך המזלות ר"ל להפך [32]תנועת הכל והעתקה
ברוחב יתחלף מפני [33]מה שזכרנו מהתחלפות שתי
התנועות ר"ל [34]תנועת גלגל הכוכב הזה על קוטביו
אשר [35]יתקרב בה ההשגה בתנועת העליון וילאה
[36]ממנו להחלש הכח מן כל הגלגל אשר למעלה
[37]ממנו וזה לפי המרחק מן המניע אותו כמו
[38]שהקדמנו קודם ומפני שהעתקת ב׳ הקטבים
/מ 49א/ [1]על ב׳ עגולות מהלכם כי קצור שניהם M 49r
הוא [2]קצור הגלגל הזה מן העליון כולו וכי
ירבה [3]קצור ב׳ הקוטבים על קצור הכוכב [4]במה
שיניעהו הגלגל על ב׳ הקטבים האלה [5]והם כמו
קיימי׳ לתנועתו.

[117] ומפני שמצאו [6]העתקת הכוכב הזה שיש
לה

21. ב: מגלגל] מ: גלגל. 24. מ: גלגל] חסר בכ"י ב.

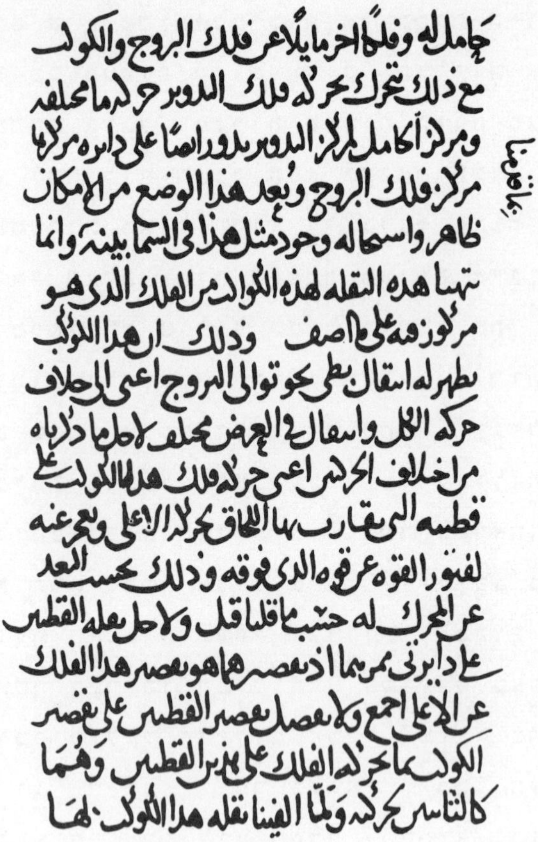
كاملة وفلكا اخر مايلا عن فلك البروج والكوكب
مع ذلك يتحرك بحركة فلك التدوير حركة ما مختلفة
ومركز الكامل لمركز التدوير يدور دائما على دائرة مركزها
مركز فلك البروج ويبعد هذا الوضع من الامكان
ظاهر واستحالة وجود مثل هذا في السما بينة وانما
تبين هذه النقلة لهذه الكواكب من الفلك الذي هو
مركوزة فيه على ما اصف وذلك ان هذا الكوكب
يظهر له انتقال بطي نحو توالي البروج اعني الى خلاف
حركة الكل وانتقال في العرض مختلف لاجل ما ذكرناه
من اختلاف الحركتين اعني حركة فلك هذا الكوكب على
قطبيه التي يقارب بها اللحاق بحركة الاعلى ويقصر عنه
لفتور القوة عن قوة الذي فوقه وذلك بحسب البعد
عن المحرك له حسب ما قلنا قبل ولاجل نقلة القطبين
على دائرتين صغيرتين اذ يقصر بها هو يقصر هذا الفلك
عن الاعلى اجمع ولا يقصر بقصر القطبين على تقصير
الكوكب بما حركة الفلك على هذين القطبين وهما
كالتابعين لحركته ولما الفينا نقلة هذا الكوكب لها

بما ذكرنا

15 ولا] وان SHL

E 60r ב׳ חילופים א׳ [7]מהן בסמיכות אל משוה היום והוא
יציאת [8]הכוכב ממשוה היום אל ב׳ תכליות אשר הן
[9]תכליות מרחק גלגל המזלות ממשוה היום בצפון
[10]ובדרום. והחילוף השני הוא יציאת הכוכב
[11]מגלגל המזלות כאילו הוא על גלגל נוטה עליו
[12]אלא שחלקי הגלגל הזה הנוטה מדומה אינן
[13]שומרים מרחקיהן מגלגל המזלות לפי מה [14]שהקדמ׳
וזכרנו אותו. ולכן היו קטבי הגלגל [15]הזה ר"ל
גלגל כוכב שבתי אמנם ילכו על שתי [16]עגולות קטנות
ויהיו קטביהן סובבים ג"כ על [17]ב׳ עגולות מהלך
קטבי גלגל הכוכבים הקיימים [18]אשר נקראהו גלגל
המזלות כי הוא נמשך אליו ג"כ [19]ויקיפו ב׳
אלו העגולות הקטנות משתי עגולות [20]מהלך הכוכבים
הקיימים אשך נקראהו המזלות [21]כשיעור כפל
יציאת הכוכב מגלגל המזלות אשר [22]מצאו בהבטת
ג׳ חלקים וג׳ דקים ויותר כל א׳ [23]מב׳ העגולות
האלה הקטנות מב׳ עגולות מהלך [24]קטבי גלגל
המזלות ו׳ חלק וו׳ דקים ויהיה עם [25]זה

15. מ: גלגל] חסר בכ"י ב. 24. ב: ויהיה] מ: ויהא.

اختلافان احدهما بالاضافة الى معدل النهار وهو
خروج الكوكب عن معدل النهار الى الجهتين اللتين
بهما سمى بعد فلك البروج عن معدل النهار في
الشمال والجنوب والاختلاف الثاني هو خروج
الكوكب عن فلك البروج كانه على فلك مايل
عليه الا ان اجزاء هذا الفلك المايل المتوهم ليست[6]
حافظة لابعادها من فلك البروج حسب ما
تقدم مما ذكرناه فلذلك كان قطبا هذا الفلك
اعني فلك كوكب زحل انما يمران على دايرتين صغيرتين
ويكون قطباهما دايرتين ايضا على دايرتين من قطبي
فلك الكواكب الثابتة الذي يسميه فلك البروج
لانه تابع له ايضا ويكون هاتان الدايرتان الصغيرتان
من دايرتين من فلك البروج بمقدار ضعف خروج
الكوكب عن فلك البروج الذي الفي بالرصد
ثلثة اجزاء وثلاث دقايق فتنفصل كل واحدة
من هاتين الدايرتين الصغيرتين دايرتي من قطبي فلك
البروج بستة اجزاء وستة دقايق ويكون مع ذلك

6 ان اجزاء SHL

קטב ב׳ העגולות הקטנות האלה נעתקות [26]על ב׳ E 60V
עגולי מהלך קטבי גלגל המזלות [27]כמו שיתאמת
ממה שנאמר בע"ה.

[118] ואשר [28]יתאמת במבט מהעתקת הכוכב הזה
במה [29]שזכר בטלמ׳ ומי שקדמו. ואולם בחילוף
והיא [30]ההעתקה אשר שם אותם לכוכב הזה על גלגל
[31]ההקפ׳ והיא בלתי ידועה בעדות ואמנ׳ נודע
[32]החילוף לא זולתו הנה הוא יחתוך שבעה וחמשים
סבובי׳ [33]בגלגל ההקפ׳ בנ"ט שנה שמשיות ויום
אחד [34]וחצי יום ורביע יום ויחתוך בהעתקו להפך
[35]תנועת הכל והוא אשר קראוהו התנועה באורך
[36]לכוכב הזה בשיעור מן השנים הנזכרים שתי
[37]סיבובים ותוספת חלק א׳ וב׳ שלישי חלק החלק
[38]וב׳ ההעתקות האלה הם אשר מצאו שתיהן /מ 49ב/ M 49V
[1]לגלגל הכוכב הזה בעצמם אלא שהם על [2]שורש זולת
השורש אשר יניח עליו שניהם [3]בטלמ׳ וזה שאנחנו
כבר הקדמנו ואמרנו [4]כי לכל גלגל תנועה על
קוטביו מיוחדת לו ובה [5]יובדל מזולתו וזאת
היא ההעתקה אשר [6]תעשה החילוף

28. מ: מהעתקת] ב: בהעתקת. 32. ב: שבעה וחמשים] מ: נ"ה. 35. ב: קראוהו] מ: קראו. 36. ב: השנים] מ: הב׳.

قطباهما من الدائرتين الصغريين منقلبين على دايرتي
ممر قطبي فلك البروج حسب ما يتضح من المثال وتبين
إن شاء الله تعالى   والذي صح بالنقلة لهذا الكوكب
بما ذكر بطلميوس ومن بعده إنما في الاختلاف وهي
النقلة التي جعلها لهذا الكوكب على فلك التدوير وهي
غير مشاهدة وإنما شاهد الاختلاف لا غير وإنه يقطع
سبعًا وخمسين دورًا في فلك التدوير في تسع وخمسين
سنة شمسية ويوم واحد ونصف يوم وربع يوم
ويقطع بانتقاله في اختلاف حركة الكل وهو الذي
يسمونه الحركة في الطول لهذا الكوكب في مدة
السنين المذكورة دورتين وزيادة جزء واحد
وثلثي جزء وثلثي جزء الجزء   وهاتان الفعلتان هما
اللتان ألفناهما لفلك هذا الكوكب بأعيانهما
إلا أنهما على أصل غير الأصل الذي وضعهما عليه
بطلميوس   ولذلك إنا قد تقدمنا فقلنا إن
لكل فلك حركة على قطبيه تخصه وبها ينفصل
عن سواه وهذه النقلة هي التي تفعل الاختلاف

3 بالنقلة لهذا] برصد من نقلة هذا SHL   12 وثلثي
جزؤ الجزؤ Missing in HL : ES

כמו שיתבא׳ אחר זה. E 61r

[119] ואמרנו [7]כי מה שרחק מהמניע מן הגלגלים [8]הנה הכח היורדת עליו מן המניע ימעט לפי [9]רחקו מן המניע ויקצר מאשר למעלה [10]ממנו לפי היחס והמרחק ויתנועע על שני [11]קטביו מבקש השלימות לקצת מה שקצר [12]בו וישאר הקצת וזהו תנועת האורך [13]ומפני כי ב׳ תנועו׳ אלו לכל א׳ מהגלגלים [14]מתחלפי הקוטבי׳ מה שהתחלף העתקת [15]הכוכב התקוע בכל א׳ משניהן וכבר [16]הקדמ׳ והודענו איכות העתקת גלגל הכוכבים [17]הקיימים ושקוטביו סובבים על ב׳ עגולות [18]נכוחיות למשוה היום ושהעגולה האמצעית [19]ממנו היא אשר נקרא אותה איחור המזלו׳ [20]כי אין שם גלגל נמצא זולתו בלא כוכב [21]שיקרא בזה השם. וידוע כי לכל [22]הגלגלים אשר תחת הראשון מתנועעים [23]בתנועת העליון נשואים לו אלא שהוא כמ׳ [24]שאמרנו מקצרים והוא נשוא בתנועת היומית [25]וממשיך אותם בתנועתו על ב׳ קוטביו כי [26]התנועה האחרת אשר הם נשואים בה [27]היא על קוטבי העליון ולכן

7. ב: מן] מ: ימעט מן. 9. מ: רחקו] ב: רחק.
19. מ: נקרא] חסר בכ"י ב. 19. איחור] צ"ל: אזור.
20. מ: בלא] ב: בלא כח. 21. לכל] צ"ל: כל.
27. מ: קוטבי] חסר בכ"י ב.

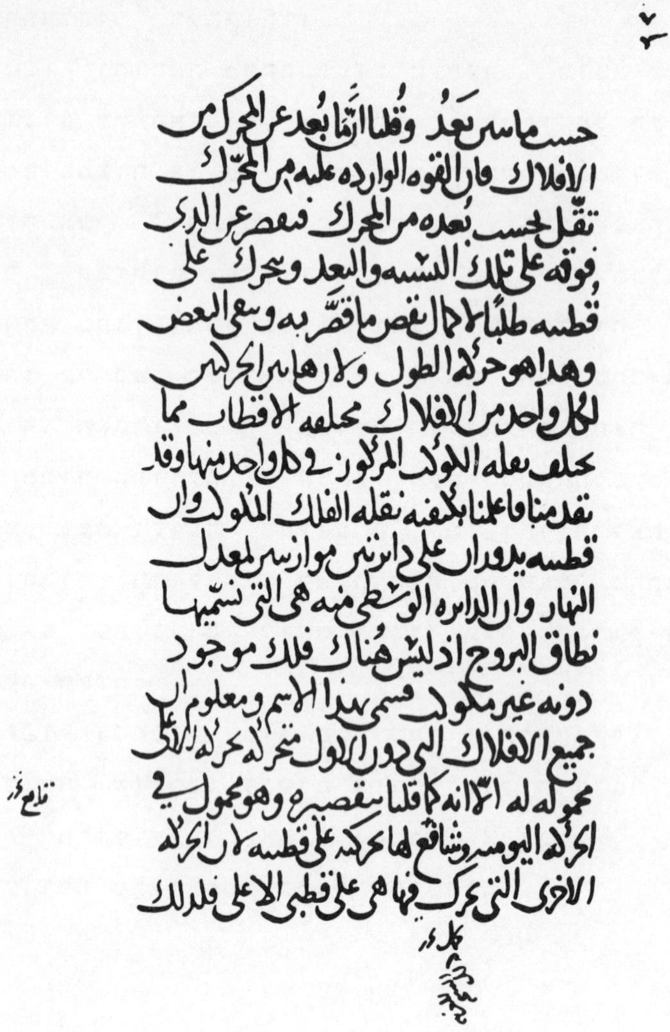
٣

حسب ما من بعد وقلنا انما بعد عن المحرك من
الافلاك وان القوه الوارده عليه من المحرك
تقل بحسب بعده من المحرك فيقصر عن الذي
فوقه على تلك النسبه والبعد ويتحرك على
قطبيه طلبا للاكمال نقص ما قصر به ويسمى البعض
وهذا هو حركة الطول ولان ها هنا حركتين
لكل واحد من الافلاك مختلفه الاقطاب مما
يختلف نقله الكوكب المركوز في كل واحد منها وقد
تقدم منا واعلمنا بكيفيه نقله الفلك المكوكب وان
قطبيه يدوران على دائرتين موازيتين لمعدل
النهار وان الدائره الوسطى منه هي التي نسميها
نطاق البروج اذ ليس هناك فلك موجود
دونه غير مكوكب فسمي بهذا الاسم ومعلوم ان
جميع الافلاك التي دون الاول متحركه بحركه الاعلى
محموله له الا انه كما قلنا بتقصير وهو محمول في
الحركه اليوميه وشافع لها بحركته على قطبيه لان الحركه
الاخرى التي يحرك فيها هي على قطبي الاعلى فلذلك

5 نقص] بعض SHL 16 وشافع ES : تابع H and E mg. 17 يحرك] يحمل SH : يحمل كذلك النسخة المغربية E mg.

מה שהתחלפו [28]העתקותיו. E 61v

[120] והנראה מההתחלפות העתקת [29]כוכב שבתי
ג׳ מינים מן החילוף. א׳ מהן [30]מרחקו אל הצפון
והדרום ממשוה היום [31]כמו שירחק השמש ממנו
בעגולה אשר [32]ירשום אותה בסיבוב. והב׳ צאתו
מאזור [33]המזלות צפון ודרום ושובו אליו מבלתי
[34]שירחק ממנו מרחק כולו. והג׳ [35]התחלפות
העתקתו על משך המזלות והיא [36]אשר אמ׳ שתהיה
בקיצורו האחרון מן [37]תנועת העליון כי הנה
יראה מהיר התנועה /מ 50א/ [1]פעם ומתאחר פעם M 50r
וממוצע פעם ועומד [2]במקום א׳ זמן וחוזר לאחור
פעם וסבות [3]החילופים האלה הוא מה שאמ׳ מהתחלפות
[4]הקטבים ובתנועות עליהם וקצור קצת [5]הגלגלים
בתנועה מקצת.

[121] ונמשיל [6]בזה משל כדי שיהיה נקל
לצייר מה [7]שזכרנו ונשים אזור המזלות אבגד
ומשוה [8]היום עגולת אהגז וקטבה הצפונית
ע [9]ועגולת מהלך קטב גלגל הכוכבים

34. ב: כולו] מ: גדול כולו. /מ 50א/ 8. מ: ע]
חסר בכ"י ב.

مَا يحلف اسقلالاته والمشاهد مر احلاف نقل
لوكب زُحل ثلثة انواع مر الاحلاف احدها تباعده
الى الشمال والجنوب عن مُعدل النهار كتباعد الشمس عنها
في الدائرة التي نرسمها في الحول والثاني خروجه
عن نطاق البروج شمالاً وجنوباً وعودته اليه من
غير ان يبعد عنه البُعد كله والثالث احلاف بعلته
على توالي البروج وهي التي قلنا انها تكون بقصره
الاحر عن حركة الاعلى فانه قد يُرى سريع السير
تاره وبطيئاً تارة اخرى ومتوسط السير تاره
ولازما الموضع مره وراجعاً متقهقراً تاره واسباب
هذه الاحتلافات هو ما قلناه من اختلاف الاقطاب
والحركات عليها وبقصر بعض الافلاك في الحركة
عن بعض ولنمثل لذلك مثالا ليسهل تصور ما
ذكرناه فنجعل نطاق البروج
ا ب ج د ومعدل النهار دائرة
ا ه ج ز وقطبها الشمالي ع
ودائرة ممر قطب فلك الكواكب

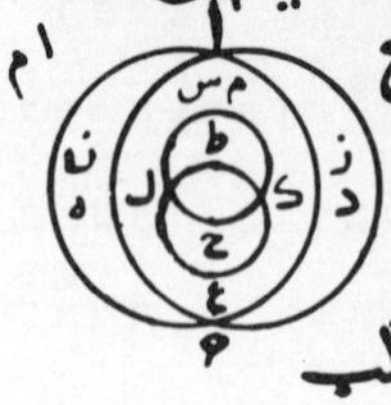

E 62r הקיימים [10] חט סביב קטב ע ונניח הכוכב על
העגולה [11] האמצעית מגלגלו ובמקום מאזור המזלות
[12] ויהיה על מקום החתוך אשר עליו א הנה [13] מפני
שהוא על נקודת החתוך מב׳ העגולות [14] הנה יהיה
קוטב גלגלו א׳ כעל עגולת חט [15] בהכרח ויהיה
הכוכב על רביע עגולה [16] מקטבו וכאילו הוא על
נקדת כ ומפני [17] שהיה תכלית יציאת כוכב שבתי
מן [18] עגולת המזלות ג׳ חלקים הנה תהיה נקדת
[19] כ תהיה מקטב עגולת מהלכו על ג׳ חלקים
מעגולת [20] חט וכאילו קשת כט ותהיה עגולת מהלך
[21] קטב שבתי עגולת כל לפי מה שיתבאר [22] ומפני
שהגלגל הזה כשהתנועע בתנועת [23] העליון והוא
מקצר ממנו ונמשך אחריו [24] בתנועה ימשיכהו
בה הנה נשים קצורו [25] מהעליון כל קשת אג.

[122] ומפני שגלגל הככב [26] יתנועע נמשך
לעליון על דרך תנועתו והיא [27] לו על ב׳ קטביו
והם קיימים לו הנה ישאר [28] קטב כ על קיצורו כי
היה עומד ונח עמה [29] עם שהוא יתנועע בתנועת
העליון על קטב [30] ע ותהיה תנועת הכוכב בתנועת

11–12. מ: מאזור ... החתוך] חסר בכ"י ב. 13. מ: מב׳
המזלות] ב: מאיזור המזלות. 14. ב: קוטב] מ: הקטב.
19. בשולי מ: תהיה] ב: יהיה, חסר בטקסט מ. 24. מ: קצורו]
ב: קצור.

التاسع ح ط حول قطب ع ولعرض الكوكب على
الدايره الوسطى من فلكه وفي موضع من نطاق
البروج وليكن على موضع التقاطع الذي عليه ا
ولانه على نقطه التقاطع للدايرتين فسيكون قطب
فلكه اذا على دايره ح ط ضروره ويكون الكوكب
على ربع دايره من قطبه فكانه على نقطه ك ولما
كان غايه خروج كوكب زحل عن دايره البروج ثلثه
اجزا فان نقطه ك تكون من قطب دايره ممره
على مثله اجزا من دايره ح ط فكانها قوس ك ط
فتكون دايره ممر قطب فلك زحل ك ل
حسب ما تبين ولان هذا الفلك اذا تحرك
بحركه الاعلى وهو مقصر عنه وشافع بحركته يستتبعه
بها فيجعل تقصيره عن الاعلى اجمع قوس ا ب ولان
فلك الكوكب يتحرك تابعا لحركه الاعلى بحو حركته
وهي له على قطبه وبما تاسا له فسمي قطب ك
على تقصيره اذ كان شاذا لها مع انه يتحرك بحركه
الاعلى على قطب ع فتكون حركه الكوكب بحركه

10 دائرة كل SHL 12 وشافع له S 12 يستتبعه] يشيعه S 13 اب] اج H : اف SL

גלגלו [31]המיוחדת בו קשת פב וישאר הכוכב E 62v
[32]מקצר בקיצור גלגלו קשת אב והוא קצור
[33]האחרון בהכרח יקצר קטב כ בקיצורו [34]בעגולת
כל קשת דומה בקשת פנ כי [35]הקטב לא יתנועע
התנועה ההיא מפני [36]שהיא היתה עליו ויהיה
הקשת ההוא [37]כמ ומפני שנקודת כ היתה על רביע
עגולה /מ 50ב/ [1]מאו נעתקה כ אל מ הנה אינה על M 50v
רביע [2]עגולת מנ מפני שמ חוץ ממהלך קוטב
[3]עגולת אבגד הנה בהכרח יצא הכוכב [4]מאזור
המזלות אל צד הדרום בשיעור יציאת [5]נקודת מ
מעגולת חט ויהיה הכוכב על [6]נקודת ס ויצא
אל דרום קשת בס וזה הוא [7]החילוף אשר יהיה
בצאתו מאזור המזלות.

[123] [8]כי הנה הוא כל זמן שהתמיד הקטב
[9]להעתק בעגולת כל מנקודת כ אל נקודת [10]ס
אשר היא הרביע ממנה הנה הוא יהיה [11]חוץ מאזור
המזלות עד שישלים ביציאת [12]הג' חלקים ומנקודת
ס ישוב חוזר לאזור

33. מ: כ] חסר בכ"י ב. 36. ב ושולי מ: ויהיה] בטקסט מ: וישאר. /מ 50ב/ 1. מאו נעתקה] צ"ל: מא ונעתקה. 6. ס] לפי הערבית צ"ל: צ. 6. מ: בס] ב: כס. 7. ב ושולי מ: מאזור המזלות] טקסט מ: מהמזלות.

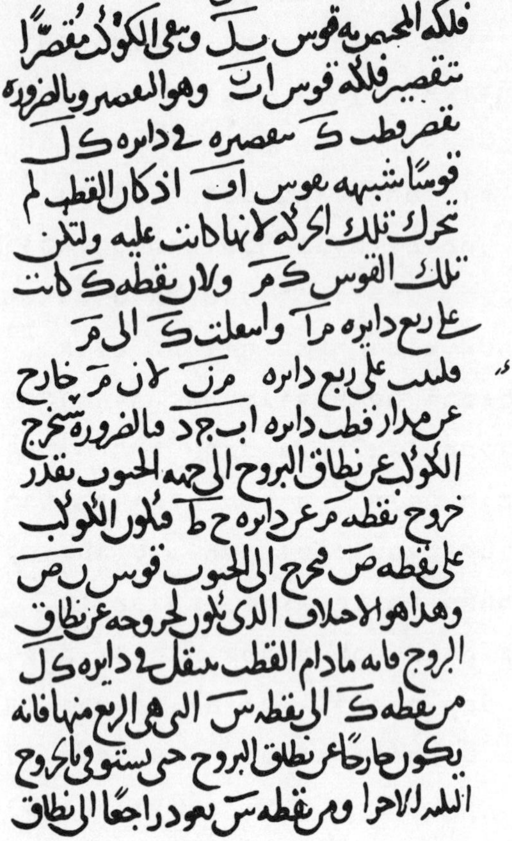

فلكه المجسمه به قوس ىك وبقي الكوكب مقصرا
بتقصير فلكه قوس ات وهو المقصر وبالضرورة
يقصر قطب ك مقصره في دايره كل
قوسا شبيهه بقوس اف اذ كان القطب لم
يتحرك تلك الحركه لانها كانت عليه ولتكن
تلك القوس كم ولان نقطه ك كانت
على ربع دايره مرا واستعلت ك الى م
فلست على ربع دايره مزن لان م خارج
عن مدار قطب دايره ابجد فبالضرورة سيخرج
الكوكب عن نطاق البروج الى جهه الجنوب بقدر
خروج نقطه م عن دايره ح ط فيكون الكوكب
على نقطه ص فيخرج الى الجنوب قوس ر ص
وهذا هو الاختلاف الذي يكون لخروجه عن نطاق
البروج فانه ما دام القطب ينتقل في دايره كل
من نقطه ك الى نقطه س التي هي الربع منها فانه
يكون خارجا عن نطاق البروج حتى يستوي بالخروج
الغايه الاخرا ومن نقطه س يعود راجعا الى نطاق

1 فن SL   2 ان SL   2 التقصير الاخير SHL
4 ن ف SHL   7 م ا] من الالف S   8 فلست]
فليست SH   8 م ن] من النون S

E 63r [13]המזלות. וכאשר הגיע קטב כ אל ל שב [14]הכוכב לאזור המזלות ובהעתקו בחלק הב׳ [15]מהעגולה כלומ׳ חצי לכ ישוב הכוכב [16]צפוני מאזור המזלות עד שישלים הג׳ חלקים [17]עם הרביע ואחר כן ישוב בשוב הקטב [18]וישוב הכוכב באזור המזלות בשוב הקטב [19]לעגולת חט הנה כבר נגלה אמיתת [20]החילוף ההוא המיוחס אצלם אל הגלגל הנוטה.

[124] [21]ואולם החילוף האחר והוא אשר בסמיכות [22]אל משוה היום ובהקש העגולה אשר ירשום [23]אותה השמש והוא אשר יהיה הככב בו [24]בב׳ תכליות מאזור המזלות הרחוקים ממשוה [25]היום הנה הוא יהיה בהעתקה קטב ט [26]אשר יסוב סביב קטב כ כמו שנבאר וזה [27]כי הכוכב כשקצר קצורו האחרון אשר [28]הוא קשת אב הנה קטב ט כבר קצרה ג"כ [29]בעגולת חט ובהכרח יחזור [30]לאחור קטב ט מקצר בשיעור חלקי אב [31]ותסוב נקודת ט בעגולת חט עד [32]שישלים כולם

19. ב: חט] מ: אט. 29. מ: בעגולת] חסר בכ"י ב.

30. ט] לפי הערבית צ"ל: ה.

٦٣

البروج فاذا انتهى قطب كَ الى لَ عاد الكوكب
على نطاق البروج و ح بنقله فى النصف الثانى من
الدايره اعنى نصف ل كَ يعود الكوكب شماليا
عن نطاق البروج حتى يستوفى البله اجزا عند الربع
ثم يرجع برجوع القطب ويعود الكوكب الى
نطاق البروج بعوده القطب الى دايره ح طَ فقد
ظهر حقيقه ذلك الاختلاف المنسوب عندهم
الى الفلك المايل واما الاختلاف الاخر وهو
الذى بالاضافه الى معدل النهار ويقاس الدايره التى
ترسمها الشمس وهو الذى يكون فيه الكوكب فى النهايتين
من نطاق البروج البعدين من معدل النهار فانه
يكون بنقله قطب طَ الذى يدور حوله قطب كَ
على ما تبين وذلك ان الكوكب اذا قصر بقصيره
الاخير الذى هو قوس ا نَ فان قطب ط قد
قصرها ايضا فى دايره ح طَ وبالضروره تقهقر
قطب هَ مقصرا بمقدار اجزا ا نَ وتدور
نقطه طَ فى دايره ح طَ حتى يستوفى جميعها

(margin: نسخ البعدتين)

1 كَ الى لَ SHL 2 على] الى S

11 البيدتين S and E mg. 16 هَ] طَ SHL

E 63v בהשלים הכוכב עגולת [33]אבגד בהעתקת הקצור כי
הכוכב והקטב [34]כולו׳ נקודת ט מקצרם יחד בשוה
מן [35]תנועת הכל על קטב ע.

[125] ובהכרח יגיע [36]הכוכב על ב׳ תכליות
M 51r הצפונית והדרומית /מ 51א/ [1]ועל ב׳ מקומות
חתוכי ב׳ [2]העגולים עם שלימות הסיבוב וזהו
[3]החילוף השני המיוחס אל תנועת גלגל [4]ההקפ׳ על
היוצא המרכז על עגולת המזלות [5]והיות שטח
גלגל ההקפ׳ בעגולת המזלות [6]וזהו מה שכוונו
ושמח בטלמיוס [7]כשהשמים כולם בשטח אחד
במופתים [8]וזכר שלא יכנס בהם במהלכם אשר [9]באורך
ולא ישיגם חילוף גדול כי הניחם [10]בשטח אחד.
צורה.

[126] [11]ואולם באור החילוף הג׳ והוא חלוף
[12]מהלך הכוכב באורך ותוספת והחסרון [13]והמיצוע
והעמידה והחזירה הנה יהיה [14]כמו שאבאר וזה
כי קטב גלגל שבתי כלומ׳ [15]נקודת כ בעבור
שהיתה העתקתה על

34. כולו׳] לפי הערבית צ"ל: כלומר. /מ 51א/

4. ב: המרכז] חסר בכ"י מ. 10. מ: צורה] חסר בכ"י ב.

باستيفا الكوكب دايره ا ب ج د سفله النقصير
لان الكوكب والقطب اعني نقطه ط مقترنان جميعًا
بالسواء عن حركه الكل على قطب ع وبالضروره
يحصل الكوكب على النهايتين الشماليه والجنوبيه
وعلى موضعي تقاطع الدايرتين عند كمال الدوره
هذا هو الاختلاف الثاني المنسوب الى حركه
مركز فلك التدوير على الخارج المركز وميل الخارج
المركز على دايره البروج وكون سطح فلك التدوير
في دايره البروج وذلك ما قصدناه
وتسامح بطلميوس في ان جعلها كلها في سطح واحد في
البراهين وذكر انه لا يدخل فيها في المسيرات
التي في الطول ولا يلحقها كثير اختلاف اذا وضعها
في سطح واحد واما تبيين الاختلاف الثالث وهو
اختلاف مسير الكوكب في الطول في حال الزياده
والنقصان والتوسط والوقوف والقهقره
فيكون على ما سياتي بيانه وذلك لان قطب
فلك زحل اعني نقطه ك لما كانت نقلته على

E 64r [16]עגולת כל שוה לתנועת הגלגל המיוחדת [17]בו
וקיצור הכוכב הוא שוה להעתקת [18]קטב ט על
עגולת חט הנה הנראה [19]מהעתקת הכוכב בקיצור
לפי האמת [20]הם החלקים המתדמים מעגולת המזלות
M 51v [21]למה שיחתכהו קטב ט מעגולת חט /מ 51ב/ [1]וזאת
היא הנקראת תנועת הכוכב [2]האמצעית ותנועת
הגלגל על קוטביו [3]היא ג"כ מתדמה למה שיחתכהו
[4]קטב כ מעגולת כל והיא הנקראת תנועת [5]החילוף
והיא בלתי נראת בחוש. אבל יש [6]לה מקרים
נמשכים אחר זה [7]יקחו ראיה בהם עליה

[127] ומפני שנחלקו [8]חלקי הסיבובים אשר
לחילוף והם נ"ז [9]עגולים על מספר ימי השנים
השמשיים [10]והיום וחצי ורביע הנוסף יצא
מה [11]שיחתכהו הקטב מקיצורו מן החלקי׳ [12]ובעגולת
מהלכו והם הדומים לחלקים [13]אשר יתנועע הכוכב
בתנועת גלגלו [14]על קוטביו וזה נ"ו דקים ול"ב
שניים [15]ביום אחד. וכן חלקי ב׳ הסיבובים
[16]אשר יחתוך אותם הכוכב מעגולת [17]המזלות
והחלק ושני שלישי חלק [18]וב׳ שלישי חלק החלק

6. מ: אחר זה] ב: אחרים. 11. ב: שיחתכהו] מ: שיסתרהו.

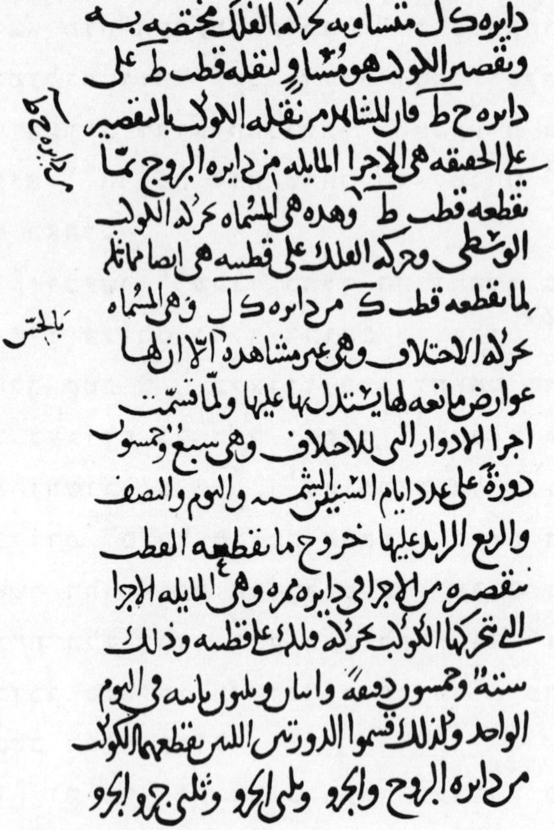
دايره د ك ل متساويه لحركه الفلك مختصه به
وتقصير الكوكب هو مثال لنقله قطب ط على
دايره ح ط فان المشاهد من نقله الكوكب بالتقصير
على الحقيقه هى الاجزا المايله من دايره البروج مما
تقطعه قطب ط وهذه هى المسماه حركه الكوكب
الوسطى وحركه الفلك على قطبه هى ايضا مماثل
لما تقطعه قطب ك من دايره د ك ل وهى المسماه
حركه الاختلاف وهى غير مشاهده الا ان لها
عوارض مانعه لها يستدل بها عليها ولما قسمت
اجزا الادوار التى للاختلاف وهى سبع وخمسون
دورة على عدد ايام السنين الشمسيه واليوم والنصف
والربع الزايد عليها خروج ما تقطعه القطب
بتقصيره من الاجزا فى دايره مره وهى المايله الاجزا
التى تحركها الكوكب بحركه فلكه على قطبه وذلك
ثانية وخمسون دقيقه واسار وثلثون ثانيه فى اليوم
الواحد وكذلك اقسموا الدورتين اللتين تقطعهما الكوكب
من دايره البروج والجزو وثلثى الجزو وثلثى جزو الجزو

4 المايلة] المماثلة SHL 9 مانعه] تابعة SH
13 المايلة] المماثلة SH 15 واثنان وثلثون
ثانية Missing in S 17 وثلثى الجزو Missing in S
17 وثلثى جزو الجزو Missing in L

E 64v על ימי השנים [19]השמשיים ג"כ והיום וחצי ורביע
[20]הנה יצא מזה העתקת הכוכב [21]ליום האחד על
עגולת המזלות וזה [22]שני דקים וששה ושלשים
[23]שניים בקרוב והוא התנועה [24]האמצעית באורך
אצלם והיא [25]הדומה למה שיתחכהו קטב ט [26]מעגולת
חט ביום האחד.

[128] וכאשר [27]שמנו מהלך הט ומהלך כל
על [28]ענייך שניהם והלך הכוכב בקצורו [29]בעגולת
אבגד והלך קטב ט [30]בקצורו בעגולת אט והלך ג"כ
[31]קטב כ בעגולת כל הנה יחתוך [32]קטב כ עגולת
M 52r כל כולה ותשוב /מ 52א/ [1]נקודת כ אל עגולת חט
ותהיה נקודת [2]ט על מקומה הראשון בקשת דומה
בקשת [3]אשר חתך אותה הכוכב מעגול אבגד והוא
[4]חלק מכ"ח חלק וחצי חלק מעגולת אבגד [5]ומפני
שהיה הכוכב במהלכו ראשונה מנקודת [6]א מרחקו
תמיד מקטב רביע עגולה.

[129] והיתה [7]נקודת כ תעתק בעגולת כל
לצד ס ויעתק קטב [8]ט

25. מ: ט] חסר בכ"י ב. 30. אט] לפי הערבית צ"ל: חט.
/מ 52א/ 2. על] לפי הערבית צ"ל: על מרחק מן.

على ايام الشمس الشمسية ايضا واليوم ونصف وربع
فيخرج من ذلك نقله الكوكب لليوم الواحد على دايره حواله
البروج وذلك دقيقتان وست وثلثون ثانيه ثالثه
بالتقريب وهي الحركة الوسطى في الطول عندهم وهي
المماثله لما يقطعه قطب ط من دايره ح ط في
اليوم الواحد فاذا جعلنا ممر ح ط وممر ك ل
على حاليهما ودار الكوكب بقصيره في دايره ا ب ج د
ودار قطب ط بقصيره في دايره ح ط ودار ايضا
قطب ك في دايره ك ل فسيقطع قطب ك
دايره ك ل باسرها ويعود نقطه ك الى
دايره ح ط وتكون نقطه ط على بعد من موضعها
الاول بقوس شبيهه بالقوس التي قطعها الكوكب
من ا ب ج د وهي جزو من مايه وعشرين جزوا
ونصف من دايره ا ب ج د ولما كان الكوكب
بمسيره اولا من نقطه ا بعده ابدا من قطب ك
ربع دايره وكانت نقطه ك تنتقل في دايره
ك ل الى ناحيه س وتنتقل نقطه ط في

מעגולת חס אל הצד ההוא בעצמו יתקבצו [9]שתי E 65^{r}
ההעתקות יחד בצד אחד וימהר מפני [10]זה העתקת
הכוכב בהתקבץ שתי [11]ההעתקות אשר הם מחייבות
העתקות הכוכב [12]והם חוזרים לאחור להפך תנועת
הכל כי [13]הכוכב נמשך אחר קטב ב ולקטב ט יחד.
וכאשר [14]היו שתי התנועות אשר לשניהם אל צד אחד
[15]יעתק הכוכב בהעתקת שניהם יחד ובעבור [16]כי
המרחק הזה אשר בין קטב ע אשר הוא [17]קוטב
[...] עגולת מהלך לקוטב גלגל הכוכב גם כן
[18]על יחס והוא היחס אשר מצאו בטלמיוס בין
[19]הקו היוצא ממרכז גלגל ההקפ׳ ההולך [20]במרחק
הקרוב ומרכז גלגל המזלות כלומ׳ [21]שיהיה יחס
חצי קוטר גלגל ההקפ׳ אל הקו [22]היוצא מנקודת
הקורבה הקרובה אל מרכז [23]גלגל המזלות יותר
גדול תמיד מיחס תנועת [24]הכוכב האמצעית באורך
אל תנועתו על [25]גלגל הקפתו אשר היא תנועת
החילוף.

[130] כי [26]הנה בטלמ׳ אמ׳ במין הראשון
מהמאמר הי"ב [27]במה שיצטרך להקדימו

9. מ: יחד] ב: אשר יחד. 16. מ: הזה] חסר בכ"י ב.

17. [...] לפי הערבית כמה מלים נשמטו כאן.

22. מ: הקרובה] חסר בכ"י ב.

دايره ح ط الى تلك الناحيه بعينها يجمع النقلان
جمعًا في ناحيه واحده فتسرع لذلك نقله الكوكب
بايتلاف النقلتين اللتين هما موجبتان نقله الكوكب
وهما متقهقرتان الى خلاف حركه الكل اذ الكوكب
تابع لقطب ك ولقطب ط جمعًا واذا انتقلتا بما
الى جهه واحده استقل الكوكب باستقالهما جميعًا
ولان البعد الذي بين قطب ح الذي هو قطب الكل
وبين قطب ط الذي هو قطب دايره ممر فلك الكوكب
على نسبه ما وعظم دايره الممر لقطب فلك الكوكب ايضا
على نسبه وهي النسبه التي الفاها بطلميوس بين الخط
الخارج من مركز فلك التدوير المار بالبعد الاقرب
ومركز فلك البروج اعني ان تكون نسبه نصف قطر
فلك التدوير الى الخط الخارج من نقطه القرب الاقرب
الى مركز فلك التدوير اعظم ابدًا من نسبه حركه الكو كب + [illegible] البروج
الوسطى في الطول الى حركته على فلك التدوير
التي هي حركه الاختلاف وان بطلميوس قال في النوع
الاول من المقاله الثالثه عشر فيما يحتاج الى تقدمه

7 ح] ع SHL 14 التدوير] البروج SHL
17 الثالثة] الثانية SHL

E 65v בקדימת החמשה [28]כוכבים זה לשונו. אמ׳ בטלמ׳
וכבר קדם [29]וביארו באופן הזה מן החוכמה רבים
[30]מבעלי הלימודיים ואבלוייוס אשר מאנשי
[31]פראגאס כי החילוף אחד. והוא אשר [32]יהיה מפני
השמש כי אם יהיה זה בשרש [33]אשר יעשה בו על
גלגל ההקפה יהיה מהלכו [34]באורך על משך המזלות
M 52v על העגולה מאופק /מ 52ב/ [1]מרכזה למרכז גלגל
המזלות והכוכב יהיה [2]מהלכו בחילוף כי היה בקשת
[3]המרחק הרחוק על משך המזלות וכאשר [4]היה בקשת
המרחק הקרוב הוא [5]בהפך משך המזלות על גלגל
ההקפה [6]על מרכזו והנה הוא כשיעבור קו אחד
[7]ישר מראותינו יחתוך גלגל ההקפה [8]ויהיה יחס
החצי החלק אשר יעבור בו כלו׳ [9]גלגל ההקפה
אל הקו אשר בין ראותינו ובין [10]הקו מגלגל
ההקפה אשר על החתכה אשר [11]בה המרחק הקרוב כי
יחס מהירות גלגל [12]ההקפה אל מהירות הכוכב
תהיה הנקודה [13]אשר תתחדש מן הקו אשר בתואר
הזה

31. מ: פראגאס] ב: פרגאמס. /מ 52ב/ 1. ב: יהיה] מ: יהא. 5. מ: משך] חסר בכ"י ב. 9. מ: בין] ב: בו. 11. מ: כי יחס] ב: כיחס. 13. מ: תתחדש] ב: תחדש.

لتقدم الكواكب الخمسة مثل هذا نصه قال بطلميوس
وقد تقدم فنظر في هذا الفن من العلم جماعة من اصحاب
التعاليم وابلونيوس الذي من اهل فرغانس على ان
الاختلاف واحد وهو الذي يكون من قبل الشمس
انه ان كان ذلك يكون بالاصل الذي يعمل فيه على فلك
التدوير فان قلت التدوير يكون مسيره في الطول
على توالي البروج على دائرة موافق مركزها المركز فلك   والكوكب
البروج يكون مسيره في الاختلاف اذا كان في قوس
البعد الابعد على توالي البروج واذا كان في قوس
البعد الاقرب فالى خلاف توالي البروج على
فلك يدور على مركزه فان اجيز خط ما مستقيم   محرر تدويره
من ابصارنا نقطع فلك التدوير ويكون نسبة
نصف القسم الذي يحاروه اعني فلك التدوير
من الخط الذي من ابصارنا ومن الخط من فلك
التدوير الذي على القطعة التي فيها البعد الاقرب
كنسبة سرعة فلك التدوير الى سرعة الكوكب
كانت النقطة التي تحدث من الخط الذي بعد الصفه

11 يدور] E mg. محرر تدويره

בקשת המרחק הקרוב מגלגל ההקפה [14] תמצא בין [15] E 66r
מה שיהיה לכוכב מן האיחור ובין מה שהיה לו [16]
מן הקדימה עד שהכוכב כשיהיה על הנקודה [17]
ההיא ראינוהו עומד וזה מה שהביא בו במקום [18]
הזה. ואולם מה שהביא בו אחר זה ממה שיתחייב [19]
מזה מן השורש אשר יעשה בו על גלגל היוצא [20] [21]
המרכז הנה לא יתאמת כי הוא אינו איפשר לו [22]
זה בזולת גלגל ההקפ׳ בכוכבים החמשה אשר [23]
ימצא להם העניין ההוא ואומרו ויהיה יחס חצי [24]
החלק אשר יעבור בגלגל ההקפ׳ אל הקו אשר בין [25]
ראותינו ובין הקו מגלגל ההקפה אשר על [26] [27]
החתכה אשר בה המרחק הקרוב כיחס מהירות [28]
גלגל ההקפה אל מהירות הכוכב. והיחס הזה [29]
יתחלף בה שיעור גלגלי ההקפה הילוף רב [30]
בגודל והקטנות ויהיה גלגל ההקפה בגלגל [31]
/מ 53א/ מאדים וגלגל נגה גדולים מאד ובנשארים [1] M 53r
בהפך זה. [2]

[131] ואנחנו נקח היחס ההוא בעצמו בקשתות [2]
והוא שיהיה יחס הקשת אשר בין קוטב [4]

20. מ: מן] חסר בכ"י ב. 25. ב: יעבור] מ: יאחוז.

في قوس البعد الاقرب من فلك التدوير بحد بين
ما يكون للكوكب من التاخر وبين ما يكون له من التقدم
حتى ان الكوكب اذا صار على تلك النقطة رايناه
واقفا هذا ما اثبته في هذا الموضع واما ما اتانا بعد
هذا مما يلزم من ذلك عن الاصل الذي عمل فيه على
فلك خارج المركز فلا يصح ذلك لانه لم يمكنه ذلك
بغير فلك تدوير في الكواكب الخمسة التي يوجد
لها ذلك المعنى وقوله يكون نسبة نصف
القسم الذي يحاذي فلك التدوير الى الخط الذي
بين ابصارنا وبين الخط من فلك التدوير الذي
على القطعة التي فيها البعد الاقرب كنسبة سرعة
فلك التدوير الى سرعة الكوكب وهذه النسبة
تختلف بها اقدار فلك التدوير اختلافا كثيرا في
العظم والصغر فيكون فلك التدوير في فلك
المريخ وفلك الزهرة عظيما جدا وفي الباقية على
خلاف ذلك ونحن ناخذ تلك النسبة بعينها
في القسي وهو ان يكون نسبة القوس التي بين قطب

13 فلك التدوير] افلاك التداوير SH

E 66v
עגולת המהלך ובין מקיפה אל [5]הקשת אשר ממקיף
העגולה הזאת אל [6]הקוטב הכל יותר גדול מיחס
העתקת [7]קטב עגולת המהלך לגלגל הכוכב אל [8]העתקת
קטב הגלגל על עגולת המהלך [9][לגלגל הכוכב אל
העתקת קוטב [10]הגלגל על עגולת המהלך] ובזה
יצוייר [11]החזרה לכוכבים על שהוא בגלגלים הג׳
[12]כלומ׳ שבתי וצדק וכוכב חמה מבואר [13]נגלה
למהירות העתקת קוטביהם על [14]עגולת המהלך
ומתאחר העתקת קטבי [15]עגולי מהלך קוטביהם
ואולם במאדים [16]ונוגה הנה הוא נסתר מפני
תוספת [17]העתקת קטבי עגולי המהלך על [18]העתקת
קוטבי גלגלי המהלך על העגולים [19]ההם, ולכן
היתה חזרת שני כוכבים [20]אלו מעטה והנה
יתבאר העניין הזה [21]בהעתקת כוכב מאדים בע"ה.

[132] [22]וראוי שנחזור במה שהיינו במה
[23]שיראה במהירות העתקת הכוכב [24]הזה ושוויה
ואיחורה ונאמר שהעתקת [25]הכוכב כשהיתה על
נקודת א [26]והיה הקוטב מעגולת המהלך על כ
[27]והיו שתי ההעתקות קטב כ וקטב ט [28]אל צד
אחד הפך העתקת הכל תהיה [29]העתקת הכוכב
מעניין ממוצע אל עניין [30]גודל עד שיכלה

9-10. [לגלגל ... המהלך] כדאי להשמיט את המלים האלה כי הן כתובות פעמיים בכ"י מ, וחסרות כאן בכ"י ב.

10. ובזה] בשולי מ נוספות המלים: ובה אפשר לתקן החזרה.

18. גלגלי המהלך] צ"ל: גלגליהם.

مجسطي

دائرة الممر وبين محيطها الى القوس التى من هذه
الدائرة الى قطب الكل اعظم من نسبة نقلة قطب
دائرة الممر لفلك الكوكب الى نقلة قطب الفلك
على دائرة الممر وهذا انما يبا الرجوع للكوكب على انه
في الافلاك الثلاثة اعنى زحل والمشترى وعطارد
بيّن ظاهر لسرعة نقلة اقطابها على دائرة الممر ولبطو
نقلة اقطاب دوائر ممر اقطابها واما في المريخ والزهرة
فهو خفى لاجل زيادة نقلة اقطاب دوائر الممر
على نقلة اقطاب افلاكها على تلك الدوائر ولذلك
كان رجوع هذين الكوكبين يسير وسيتضح هذا
المعنى في نقلة كوكب المريخ ان شاء الله تعالى
وينبغى ان نعود الى حيث كنا ما يظهر من سرعة نقلة
هذه الكواكب وتوسطها وبطوها ونقول ان نقلة
الكواكب اذا كان على نقطة ا وكان القطب من
دائرة الممر على ك وكانت نقلتا قطب ك وقطب
ط الى جهة واحدة خلاف نقلة الكل كانت نقلة
الكوكب من حال توسط الى حال عظم حتى ينتهى

S يسيرا 10

E 67r קטב כ אל ס /מ 53ב/ [1]ותגיע ההעתקה תכליתה
M 53v בגודל [2]ואחר כן משם תהיה ההעתקה [3]הכוכב מעניין
גודל אל עניין מצוע עד [4]שיכלה קוטב כ אל
החתוך אצל ל והכוכב [5]אז ממוצע ההעתקה ואחר כן
יהיה [6]הכוכב מעניין מצוע בתנועה אל [7]עניין
קטנות. כי קטב כ יתחלף [8]בהעתקתו העתקת קטב ט
אז תהיה [9]העתקת קטב כ אל צד תנועת הכל
[10]והעתקת קטב ט על עניינה להפכה [11]ומה שהתמיד
קטב כ להיות קרוב [12]מנקודת חיתוך שתי העגולים
יראה [13]לכוכב איחור עד שתחלש העתקת [14]הכוכב
ויראה לה מעמדה ואחר [15]כן תוסיף העתקת כוכב
כ על [16]העתקת קטב ט ליתרון מה שבין [17]שני
ההעתקות ותשוב העתקת [18]הכוכב להפך העתקתו
בתחילה.

[133] [19]ולא יסור מהיות שם חוזר עד [20]שיקרב
קטב כ במהלכו במקום [21]קרוב ומן החתוך כמו
שהיה [22]תחילה מרחקו ממנו כמרחקו [23]מן החתוך
השני במקום שהיה [24]לכוכב איחור בעגולת אבגד
[25]ויראה לכוכב בצד הזה איחור

8. ב: תהיה] מ: ותהא. 15. כוכב] לפי הערבית צ"ל: קוטב. 15. מ: כ] חסר בכ"י ב. 16. ליתרון] לפי הערבית צ"ל: כיתרון. 20. מ: במקום] ב: למקום. 25. בצד הזה] לפי הערבית צ"ל: בעגולה הזאת.

قطب ك الى س وسلع النقله منتهاها فى العظم
ثم من هناك يكون نقله الكوكب من حال عظم الى
حال وسط الى ان يسى قطب ك الى التقاطع
عند ك والكوكب حينئذ متوسط النقله ثم من
ك يكون الكوكب من حال توسط فى الحركة الى حال
صغر لان قطب ك يخالف بنقلته حينئذ نقله
قطب ط فيكون نقله قطب ك الى جهة حركة
الكل ونقله قطب ط على حالها الى خلافها فما
دام قطب ك من نقطة تقاطع الدائرتين يظهر (قربا)
للكوكب بطو حتى تضمحل نقله الكوكب ويظهر
له وقوف ثم تزيد نقله قطب ك على نقله قطب
ط كتفاوت ما بين النقلتين فتعود نقله
الكوكب الى خلاف نقلته اولا ولا يزال راجعا
ومتقهقرا الى ان يقارب قطب ك بمسيره موضعا
قريبا من التقاطع كما كان اولا بعده منه كبعده
من التقاطع الثانى حينئذ كان للكوكب بطو فى دايره
اب ج د فيظهر للكوكب فى هذه الدائره بطو فى

E 67v [26]בחזרה עד שתחלש החזרה [27]ויעמוד הכוכב
ואחר כך יתיישר [28]ויהיה מקטנות המהלך אל
M 54r מיצוע /מ 54א/ [1]וכאשר הגיע על נקודת כ על
[2]החתוך משני עגולות חט כל [3]תהיה העתקת הכוכב
ממוצעת [4]ויהיה שיעור מה שחתך ממנו [5]הכוכב מא
בעגולת אבגד [6]בשיעור מה שחתכו קטב ט [7]בעיגול
חט והנה ישלים קטב כ [8]עגול ויחתוך הכוכב
מעגולת [9]אבגד חלק א׳ מכ"ח חלקים [10]וחצי חלק
כמו שזכרנו. וישוב [11]הכוכב לעגולת אבגד
אחר [12]שהיה יוצא ממנה וכבר נבדל [13]ממנה בזמן
הזה פעם אל דרום [14]ופעם אל צפון והיה בה
מהיר [15]המהלך ומתמצע ומתאחר [16]ועומד וחוזר
כמו שביארנוהו [17]וזהו החילוף לכוכב אשר יקראוהו
[18]אל העתקת הכוכב על גלגל ההקפ׳ עם תנועת
מרכז גלגל ההקפה [19]על היוצא המרכז וזה מה
M 54v [20]שכווננו לבארו. /מ 54ב/
[134] [1]ואולם מה שזכרו בטלמיוס

5. ב: מא] מ: מאחד. 12. מ: שהיה] חסר בכ"י ב.
18. בשולי מ: עם ... ההקפה] חסר בטקסט מ; ב: עם תנועת גלגל ההקפה.

الرجوع الى ان يضمحل الرجوع ويقف الكوكب ثم من
بعد ذلك يستقيم ويكون من صغر مسيره الى
توسط فاذا حصل على نقطة ك على التقاطع من
دائرتي ح ط و د ل يكون نقله الكوكب
متوسطه ويكون قدر ما قطعه الكوكب من آ في
دائره اب ج د بقدر ما قطعه قطب ط في دائره
ح ط فيستتم قطب ك دوره ويقطع الكوكب
من دائره اب ج د الجزؤ من ثمانية وعشرين جزوا
ونصف جزو مما ذكرنا ويعود الكوكب الى دائره
اب ج د بعد ان كان خارجا عنها وقد فارقها في
هذه المده مرة الى الجنوب ومرة الى الشمال وكان
فيها سريع السير ومتوسطه وبطيئه
وواقفا ومتقهقرا احيانا ونحوه
وهذا هو الاختلاف للكوكب
على فلك التدوير مع حركة مركز
فلك التدوير على الخارج
المركز وذلك ما قصدنا بيانه فاما ما ذكره بطلميوس

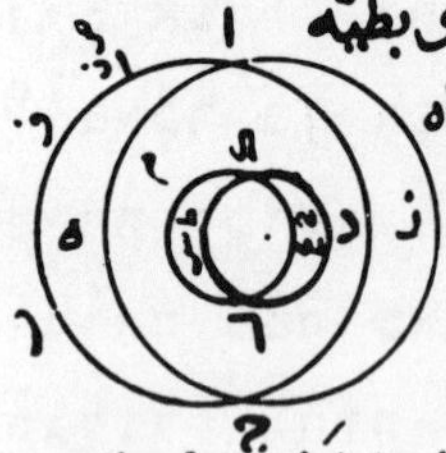

14 للكوكب الذى ينسبونه الى نقلة الكوكب SH

מחילוף [2]זמני החזרה לכוכב כשהיה במרחקו [3]הרחוק E 68r
וכשהיה במרחק הקרוב [4]אמנם ישלם זה כשיהיה
הקוטב עגלת [5]חס כלמ׳ קוטב עגולת מהלך קטב
[6]עגולת גלגל הכוכב חוץ מקוטב ע [7]אשר הוא
קוטב הכל ונעזוב מדבר [8]עליו על זה המין
לאורך הבילבול [9]וכוונתינו אמנם הוא הקרוב
וההערה [10]על איכות מהעתקה הזאת לבד [11]וכבר
הודינו על העניין הזה בהעתקת [12]גלגל השמש
במקום אשר יבוא [13]זכרנו בו כאשר הוצרכנו
לזוכרו. [14]וכן העניין בשאר הכוכבים גאע"פ
[15]שבטלמ׳ נפל לו דמיון בחילוף [16]הזה כלומ׳
חילוף הזמנים אשר׳ [17]לחזרה וכבר העיד עליו
אבו מחמד [18]גאבר בן אפלח בספרו כשהוציא
[19]מקום העמידה לכוכב מגלגל [20]ההקפה.

[135] ויראה ממה שאמרנו [21]הוראה מבוארת
כי קיצור הגלגל [22]הזה כולו מתנועת העליון
הוא [23]מקובץ מה שיתנועע על קטביו [24]מתנועתו
המיוחדת בו אשר היא [25]ששה וחמשים דקים ושמונה
שניים [26]הוא שוה לקיצור השמש ול"ב שניים
[27]בקרוב ביום מחובר אליו קצורו [28]האחרון
אשר הוא דקים

4. ב: זה] חסר בכ"י מ.   7. מ: מדבר] ב: מרכז.
10. ב: מהעתקה] מ: מהעתקת.   15. ב: דמיון בחילוף] מ: חילוף בדמיון.   25-26. ושמונה ... השמש] לפי הערבית כדאי להשמיט את המלים האלה.   26. מ: שוה] חסר בכ"י ב.

من ازمان الرجوع اذا كان في بعده الابعد واذا كان
في بعده الاقرب فانما يتم ذلك بان يكون قطب دايره
ح ط اعني قطب دايره مر قطب دايره البروج خارجا فلك
عن قطب ع الذي هو قطب الكل فتركنا الكلام عليه
على هذا النحو لطول الشغب وغرضنا انما هو التقريب
والتنبيه على كيفيه هذه النقله فقط وقد دللنا
على هذا المعنى في نقله فلك الشمس ثم الموضع
الذي ياتي ذكرها فيه عندما اضطررنا الى ذكره
وكذلك الحال في سائر الكواكب على ان بطليوس
وقع له وهم في هذا الاختلاف اعني اختلاف
الازمان الذي للرجوع وقد نبه عليه ابو محمد جابر بن
افلح في كتابه عندما استخرج موضع الوقوف للكوكب
من فلك التدوير ويظهر مما قلناه ظهورا ابينا ان
تقصير هذا الفلك عن حركه الاعلى وهو مجموع اجمع
ما يتحركه على قطبه من حركته المختصه به التي هي
ست وخمسون دقيقه واثنان وثلثون ثانيه بالتقريب
في اليوم مضافا الى تقصيره اخيرا الذي هو دقيقتان

1 من اختلاف ازمان الرجوع للكوكب S 5 الشغب] Read التشغيب S 7 ثم] في S 16 نز ز مد ثالثة S

ולי"ו [29]שניים בקרוב יום וזה נ"ט דקים [30]ושמונה E 68v
שניים הוא שוה לקיצור /מ 55א/ [1]האחרון ביום M 55r
והוא הנקרא תנועת [2]השמש האמצעית הנה קיצור זה [3]הגלגל הראשון מן הגלגל העליון הוא [4]סבוב אחד בשנה השמשית.

[136] וכבר [5]הודענו במה שעבר כי הגלגל הזה [6]ושאר מה שתחתיו מן הגלגלים ימשך [7]אחר גלגל הכוכבים הקיימים [8]בתנועתו אבל להנזר התנועה ההיא [9]ומעוטה והמזגה בתנועת הגלגלים [10]האלה אשר תחתיו נסתר עניינה ולא [11]נוכל להכירה מתנועותיה. ומפני [12]שהיא גם כן כמו שאמרנו לא תשלים [13]הכוכב הסיבוב אבל היא הקדמה ואיחור [14]שאם אפשר זה נספרו ענייניה [15]ולא נשלם בזמן הקדום. והנה יראה [16]בסיבתה לעגולת המזלות חילוף [17]מצב מעט על עגולת משוה היום [18]לפי מה שנראה זה למבטים [19]ומבואר כי כוכב שבתי יקצר [20]בעגולת המזלות מהעתקת העליון [21]סיבוב אחד בתשע ועשרים שנה [22]שמשיות וששה חדשים וקרוב [23]מיום אחד

28. מ: ולי"ו] ב: ול'. 29. מ: נ"ט] ב: כ"ט.
/מ 55א/ 2. מ: קיצור] חסר בכ"י ב. 13. ב: הסיבוב] חסר בכ"י מ. 14. נספרו] לפי הערבית צ"ל: נסתרו.

وستة وثلثون ثانية [illegible] في اليوم فذلك تسع
وخمسون دقيقة وثماني ثواني هو مساو لتقصير
الشمس الاجبري في اليوم وهو المسمى بحركة الشمس
الوسطى فتقصير هذا الفلك الاول عن الفلك
الاعلى هو دورة واحدة في السنة الشمسية وقد
اعلمنا قبيل هذا ان هذا الفلك وسائر ما تحته
من الافلاك تتبع الفلك المكوكب في حركته
لكن لنزارة تلك الحركة وقلتها وامتزاجها
بحركات هذه الافلاك خفي امرها ولم يقدر
على تمييزها من حركاتها ولانها ايضا بما قيل لا تحمل
الدورة وانما هي اقبال وادبار ان امكن ذلك
خفي معناها ولم يعمل عليها في القديم وقد
يظهر بسببها لدائرة البروج اختلاف وضع
قليل على دائرة معدل النهار حسبما ظهر ذلك
للراصدين وبين ان كوكب زحل يقصر في
الفلك عن نقله الاعلى دورة واحدة في تسع وعشرين
سنة شمسية وستة اشهر وقرب من يوم واحد

[illegible]

1 ب ه لج ثالثة S   6 قبيل] قبل S

9 الافلاك الذى دونه H

בקירוב והיא ההעתקה [24]הנראת. ואיננה לפי E 69r
האמת תנועה [25]לו כמו שביארנו וזה מה שכווננו.
[137] [26]המאמר בהעתקת הכוכב [27]הנלוה לו
מן השלשה [28]העליונים והוא צדק. ואחר שהשלמנו
[29]המאמר באיכות כוכב שבתי בתנועת [30]גלגלו הנה
נדבר עתה בהעתקת כוכב /מ 55ב/ [1]צדק וחלופה על M 55v
הדרך שהתנינו [2]ונאמר כי העתקת ארבעה גלגלים
[3]אלו כלומר גלגל שבתי צדק ומאדים [4]ונוגה על
סדר אחד ומין מתדמה [5]ואמנם יתחלפו בכמות לא
באיכות [6]וזה כי מה שאמרו הקודמים הראשונים
[7]מהעתקת הכוכב הזה לפי מה שמצאוה [8]במבטיהם הוא
שני העתקות אחד [9]מהם יקראו אותה תנועת האורך
[10]והיא ההעתקה אצל משך המזלות [11]וההעתקה האחרת
ברוחב והוא [12]היות הכוכב פעם לצפון ממשוה
[13]היום

12. מ: לצפון] ב: בצפון.

ثامنه ب

مالقرب وهي النقلة الظاهرة وليست في
الحقيقة له بحركة على ما بيّنا وذلك ما قصد نا
بيانه هـ

القول في نقلة
الكوكب التالي له من الثلثة
العلوية وهو المشتري

واذ قد فرغنا من القول في كيفية كوكب زحل
بحركة فلكه فلنقل الان في نقلة كوكب
المشتري واختلافها على النسق الذي شرطناه
فنقول ان انتقال هذه الافلاك الاربعة اعني
افلاك زحل والمشتري والمريخ والزهرة على
سرد واحد ونوع متشابه وانما تختلف بالكمية
لا بالكيفية وذلك ان ما دوّنه القدماء الاولون ن
من نقلة هذا الكوكب بحسب ما وجدوه بارصادهم
هو نقلتان احداهما يسمّونها حركة الطول وهي
النقلة نحو توالي البروج والنقلة الاخرى في العرض
وهي كون الكوكب تارة في الشمال عن معدّل النهار

E 69v ופעם בדרום ממשוה [14]היום. ואין שתי [15]ההעתקות
[16]האלה [17]דביקות באזור המזלות כלומר [18]העגול
אשר ירשמהו השמש [19]בהעתקתו אבל פעמים יהיה
[20]עליו ויצא ממנו בכל אחד [21]משני הצדדים
בחלק [22]האחד מעגולת [23]הנטייה ממנו. [24]והנה בזה
[25]לקחו [26]ראיה [27]על שקטבי [28]הגלגל הזה [29]מונחים
הפך מקום קטבי גלגל [30]השמש.

M 56r [138] וכבר [31]הקדמנו והודענו בזה /מ 56א/
[1]במה שעבר כי בגלגל הזה גם כן [2]תנועה על קוטביו
מיוחדות לו ויוכר [3]בה מזולתו והוא אצל תנועת
הכל ימשך [4]בה תנועת העליון מבקש השלימות [5]והוא
יותר מתאחר מתנועת גלגל שבתי [6]להשבר הכח
היורד עליו בסיבת רחקו מן המניע [7]וקצור הככב
בו יהיה לפי מהירותו [8]ואיחורו מההשגה והוא
יותר מקצור [9]כוכב שבתי ולכן סודר תחתיו אבל
[10]מצאנו המקובץ מתנועתו על קוטביו [11]עם מה
שקצר בו הכוכב כלומר התנועה [12]הנראת אשר היא
התנועה האמצעית [13]לו כמו מקובץ תנועת גלגל
שבתי [14]עם קצורו בשוה ולכן יהיה קצור

1. מ: הזה] ב: היה.   3. מ: מזולתו] ב: וחילופו.
6. ב: בסיבת] חסר בכ"י מ.   7. ב: מהירותו] מ: מתינוהו.
8. מ: מההשגה] ב: משגה.   13. ב: גלגל] מ: הגלגל.

وتارة في الجنوب عن معدل النهار وليست بهاتان
المعلمان بملازمتين لنطاق البروج اعني
الدائرة التي ترسمها الشمس بفعلها بل قد يكون عليها
ويخرج عنها الى الجهتين كلتيهما في الجزو الواحد من
دائرة الميل فمن ذلك استدللنا على ان قطبي هذا
الفلك موضوعان خلاف موضع قطبي فلك
الشمس وقد قدمنا فاعلمنا بهذا قبل الآن ان
لهذا الفلك ايضا حركة على قطبيه تخصه وتتميز
بها عن سواه وهي نحو حركة الكل سعيها حركة
ازلا على طلبا للكمال وهي ابطا من حركة فلك
زحل لانكسار القوة الواردة عليه بسبب بعده
عن المحرك ويقصر الكوكب به فيه يكون بحسب
بطوه وتارة عن اللحاق وهو اكثر من تقصير كوكب
زحل ولذلك رتب دونه ولكن وجدنا مجموع
حركته على قطبيه مع ما قصر به الكوكب اعني النقلة
المرتبة التي هي الحركة الوسطى له مثل مجموع حركة
فلك زحل مع تقصيره سوا ولذلك يكون تقصير

שני [15]קוטבין מקוטב העליון קצור אחד. E 70r
[139] כי [16]אשר מצאו במבט ויחדו מתנועת
[17]החלוף לכוכב הזה והוא אשר רמזו [18]אליו הנה
הוא תנועת הגלגל הזה על [19]קוטביו רודף לתנועת
הכל ונמשך אחר [20]העליון ס"ה סיבובים בע"א
שנה [21]שמשיות ואשר קיימו לו מתנועת [22]האורך
והיא אשר מצאנוהו מקצר [23]בו מן העליון לאחור
והיא ההעתקה [24]הנראת אשר היא להפך תנועת הכל
[25]ו׳ סיבובים באלו השנים השמשיים [26]בעצמם וכאשר
אנחנו קצבנו [27]סיבובי תנועת הגלגל הזה על
קוטביו [28]והיא המיוחדת בו עם סיבובי קצור
[29]הכוכב הנקרא אצלם תנועת האורך [30]היה מזה
מספר סיבובי קצור גלגל הזה [31]והוא ע"א סיבובים
והוא שורש הקצור [32]הראשון אשר קצר בו הגלגל
הזה [33]מתנועת העליון ויתנועע הגלגל הזה
[34]על שני קוטבים אלו ומקרב ההשגה [35]בעליון בס"ה
סיבובים וקצר מרחק

31. מ: והוא ע"א סיבובים] חסר בכ"י ב.

اوطاتها عن قطب الاعلى تقصيرا واحدا فان الذي
الفي بالرصد ودون من حركة الاختلاف لهذا
الكوكب وهي التي نبهنا عليها انما هي حركة هذا الفلك
على قطبيه مشايعا لحركة الكل وتابعا للاعلى
خمسة وستون دورة في احدى وسبعين سنة
شمسية والذي اثبت له من حركة الطول
وهي التي وجدناه تقصيرها عن الاعلى اخيرا وهي
النقلة المرتبة التي هي الى خلاف حركة الكل
ست دورات في هذه السنين الشمسية
بعينها فاذا اخذ جميع ادوار هذا الفلك على
قطبيه وهي الخاصة به مع ادوار تقصير الكوكب
المسماة عندهم حركة الطول كان من ذلك عدد
ادوار تقصير هذا الفلك وذلك احدى
وسبعون دورة وهي اصل التقصير الاول
الذي قصر به هذا الفلك عن حركة الاعلى
وحركة هذا الفلك على هذين القطبين تقارب
اللحاق بالاعلى بخمس وستين دورة وقصر بعد

4 مشايعا] شافعا S : مستتبعا H

[36]זה מן ההשגה ו׳ סיבובים לפי מה [37]שהצגנו. E 70v
[140] ונבאר מזה כי קצור זה הגלגל
[38]הראשון וקצור אשר עליו קוטר /מ 56ב/ [1]אחד M 56v
ואם יתחלפו במהירות תנועת העליון [2]מהם
המיוחדת בו ואיחור תנועת זה [3]הנלוה לו
ושקצור הגלגל הזה ר"ל הקצור [4]האחרון יותר
מקצור אשר למעלה ממנו [5]ומפני שחלקו הסיבובים
האלה אשר ינועו [6]אותם קטבי הגלגל הזה על
קטביו והיא [7]הנקראת אצלם תנועת החילוף
והסבובים [8]אשר קצר אותם הכוכב והיא הנקראת
[9]תנועת האורך יצא מן החלוקה מתנועת [10]שני
קטבי הגלגל הזה לשנה אחת מחלקי [11]הסיבוב
שכ"ט חלקים וכ"ה דקים וא׳ שני ונ"ב
[12]שלישיים וכ"ח רביעיים וי׳ חמישיים [13]ויצא
מן החלוקה לקוצר הכוכב הזה [14]לשנה אחת גם
כן ל׳ חלקים וכ׳ דקים וכ"ב [15]שניים

37. מ: שהצגנו] ב: שהצענו. 38. קוטר] לפי הערבית צ"ל: קצור. /מ 56ב/ 1. מ: אחד] ב: אחד אחד.
14. מ: וכ׳] ב: וב׳.

ذلك عن اللحاق ست دورات حسبما اوردنا
وتبين من هذا ان تقصير هذا الفلك الاول
وتقصير الذي فوقه تقصير واحد وانما اختلفا
بسرعة حركة الاعلى منهما الخاصة به وبطء حركة
هذا التالي له وبان تقصير هذا الفلك اعني
التقصير الاخير اكثر من تقصير الذي فوقه
ولما قسموا هذه الادوار التي تحركها هذا الفلك
على قطبه وهي المسماة عندهم حركة الاختلاف
والادوار التي قصرها الكوكب وهي المسماة حركة
الطول خرج من القسمة من حركة هذا الفلك
على قطبه للسنة الواحدة من اجزاء الدورة
ثلاث مائة وتسعة وعشرون جزوا وخمس
وعشرون دقيقة وثانية واحدة واربع وخمسون
ثالثة وثمان وعشرون رابعة وعشر خوامس
وخرج من القسمة لتقصير هذا الكوكب
للسنة الواحدة ايضا ثلاثون جزوا وعشرون دقيقة
واربع وعشرون ثانية واثنتان وخمسون ثالثة واثنان

ונ"ב שלישיים ונ"ב רביעיים ונ"ח חמשיים E 71r
[16]ול"ה שישיים וכאשר נחלק ג"כ כל אחד [17]משני
אלו המספרים מן החלקים על ימי [18]השנה יצא
ליום האחד מתנועת [19]הכוכב הזה על קוטביו נ"ד
דקים וט׳ שניים [20]וב׳ שלישיים ומ"ו רביעיים
וכ"ו חמישיים וכמותו [21]הן החלקים אשר יניע
אותם אל משך [22]המזלות קטב הגלגל הזה בקצורו
בעגולת [23]מהלכו ויצא מן החלוקה ליום אחד
[24]מקצור הכוכב הזה אל משך המזלות ד׳
[25]דקים ונ"ט שניים וי"ד שלישיים וכ"ו רביעיים
[26]ומ"ו חמישיים ול"ח שישיים והם מה שיקצר
[27]בו גם כן הקטב עגולת מהלך קטב זה [28]הגלגל
בעגולת מהלך קטב גלגל המזלות [29]וכאשר חברנו
מספרי חלקי הקצור [30]האחרון ביום אל מספר
התנועה [31]המיוחדת לגלגל הזה ביום היה זה
[32]מה שיקצרוהו קטבי הגלגל הזה בקצורם [33]בב׳
עגולות מהלכם בקיצור קטביהם כי [34]קטבי הגלגל
הזה

23. מ: אחד] ב: האחד.   26. ול"ח] צ"ל: ול"א.
32. מ: בקצורם] חסר בכ"י ב.

وخمسون رابعه وثمان وخمسون خامسه وخمس
وثلثون سادسه واذا قسم ايضا كل واحد من هذين
العددين من الاجزا على ايام السنه خرج لليوم الواحد
من حركه هذا الكوكب على قطبه اربع وخمسون
دقيقه وتسع ثوانى وثالثتان وسته واربعون
رابعه وسته وعشرون خامسه ومثلها هى الاجزا
التى تحركها الى توالى البروج قطب هذا الفلك
بتقصيره فى دايره ممره وخرج من القسمه لليوم
الواحد من تقصير هذا الكوكب الى توالى البروج اربع
دقايق وتسع وخمسون ثانيه واربع عشره ثالثه
وسته وعشرون رابعه وسته واربعون خامسه واحدى
وثلثون سادسه وهى ما تقصر به ايضا قطب دايره ممر قطب
هذا الفلك فى دايره ممر قطب الفلك المكوكب واذا
اضفنا عده اجزا التقصير الاخير فى اليوم الى عدد
الحركه الخاصه لهذا الفلك فى اليوم كان ذلك ما
يقصره قطبا هذا الفلك بتقصيرهما فى دايرتى
ممرهما وبتقصير قطبيهما اذ قطبا هذا الفلك

E 71v מקצרים גם כך קצור [35]קטבי שתי עגולות מהלכם
וזה נ"ט דקים [36]וח׳ שניים וי"ז שלישיים וי"ג
רביעיים בקירוב [37]וזה המספר שוה להעתקת השמש
[38]האמצעית ביום.

[141] [39]והדמיון לתנועת הגלגל הזה בחילוף
M 57r /מ 57א/ [1]ובקיצור והמהירות והאיחור ושווי
המהלך. [2]העמידה והחזרה דומה במה שהמשלנו
[3]לתנועת שבתי אין הבדל בין שניהם [4]אלא בחילוף
החלקים ואי אפשר מבלתי [5]שנשנה הדמיון כדי
שיתאמת מה [6]שזכרנו מהעתקת הכוכב הזה גם כך
[7]ונציע הצורה על תנועתה הקודמת [8]ונשים הכוכב
בצורה על נקודת א מקום [9]חתוכי שתי עגולת משוה
היום ועגולת [10]המזלות. הנה מפני יציאת כוכב
צדק [11]ברוחב מן עגולת המזלות הנה תכלית
[12]השני חלקים יהיה מפני זה שיעור [13]מה שיותיר
לו עגולת כל מעגולת חט [14]ד׳ חלקים.

[142] ומפני שהיה הנמצא במבט [15]מהעתקת
כוכב צדק בחילוף והוא [16]תנועת גלגלו על קטב

35. מ: נ"ט] ב: מ"ז. /מ 57א/ 1. ב: המהלך] חסר
בכ"י מ. 6. מ: מהעהקת הכוכב] ב: מהכוכב. 8. ב: נקודת]
מ: נקודה. 9. ב: שתי] מ: שבתי. 12. ב: שיעור]
מ: השיעור. 16. קטב] לפי הערבית צ"ל: קטב כ.

مقصران ايضا نقصر قطبي دايرتي مرهما وذلك تسع
وخمسون دقيقه وثمان ثواني وسبع عشره ثالثه
وثلاث عشره رابعه بالتقريب وهذا العدد مساو
لنقله الشمس الوسطى في اليوم والمثال لحركه هذا
الكوكب في الاختلاف والنقص والسرعه والابطا
واستقامه السير والوقوف والقهقره شبيه بما
مثلنا لحركه زحل لاوفق بينهما الا في اختلاف الاجزا ولا
باس بان نقيد المثال ليصح ماذكرناه في نقله هذا
الكوكب ايضا ولننزل الصوره على هيئتها المتقدمه ونجعل
الكوكب من الصوره على نقطه آ موضع

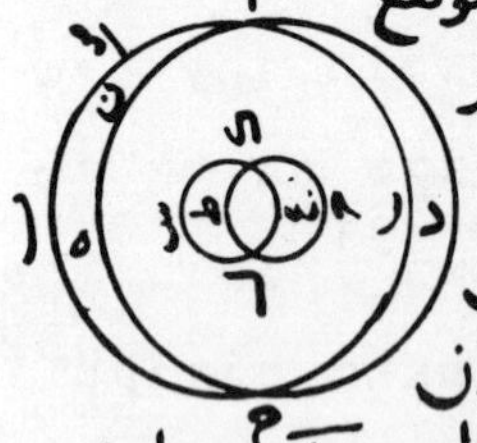

تقاطع دايرتي معدل النهار
ودايره البروج ولان خروج
كوكب المشتري في العرض عن
دايره البروج انما منتهاه جزان
فلتكن لذلك قدر ما تفصله دايره ك م من دايره
ح ط اربعه اجزا ولما كان الموجود بالرصد من نقله
كوكب المشتري في الاختلاف وهي حركه فلكه على قطب

8 نقند] يعيد S

נ"ד דקים וט׳ שניים [17]בקירוב ביום בכמו E 72r
הדקים האלו יקצר קטב [18]כ בעגולת כל כי התנועה
היתה עליו והוא [19]קיים לה וכן בעבור שהיה מה
שנמצא [20]מהעתקת הכוכב הזה באורך על משך
[21]המזלות והוא קצורו האחרון ביום [22]האחד ה׳
דקים יחסר כמו ג׳ רביעי שלישי [23]בקירוב הנה
כשיעור הדקי׳ האלה יקצר [24]קטב ט אשר היא קטב
עגולת כל כי זה [25]הגלגל כבר קצר בכללו מן
ההשגה בעליון [26]אחר מה שיניעהו בעצמו מן
התנועה [27]המיוחדת בו במספר הדקין האלו [28]וכאשר
קבצנו מה שיניעהו הגלגל הזה [29]על קטביו והוא
דקים ב"ד ט׳ אל מה שקצר [30]מן העליון לאחור
והיא העתקת הכוכב [31]באורך והוא דקי׳ ד׳ נ"ט
י"ד וזה [32]הקיצור הראשון ביום לגלגל הזה והוא
[33]דקים נ"ט ח׳ י"ד בקירוב והוא שוה [34]לתנועת
השמש האמצעית באורך [35]ביום.

[143] וכשהתנועע העליון מספר סבובים
[36]והתנועע בתנועתו הגלגל הזה וקצר גלגל
[37]כוכב ממנו בכמו מה שמתחייב בסבובים [38]ההם

22. מ: רביעי] ב: וארבעים. 25. מ: בכללו] ב: כללו.
26. מ: בעצמו] ב: לעצמו. 29. ב"ד] לפי הערבית צ"ל: נ"ד.

و

كـ اربعًا وخمسين دقيقة وتسع ثوانى بالتقريب فى اليوم
فمثل هذه الدقايق يقصر قطب كـ فى دايرة كـ ل
اذا الحركة كانت عليها وهو ثابت فيها وكذلك لما كان
ما الفى من نقله هذا الكوكب فى الطول على توالى البروج
وهو تقصيره الاخير فى اليوم الواحد خمس دقايق
ونصف نحوا من ثلثة ارباع ثانية بالتقريب فبقدر هذه
الدقايق يقصر قطب دايرة كـ ل اذ هذا الفلك
قد قصر بجملته عن اللحاق بالاعلى بعد ما تحركه بنفسه
من الحركة المختصة به بعد هذه الدقايق واذا جمعنا
ما تحرك هذا الفلك على قطبه وذلك دقايق
ند ط الى ما قصر به عن الاعلى اخيرا وهى نقله الكوكب
فى الطول وذلك دقايق د نط يد كان ذلك
التقصير الاول فى اليوم لهذا الفلك وذلك
دقايق نط ح يز بالتقريب وهو مساو لحركة الشمس
الوسطى فى الطول فى اليوم واذا تحرك الاعلى
عدة دورات وتحرك بحركته هذا الفلك قصر
فلك الكوكب عنه بمثل ما يجب بتلك الدورات

7 قطب ط الذى هو قطب SH   12 يد Missing in S
14 يز] يد HL : Missing in S

E 72V כאילו תאמר שהוא קצר דרך משל /מ 57ב/ [1]שנים
M 57V עשר חלקי׳ והתנועע הגלגל הזה [2]על קוטביו
תנועתו המיוחדת בו בסיבובי׳ [3]ההם נמשך לתנועת
העליון מכל השנים [4]עשר חלקי׳ י"א חלק הנה
להיות קטב כ [5]קיים בהם לא יתנועע מהם דבר
הנה [6]יקצרו בעגולת כל כמו החלקים האלה
ויקצר [7]הכוכב עצמו מפני זה שארית הי"ב חלק
[8]וזה חלק אחד.

[144] וכמוהו יהיה קצור קטב [9]ט בעגולת
חט כי הוא יתנועע בתנועת [10]הגלגל לעצמו
שאר הי"א חלקים ויהיה [11]אמנם קצר בחלק הא׳
כמו קצור הככב [12]הנה יהיה קצור הגלגל הראשון
קשת [13]אב וכבר התנועע הזה לעצמו על קטב
[14]כ קשת פנ הנה הכוכב א"כ על נקודת [15]ב
מגלגל המזלות וקצר קטב כ בעגלת [16]כל קשת
דומה בקשת נפ כי קטב כ [17]כמ׳ שאמ׳ קיים
לתנועת הגלגל עליו וקצר [18]הכוכב אחר מרחק
החלקי׳ אשר יניע אותם [19]בו גלגלו קשת אנ
והיא ההעתקה [20]הנראת בחוש אל משך המזלות
וקטב [21]ט ג"כ מקצר

9. מ: ט] חסר בכ"י ב.   16. מ: כל] חסר בכ"י ב.

18. ב: אחר מרחק] מ: אחד.

كانك قلت انه قصر مثلا اثنى عشر جزوا وتحرك هذا
الفلك على قطبيه حركته المختصه به في تلك الدوران
تابعا لحركته الاعلى من جمله الاثنى عشر جزوا احد عشر جزوا
ويكون قطب ك ثابتا فيها لم يتحرك فيها شيا سيقصر
في دايره ك ل مثل هذه الاجزا وقصر الكوكب
نفسه بذلك بقيه الاثنى عشر جزوا وذلك جزو
واحد ومثله يكون يقصر قطب ط في دايره ح ط
لانه تحرك بحركه الفلك لنفسه سائر الاحدى عشر
جزوا ويكون انما قصر بالجزء الواحد كمثل تقصير الكوكب
فليكن تقصير الفلك الاول قوس اب وقد
تحرك هذا الفلك لنفسه على قطب ك قوس
دن والكوكب اذا على نقطه ن من فلك البروج
وقصر قطب ك في دايره ك ل قوسا شبيهه
بقوس ر ى لان قطب ك حما فلما ثابت
حركه الفلك عليه وقصر الكوكب بعد الاجزا
التي تحرك بها فلكه قوس ان وهي النقله المشاهده — النسخ المغربية: تحركها به
بالحس الى توالي البروج وقطب ط ايضا مقصر في

10 اب : EH اف SL 12 دن] فن SHL
16 تحرك بها] النسخة المغربية تحركها به S and E mg.

E 73r בעגולת חט אל משך [22]המזלות קשת דומה לקשת אב
אשר [23]הוא קצור הגלגל האחרון הנה יהיה [24]קטב
כ כבר נעתק אל צד משך המזלות [25]מעגולת מהלכו
י"א חלק.

[145] הנה בהכרח [26]שקטב כ כשיצא מעגולת
מהלך קטב [27]גלגל המזלות כלומ׳ עגולת חט בצד ס
[28]שהכוכב יצא מעגולת המזלות אל צד [29]הדרום
יציאה תמיד עד שיהיה [30]מקוטבו עד רביע עגולה
כי לא יתאמת [31]שיתקיים הכוכב על אזור המזלות.
[32]וכבר יצא קטב גלגלו מעגולת מהלך [33]קוטבה ולא
יסור כוכב צדק מתרחק [34]מעגולת המזלות עד שיגיע
קטב כ אל [35]הרביע מעגולת כל ויהיה על נקדת
[36]ס ועד יגיע תכלית מרחקו בדרום [37]מעגולת
M 58r המזלות וקצור הכוכב כל זמן /מ 58א/ [1]שהתמיד
קוטבו ברביע הזה הוא [2]נוסף מפני שהעתקת קטב כ
ברביע [3]הזה ואשר ילוה אליו אל צד משך המזלות
[4]ואצל ס יגיע תכלית הוספתו ואחר כן [5]יהיה הכוכב
כשיהיה קוטב גלגלו [6]ברביע סל מתוספת אל חסרון
עד [7]שיגיע הקטב אל ל וישוב הכוכב אל [8]המזלות.

23. ב: יהיה] מ: יהא.   28. מ: צד] חסר בכ"י ב.
35. מ: מעגולת] חסר בכ"י ב.   /מ 58א/   2. מ: כ]
חסר בכ"י ב.

٨٤

دايره ح ط الى توالى البروج بقوس شبيهه بقوس
ا ن الذى هو بقصر الفلك الاخير فليكن قطب
ك قد انتقل الى جهه توالى البروج من دايره ممره
احد عشر جزوا فبالضروره ان قطب ك اذا خرج
عن دايره قطب فلك البروج اعنى فى دايره ح ط
فى ناحيه س ان الكوكب يخرج عن دايره البروج الى
الجنوب خروجا دايما الى ان يكون من قطبه على ربع دايره
اذ لا يصح ان يثبت الكوكب على نطاق البروج وقد خرج
قطب فلكه عن دايره ممر قطبها ولا يزال الكوكب للشرق
متباعدا عن دايره البروج حتى ينتهى قطب ك الى
الربع من دايره ك ل ويكون على نقطه س وحينيذ
ينتهى غايه بعده فى الجنوب عن دايره البروج ويقصر
الكوكب ما دام قطبه فى هذا الربع متزيدا لان نقله
قطب ك فى هذا الربع والذى يليه الى جهه توالى
البروج وعند س ينتهى غايه زيده ثم يكون الكوكب اذا
كان قطب فلكه فى ربع س ل متزيدا الى بعض الى
ان ينتهى القطب الى ل ويعود الكوكب الى فلك

[146] כי כמ׳ שאמ׳ בזה החצי מן [9]עגולת המהלך E 73V
עוזר לקצור הכוכב [10]מפני ששניהם אל המזלות יחד.
[11]וכאשר נעתק ברביע השלישי ומן הל [12]הנה הוא
מעניין המצוע בהעתקת אל [13]תכלית הקצור וההולשה
ויעמוד הכוכב [14]מפני שהחלקים אשר יעתק בהם הקטב
[15]הם להפך משך המזלות ולריבויים [16]ומעט קיצור
קטב ט ויחלשו בהם דקי [17]קיצור הכוכב ואחר כך
יתוסף הראות [18]חלקי ההעתקה החוזרת והיא העתקת
[19]כוכב באיחורו ויראה מפני זה הכוכב [20]חוזר
אל צד אחד כלו׳ להפך משך המזלות [21]להמשיכו
אחר קוטביו הנעתק אל הצד [22]ההוא. וכאשר
יתמצע החצי הזה [23]הנה אז יכלה מהירותו בחזרה
[24]ויתחיל החיסור לכוכב בחזרה עד [25]שיקרב הקטב
מכ ותראה לכוכב [26]עמידה שנית. ואחר כך ישוב
[27]העתקתו הראשונה מעט מעט [28]וישתוה קיצורו
ותתמצע תנועתו [29]כאשר יחול הקוטב בנקודת כ
ולא [30]תסור העתקתו.
[147] והעתקת קטב גלגלו [31]בעגולת המהלך על
ותיראה הזאת עד [32]שישלים הקטב

8. כי] לפי הערבית צ"ל: כי הקוטב. 13. מ: וההולשה]
ב: ואל ההולשה. 17. מ: כך] ב: כן. 20. אחד]
לפי הערבית צ"ל: א. 22. בטקסט מ: יתמצע] בשולי
מ וב: ימצע. 24. מ: החיסור] ב: הקיצור. 25. מ: מכ]
חסר בכ"י ב. 26. מ: כך] ב: כן.

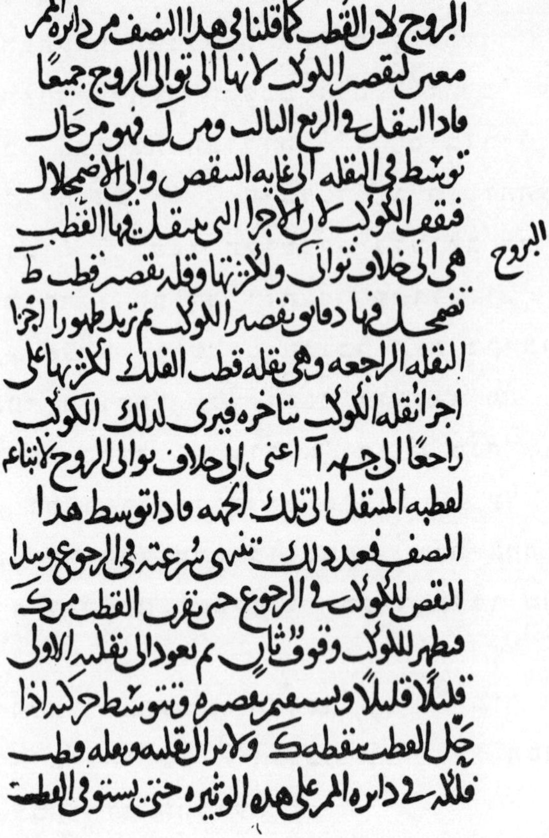
البروج لان القطب كما قلنا في هذا النصف من دائره الممر
معين لتقصير الكوكب لانها الى توالي البروج جميعا
فاذا اسفل في الربع الثالث ومن ثم فهو من حال
توسط في النقله الى غايه النقص والى الاضمحلال
فتقف الكوكب لان الاجزا التي تنتقل فيها القطب
هي الى خلاف توالي ولكنها وقلد يقصر قطب ط البروج
تضمحل فيها دائما تقصير الكوكب ثم تزيد ظهورا اجزا
النقله الراجعه وهي نقله قطب الفلك لكنها على
اجزا نقله الكوكب متاخره فيرى لذلك الكوكب
راجعا الى جهة آ اعني الى خلاف توالي البروج لاتباع
قطبه المسفل الى تلك الجهه فاذا توسط هذا
النصف فعند ذلك تنتهي سرعته في الرجوع وسدا
النقص للكوكب في الرجوع حتى يقرب القطب من ك
فيظهر للكوكب وقوف ثان ثم يعود الى نقلته الاول
قليلا قليلا ويستقيم بعصره وتتوسط حركته اذا
حل القطب بنقطه ك ولا تزال نقلته وتعلو وقط
فلكه في دائره الممر على هذه الوتيره حتى يستوي في القطب

2 لانهما SH 17 الوتيرة S

E 74r ס"ה סיבובים בעגולת [33]כל ויהיה לכוכב בכל סיבוב מהם שני [34]העתקות מתנגדות אחת מהן למשך [35]המזלות והאחרת להפך המשכם ועם [36]זה ב׳ עמידות וישלים הכוכב בעגולת המזלות [37]ו׳ סיבובי׳ וכן לקוטב ט בעגולת חט ו׳ [38]סיבובי׳ ג"כ. וההעתקה הזאת והסיבובי׳ [39]לשני הקוטבים ולכוכב בע"א שנה כמו [40]שזכרנו תחילה וזה מה שכווננו.

M 58v [148] /מ 58ב/ [1]וישלים הכוכב הזה בקיצור מהעליון [2]אחר תנועתו על קוטבי גלגליו מה שיראה [3]מהעתקת הכוכב סיבוב א׳ בי"א שנה [4]וי׳ חדשי׳ וט"ו יום וישלים סיבוב א׳ על [5]קוטביו בתנועה המיוחדת בו בכמו [6]שנה אחת וחדש א׳ וד׳ ימים וזה מה [7]שכוונו להעיד עליו מתנועת הגלגל [8]הזה והכוכב.

[149] המאמר בהעתקת הכוכב הג׳ [10]מן העליונים והוא מאדים. [11]ונדבר עתה לפי הסדר שיחייבהו [12]מהירות התנועה

37. בשולי מ וב: לקוטב] בטקסט מ: לכוכב.

خمسا وستين دورة في دائرة كل ويكون للكوكب
في كل دورة منها نقلتان متقابلتان احداهما الى توالي
البروج والاخرى الى خلاف توالها ومع ذلك
فتعودان ويحصل للكوكب في دائرة البروج ست دوران
وكذلك لقطب ط في دائرة ح ط ست دورات ايضا
وهذه النقل والدورات للقطبين والكوكب في
احدى وسبعين سنة حسبما ذكرناه اولا وذلك
ما قصدنا فيحصل هذا الكوكب بالنقصان عن الاعلى
بعد حركته على قطبي فلكه بما يظهر من نقلة الكوكب
دورة واحدة في نحو من احدى عشرة سنة وعشرة
اشهر وخمسة عشر يوما فيحصل دورة واحدة على
قطبه بالحركة الخاصة به في نحو من سنة واحدة وشهر
واحد واربعة ايام وذلك ما قصدنا التنبيه عليه
من حركات الفلك والكوكب هـ

القول في نقلة الكوكب
الثالث من العلوية وهو المريخ

ولنقل بعد بحسب الترتيب الذي توجبه سرعة الحركة

ואיחורה בתנועת [13]הגלגל הנקרא גלגל [14]מאדים. E 74v
ונאמר, כי מה שנמצא [15]במבט ושהסכימו הקודמים
מהעתקת [16]הכוכב הזה ב׳ העתקות א׳ מהן אשר
[17]יקראו אותה תנועת האורך והיא [18]להפך תנועת
הכל ואצל משך המזלות [19]והאחרת תנועת החילוף
והיא אשר [20]תראה לכוכב בה העתקה לצד צפון
[21]וצד דרום ממשוה היום זולת כי [22]נטיית הכוכב
הזה הנראת יראה [23]שאינה נטייה אחת לכל א׳
מב׳ הצדדים [24]מעגולת המזלות אבל תראה נטייתו
אל [25]הצפון ממנו פחות מנטייתו ממנו /מ 59א/ M 59r
[1]אל הדרום כמו ג׳ חלקים.

[150] והעגולה אשר [2]ירשום אותה הכוכב הזה
בהעתקתו [3]היא נוטה ג"כ מגלגל המזלות כי קטבי
הגלגל [4]הזה כמו שזכרנו מתחלף המצב מקטבי
[5]הגלגלים האחרים ואיפשר שיהיה מצב [6]הכוכב הזה
מגלגל אינו על המיצוע אבל [7]אל דרום מן המיצוע
מעט. והעתקת [8]הגלגל הזה על אורך העתקת שני
הגלגלים [9]אשר עליו כלומר בתנועה על קוטביו לצד
[10]תנועת הכל וההמשך אחר העליון אבל [11]שהיא
למטה מהגלגלים ההם במהירות [12]והוא יותר רחוק
מההשגה בעליון מהם [13]וקצור גלגלו וכוכבו מפני
זה מן

24. ב: תראה] מ: יראה.   /מ 59א/   1. מ: אל] ב: אל צד.
12. ב: רחוק] מ: חזק.

ونظوها في حركة الفلك المسمى بفلك المريخ فنقول
ان الذي القي بالارصاد ودونته القدماء من نقله هذا الفلك
نقلتان احداهما التي يسمونها حركة الطول وهي التي الى خلاف
حركة الكل ونحو توالي البروج والاخرى حركة الاختلاف
وهي التي يرى للكوكب بها انتقال الى جهة الشمال والى جهة
الجنوب عن معدل النهار سوى ان ميل هذا الكوكب المرئي
يظهر انه ليس ميلا واحدا الى الجهتين عن دائرة البروج كلتيهما
لكن يرى ميله الى الشمال عنه دون ميله عنه الى جهة
الجنوب نحو من مثله احرا والدائرة التي يرسمها هذا الكوكب
هي مائلة ايضا على فلك البروج لان قطبي هذا الفلك
كما اثبتنا مخالفا الوضع لقطبي الافلاك الاخر
ويمكن ان يكون وضع هذا الكوكب من فلكه ليس على
الوسط بل الى الجنوب عن الوسط قليلا ونقله هذا
الفلك على نحو نقلة الفلكين اللذين فوقه اعني
في الحركة على قطبيه نحو حركة الكل والاتباع للاعلى
لكنها دون حركة زحل والفلكين في السرعة وهو
ابعد عن اللحاق بالاعلى منهما وتقصيره في حركة عن

ההשגה [14]יותר. ואולם הקיצור הראשון לגלגל הזה E 75r
[15]הנה הוא שוה לקיצור השנים אשר [16]עליו. אבל
כוחו על התנועה אל ההשגה [17]למטה מכח אשר עליו
להשבר הכח [18]למרחקה מן המניע. ולכן יהיה
הקצור [19]האחרון לזה הגלגל ולכוכב כלומר העתקתו
[20]להפך תנועת הכל יותר מקיצור אשר [21]עליו.

[151] וזה כי תנועתו אשר יקראו אותה [22]תנועת
החילוף והיא תנועת הגלגל [23]על קוטביו אצל
תנועת הכל ישלים ל"ז [24]סיבובים בע"ט שנה
שמשיות וג׳ ימים [25]ושתות יום וחלק מט"ו מיום
וישלם הככב [26]קצורו מהתנועה הכללית והיא הנקר׳
[27]תנועת האורך אליו מ"ב סיבובים וג׳ חלקים
[28]ושתות בשנים הנזכרים וכאשר [29]חובר מה שיניעהו
הגלגל על [30]קוטביו להדמות בעליון מה שקצר בו
[31]הכוכב והוא הקצור האחרון היה זה [32]כלל
סבובים אשר לשתי ההעתקות [33]המתחלפות וזה ע"ט
סיבובים וג׳ חלקים

17. מ: להשבר] ב: לקוטבי. 21. מ: עליו] ב: היה עליו.
29. מ: שיניעהו] ב: שיניע.

اللحاق لذلك اكثر واما التقصير الاول لهذا الفلك
فانه مساوٍ للتقصير اللذين فوقه لكن قوته على الحركة
الى اللحاق دون قوة اللذين فوقه لانحسار القوة بعدها
عن المحرك فلذلك يكون التقصير الاخير لهذا
الفلك والكوكب اعني تخلفه الى خلاف حركة الكل
اكثر من تقصير اللذين فوقه وذلك ان حركته التي
يسمونها حركة الاختلاف وهي حركة هذا الفلك
على قطبه نحو حركة الكل تستتم سبعًا وثلاثين
دورةً في تسع وسبعين سنة شمسية وثلاثة ايام
وسدس يوم وجزء من خمسة عشر جزءًا من
يوم ويستتم الكوكب بتقصيره عن الحركة الكلية
وهي التي تسمى حركة الطول له اثنين واربعين دورة
وثلثة اجزا وسدس في السنة المذكورة فاذا جمع
ما تحرك به الفلك على قطبه للتشبه بالاعلى
مع ما قصّر به الكوكب وهو التقصير الاخير كان
الى ذلك جملة الدورات للفلكين المختلفين
كليهما وذلك تسع وسبعون دورةً وثلثة اجزا

E 75V [34]ושתות חלק והוא כמו סיבוב אחד לכל [35]שנה
שמשית. וזהו הקצור הראשון [36]לגלגל הזה מן
העליון המניע אותו [37]התנועה היומית אשר יקצרו
בקטביו [38]בשתי עגולות מהלכם.

[152] והגלגל הזה [39]יתנועע מכל הסיבוב הזה
M 59V אשר קצר בו /מ 59ב/ [1]בשנה נמשך אחר העליון
תנועה מיוחדת [2]לו על קטביו והם כקיימים בזמן
השנה [3]האחת מחלקי עגולת נטייתו אצל תנועת
[4]הכל קס"ח חלק וכ"ח דקים ול׳ שניים וי"ד
שלישיים [5]ומ"ב רביעיים ול"ב חמישיים ונ׳
שישיים [6]ויקצר אחר זה מהשיג בעליון שארית [7]חלקי
העגולה וזה קצ"א חלק וי"ו נ"ד כ"ז [8]ל"ח י"ו
וזהו אשר יראה לראות שהיא [9]ההעתקה לכוכב הזה
להפך תנועת [10]הכל ואצל משך המזלות. ולכן קראו
אותה [11]תנועת האורך לפי האמת אינה תנועה
[12]אבל הוא קצור מהתנועה

1. העליון] לפי הערבית צ"ל: העליון על. 6. מ: זה] חסר בכ"י ב. 7. מ: קצ"א] ב: קצ"ח 8. י"ו] לפי הערבית צ"ל: ל"ה ט"ו.

وسدس جزو وهو نحو من دورة واحدة لكل سنة
شمسيه وهذا هو التقصير الاول لهذا الفلك عن الاعلى
المحرك له الحركه اليوميه التى يقصر بها قطباها فى دائرتى
ميليهما وهذا الفلك يتحرك من اجل هذه الدوره التى
قصر بها فى السنه تابعا للاعلى على حركة تخصه على قطبيه
وهما الثابتان فى مده السنه الواحده من اجزا دايره
ميله نحو حركة الكل مايه وثمانيه وستين جزا وثماني
وعشرين دقيقه وثلاثين ثانيه وسبع عشرة ثالثه واثنين
واربعين رابعه واثنين وثلاثين خامسه وخمسين سادسه
ويقصر بعد ذلك عن اللحاق بالاعلى ببقيه اجزا واحد
الدايره وذلك مايه وتسعون جزا وست عشره
دقيقه واربع وخمسون ثانيه وتسع وعشرون ثالثه
وثمان وثلثون رابعه وخمس وثلاثون خامسه وخمس
عشره سادسه وهذا هو الذى يظهر للرويه انه
نقله لهذا الكوكب الى خلاف حركة الكل ونحو
توالى البروج ولذلك يسمونها حركة الطول وفى
الحقيقه انها ليست بحركة وانما هى تقصير عن الحركة

Read مايه واحد 11

E 76r אשר היא [13]יותר מהירה ממנה והיא התנועה
[14]הכללית.

[153] הנה תנועת הגלגל הזה אם [15]על קוטביו
המיוחדות בו יותר מתאחרת [16]מתנועת אשר למעלה
ממנו וקצורו [17]יותר מקצורו וכל מה שיקרה לכוכב
[18]הזה מן החילוף בתנועה אשר בארך [19]ובתנועת
הרוחב מן המהירות והאיחור [20]והחזרה ועמידה
והשיווי דומה למה [21]שיקרה למי שעליו אין
הבדל ביניהם [22]באיכות. אבל כי יצוייר החזרה
בככב [23]הזה ובכוכב נגה קשה כאשר היה מה
[24]שיקצרו בו קטבי ב׳ הגלגלים האלה [25]בב׳
עגולות מהלכם והיא המחוייב [26]לחזרה פחו׳
ממה שיקצרו בו קטבי [27]שתי עגולות מהלך קטב
הכוכב בשתי [28]עגולתם. ולולי שהוא נראה בחוש
היינו [29]מחלקים אותו בתחילת העליון, אבל
[30]מפני שהיה בטלמיוס כמו שאמרנו במה [31]שקדם,
אמנם לקח היחס הזה לחזרה [32]הזאת בכוכבים ה׳
מגודל גלגל ההקפ׳ [33]ויחס קורבת מקיפו ממרכז
גלגל המזלות [34]או רחקו ממנו. הנה א"כ [35]כי
היה קטב הכל אצלינו מקום מרכז [36]גלגל המזלות
אצלו

التي هي اسرع منها وهي الحركة الكلية فحركة الفلك
اذا على قطبه الخاصة به ابطا من حركة الذي
فوقه وتقصيره اكثر من تقصيره وجميع ما يعرض
لهذا الكوكب من الاختلاف في الحركة التي في الطول
وفي حركة العرض من السرعة والابطا والتقهقر
والوقوف والاستقامة شبيه بالذي يعرض
للذي فوقه لا فرق بينهما في الكيفية الا ان
تصور الرجوع في هذا الكوكب وكوكب الزهرة
يضعف اذ كان ما يقصر به قطبا هذين الفلكين
في دايرتيهما وهو الموجب للرجوع اقل مما يقصر
به قطبا دايرتي من قطب الكوكب في دايرتيهما
ولولا انه مشاهد بالحس لرفعناه بادي النظر
لكن لما كان بطلميوس حسبما قلنا فيما تقدم انما اخذ
هذه النسبة لهذا الرجوع في الكواكب الخمسة من
عظم فلك التدوير ونسبة قرب محيطه من مركز فلك
البروج او بعده منه فانا نجد واحده اذا كان
قطب الكل عندنا مقام مركز فلك البروج عنده

ועגולת מהלך קטב [37]הגלגל אצלינו מקום גלגל E 76v
ההקפה אצלו [38]היחס ההוא אשר לקח בקוים נקחהו
[39]אנחנו בקשתות וזה אפשר.

[154] כלומ׳ /מ 60[א]/ [1]שיהיה יחס הקשת מן M 60r
העגולה הגדולה [2]אשר בין קטב עגולת מהלך קטב
גלגל [3]הכוכב ובין מקיף העגולה וקטב הכל יותר
[4]גדול מיחס מהירות קטב עגולת המהלך [5]אל מהירות
קטב הגלגל על עגולת מהלכו [6]ואנו נבאר איך יאות
שיהיה לכוכב [7]הזה חזרה. ואע"פ שהיה קצור קטבי
[8]גלגלו פחות מקצור קטבי ב׳ העגולות [9]אשר מהלך
קטבי הגלגל סביבם כשנשים [10]עגולת מהלך קטב
גלגל המזלות עגולת כל [11]סביב קטב ט ועגולת
מהלך קטב גלגל [12]הכוכב הזח סביב קטב כ ותהיה
[13]קשת כזט מעגולה גדולה תלך בקוטבי [14]ב׳
עגולות כל והזה. וכבר אמ׳ שאנחנו [15]נשים
באלו הכוכבים הה׳ יחס הקשת [16]אשר בין קטב
עגולת המהלך כלומר [17]נקודת כ ובין מקיף
העגולה כלומ׳ נקודת [18]ז אל הקשת אשר בין מקיף

37. מקום] לפי הערבית צ"ל: מקום מרכז.

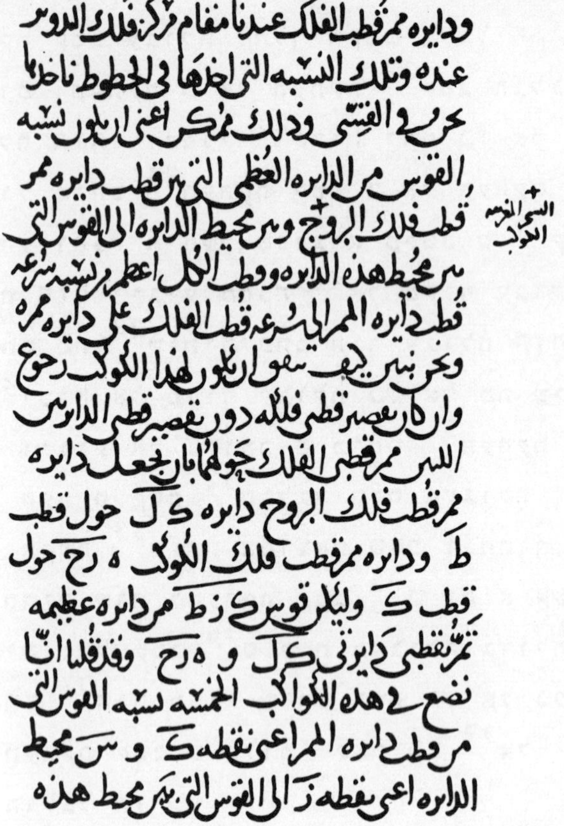

ودايره ممر قطب الفلك عندنا مقام مركز فلك التدوير
عنده وتلك النسبه التي اخذها في الخطوط ناخذها
نحن في القسي وذلك ممكن اعني ان يكون نسبه
القوس من الدايره العظمى التي بين قطب دايره ممر
قطب فلك البروج وبين محيط الدايره الى القوس التي — النسخ المغربيه الكوكب
بين محيط هذه الدايره وقطب الكل اعظم من نسبه سرعه
قطب دايره الممر الى سرعه قطب الفلك على دايره ممره
ونحن نبين كيف ينبغي ان يكون لهذا الكوكب رجوع
وان كان يقصر قطبي فلكه دون تقصير قطبي الدايرتين
اللتين ممر قطبي الفلك حولهما بان نجعل دايره
ممر قطب فلك البروج دايره كل حول قطب
ط ودايره ممر قطب فلك الكوكب ه رح حول
قطب ك وليكن قوس ك ز ط من دايره عظيمه
تمر بقطبي دايرتي ك ل و ه رح وقد قلنا انا
نضع في هذه الكواكب الخمسه نسبه القوس التي
من قطب دايره الممر اعني نقطه ك وبين محيط
الدايره اعني نقطه ز الى القوس التي بين محيط هذه

5 البروج] النسخة المغربية الكوكب SH and E mg.
16 وسَ] وبين SHL

E 77[r] העגולה הזאת [19]וקטב ט כלומ׳ קשת זט יותר גדול
מיחס [20]העתקת קטב עגולת מהלך הקטב גלגל
[21]הכוכב כלומ׳ העתקת כ אל העתקת [22]קטב הגלגל
הזה על עגולת הזח. ומפני [23]שהיה יחס כז אל
זט יותר גדול מיחס [24]העתקת קטב כ אל העתקת קטב
הגלגל [25]הזה. והנה איפשר שנוציא מקטב ט [26]קשת
תחתוך עגולת הזח ויגיע ממנה [27]אל מקיף עגולת
כל ויהיה יחס מה [28]שיהיה מהם תוך עגולת הזח
כלו׳ אשר [29]יכלה אל מקיף עגולת כל אל מה שיפול
[30]חוץ ממנה ויגיע אל נקודת ט כיחס [31]העתקת
נקודת כ אל העתקת קטב [32]הגלגל הזה בעגולת
הזח. ותהיה הקשת [33]הזאת המוצאת טספ ונחתוך קשת
[34]מקשת פכ תהיה שוה להעתקת קטב [35]כ והיא קשת
צפ ותלך עליה ועל קטב [36]ט קשת מעגולה גדולה
והיא קשת טתצ [37]הנה מפני שיחס קשת פס אל סט
כמו [38]יחס העתקת קטב ט כלומ׳ קשת פצ [39]אל
העתקת קטב הגלגל הזה.

38. ט] לפי הערבית צ"ל: כ.

الدايره وقطب ط اعني قوس زط اعظم من نسبه
نقله قطب دايره ممر قطب فلك الكوكب اعني
نقله قطب ك الى نقله هذا الفلك على دايره
ه زح ولما كانت نسبه كز الى زط اعظم
من نسبه نقله قطب ك الى نقله قطب هذا الفلك
فممكن ان يخرج من قطب ط قوسا تقطع دايره
ه زح وينتهي منها الى محيط دايره كل
ويكون نسبه ما يكون منها داخل دايره ه زح
اعني الذي ينتهي الى محيط دايره كل الى ما
يقع خارجا منها وينتهي الى نقطه ط كنسبه نقله
نقطه ك الى نقطه قطب هذا الفلك في دايره
ه زح ولتكن هذه القوس المستخرجه طس ف
ولتقطع قوسا من قوس ف ك تكون مساويه لنقله
قطب ك وهي قوس ص ف ونمر عليها وعلى
قطب ط قوسا من دايره عظيمه وهي قوس ط ن ص
فلان نسبه قوس ف س الى س ط مثل نسبه نقله
قطب ك اعني قوس ف ص الى نقله قطب هذا

15 ط ف ص S

E 77[v] [155] ויהיה יחס /מ 60[ב]/ [1]תצ אל תט יותר
M 60[v] גדול מיחס ספ אל סט [2]כי תצ יותר גדול מספ וצט
יותר גדול [3]מתס הנה יחס תצ אל תט יותר גדול מן
[4]יחס העתקת קטב כ אשר הוא קשת [5]צפ אל העתקת
קוטב הגלגל הזה על [6]עגולת הזח. וכאשר הפכנו
היחס שב [7]יחס תט אל תצ יותר קטן מיחס העתקת
[8]קטב הגלגל אל העתקת קטב כ אשר היא [9]קשת פצ
הנה יחס העתקת קטב גלגל [10]הכוכב אל העתקת קטב
ט יותר גדול מן [11]יחס קשת תט אל תצ ויהיה יחס
תט [12]אל תצ כיחס העתקת קט בגלגל אל קשת [13]בע
הנה קשת בע אם כן קשת חזרה [14]בשיעור קשת בע
ואמנ׳ היה זה לגדל [15]עגולת הזח וקורבת
מקיפה מקטב כ [16]וזה מה שכוונננו.

3. ב: מתס] בטקסט מ: מטס]; בשולי מ: ת. 7. מ: תט]
ב: חט. 7. מ: העתקת] חסר בכ"י ב. 12. קט בגלגל]
לפי הערבית צ"ל: קטב הגלגל. 13. בע] לפי הערבית צ"ל:
פח (בשני המקומות) 14. בע] לפי הערבית צ"ל: צע.
15. כ] לפי הערבית צ"ל: ט.

الفلك وكانت نسبة ت ص الى ت ط اعظم
من نسبة س ف الى س ط لان ف ص اعظم من
س ف و س ط اعظم من ت ط فنسبة ف ص
الى ت ط اعظم من نسبة نقلة قطب ك التي هي
قوس ص ف الى نقلة قطب هذا الفلك على
دايرة ه ز ح واذا قلبنا النسبة صارت نسبة
ت ط الى ف ص اصغر من نسبة نقلة قطب الفلك
الى نقلة قطب ك التي هي قوس ف ص فنسبة
نقلة قطب فلك الكواكب الى نقلة قطب الفلك
اعظم من نسبة قوس ت ط الى ت ص فلتكن
نسبة ت ط الى ت ص
كنسبة نقلة قطب الفلك
الى قوس ف ح وقوس
ف ح اذا قوس رجوع
مقدار قوس ص ع وانما

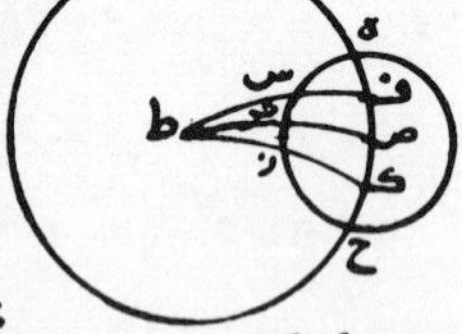

كان كذلك لعظم دايرة ه ز ح وقرب محيطها
من قطب ط وذلك ما قصدنا بيانه واما

2 فص] تص SH   3 سط : ES صط H
3 تط : ES طس H   3 فص] تص SH
7 فص] تص SH   9 الفلك] ك : SL ط H
13 فح] فع SL : بع H   14 فح] فع SL :
بع H   15 صع : ES بع H   17 ط : ES ك H

E 78r [156] ואולם חילוף זמני [17]החזרה לכוכב הזה אשר זכרו [18]בטלמ׳ ויחסו להיות הכוכב במרחקו [19]הרחוק או בהיותו בקרוב הקרוב או [20]בא׳ המעברי׳ האמצעיים אמנ׳ יהיה [21]זה ליציאת קטב גלגל הכוכב הזה מקטב [22]גלגל המזלות כמו שהעירנו עליו על שהוא [23]נפל לבטלמיוס בחילוף זמני העמידה [24]בכוכב הזה דמיון. וכבר העיר עליו [25]אבו מחמד גאבר בן אפלאח ותקנו [26]כמו שיעמדו עליו מספרו.

[157] ואולם היות [27]נטיית הכוכב הזה בתכלית הדרומי /מ 61א/ [1]מגלגל המזלות יותר מנטייתו בתכלית [2]הצפוני הנה אמנם יהיה זה כשיהיה [3]נטיית הכוכב הזה בגלגלו באיזורו אל צד [4]הדרום יותר מעט מאשר הוא אל הצפון [5]וכבר זכרנו אותו תחילה. ואמנם החילוף [6]בין זה ובין אשר למעלה ממנו בכמות [7]התנועה והקיצור כמו שאמרנו לפנים [8]ונעשה המשל אשר המשלנו בו [9]העתקת הכוכב הזה והכוכב אשר [10]עליו יהיה המשל לגלגל הזה ויספיק לנו [11]ונפטר מלהשיב הדמיון. M 61r

[158] וכאשר נחלקו [12]חלקי

4. מעט] לפי הערבית צ"ל: גדול. 7. ב: התנועה] מ: התכונה.

اختلاف ازمان الرجوع لهذا الكوكب الذى ذكره
بطلميوس ونسبه الى كون الكوكب فى بعده الابعد
وكونه فى قربه الاقرب او فى احد المجازين الاوسطين
فانما يكون ذلك لخروج قطب دائره ممر قطب هذا
فلك هذا الكوكب عن قطب فلك البروج حسبما
نبهنا عليه على انه وقع لبطلميوس فى اختلاف ازمان
الوقوف لهذا الكوكب وهم وقد تنبه له ابو محمد
جابر ابن افلح واصلحه حسبما يوقف عليه من كتابه
واما كون ميل هذا الكوكب فى النهايه الجنوبيه
عن فلك البروج اكثر من ميله فى النهايه الشماليه
فانما يكون ذلك بان يكون ميل هذا الكوكب من
فلكه عن نطاقه الى جهة الجنوب اكثر ميلا مال الى
الشمال وقد ذكرناه اولا وانما الخلاف بين هذا وبين
الذى فوقه من كميته الى الكثير والتقصير حسبما قلنا
قبل ونحو المثال الذى مثلنا به نقله ذلك الى الكوكب
والكوكب الذى فوقه يكون المثال لهذا الفلك ووقع
الاستغنا عن اعاده المثال واذا تبين اجرا

12 اكثر : ES اصغر H 12 ميلا مالى] قليلا منه الى S

קצור הכוכב בשנה על מספר ימיה [13]יצא מה שיקצרהו E 78v
ביום וזה דקי׳ ל"א [14]כ"ו ל"ו נ"ג נ"א ל"ג וכאשר
נחלק מספר [15]חלקי תנועת הגלגל הזה מיוחדת בו
אשר [16]לשנה אחת על מספר ימיה יצא מה [17]שיתנועע
אותו הגלגל ביום האחד והוא [18]דקים כ"ז מ"א מ׳
י"ט כ׳ נ"ח וכאשר יקובצו [19]שני אלו המספרים
כלומ׳ מה שיתנועע [20]אותו הגלגל ומה שקצר בו
אחר [21]תנועתו ביום יהיה זה כלל הקצור [22]הראשון
וזה דקי׳ נ"ט ח׳ י"ז י"ג י"ב ל"א [23]והוא קצור
הגלגל הזה פעם ראשונה [24]וכמותו גם כן העתקת
השמש האמצעית [25]ביום הא׳ על דמיון מה שהיה
בשני הגלגלים [26]אשר לפניו וישלים הגלגל הזה
הסיבוב [27]בתנועתו המיוחדת בו בב׳ שני׳ [28]וא׳
חדש וכ׳ יום בקירוב. וישלים הככב [29]בקיצורו
סבוב א׳ בשנה א׳ וי׳ [30]חדשים וכ"א יום בקירו׳
וזהו כלל מה [31]שנאמר בהעתקת הגלגל הזה [32]והעתקת
הכוכב בו והאל הוא [33]הנותן היושר.

18. מ׳] לפי הערבית צ"ל: י׳.   22. מ: ח׳] ב: ק׳.

22. מ: ל"א] חסר בכ"י ב.   30. מ: וכ"א] ב: כ"ח.

نقص الكوكب في السنه على عدد ايامها اخرج ما ينقص
في اليوم وذلك دقائق لا كو لو نح نا لح وادا
قسم عدد اجزاء حركه هذا الفلك الخاصه به التي لسنه
واحده على عدد ايامها اخرج ما يتحرك الفلك في اليوم
الواحد وذلك دقائق كز ما ى يط كح
واذا اجمع هذان العددان اعني ما يتحرك الفلك وما
قصر به بعد حركته في اليوم كان ذلك جملة النقصه
الاول وذلك دقائق نط ح يز لح يب لا ولو
عصير هذا الفلك اول مره ومثله ايضا نقله
الشمس الوسطى في اليوم الواحد على مثل ما كان
في الفلكين قبله فيكمل هذا الفلك الدوره بحركته
الخاصه به في سنتين اثنتين وشهر واحد وعشرين يوما
بالتقريب ويكمل الكوكب بتقصيره دوره واحده في
سنة واحده وعشره اشهر واحد وعشرين يوما بالتقريب
وهذا هو جملة ما نقوله من نقله هذا الفلك ونقله
الكوكب الذي فيه والله سبحانه وتعالى الموفق
للصواب م

SHL　5 ى] م

[159] [34]המאמר בגלגלי׳ הד׳ [35]הנשארי׳. E 79r

אולם [36]הד׳ הגלגלי׳ הנשארי׳ הנה נפל /מ 61ב/ M 61v
[1]החילוף בין מה שקדם זמנו ובין הבאים [2]אחריהם
בסדרם כי הנה החכמים הקודמים [3]כהרמס והבבליים
וחכמי הודו וזולתם [4]הנה הם היניחו גלגל השמש
אמצעי בין [5]השני גלגלים והניחו שני גלגלי נגה
וככב [6]וחמה בין גלגל השמש ובין גלגל הירח
[7]ושמו גלגל נגה תחת גלגל השמש [8]וכוכב על גלגל
הירח. ולא הביא א׳ מהן [9]לסדר הזה סיבה מחוייבת
וכאילו היה [10]עניין מפורסם בזמנם. עוד כי קצת
[11]מן הבאים אחר אלו לא רצו לקבל זה [12]מבלתי
טעם ומצאו שכוכב נגה וככב [13]לא יסתירו
השמש בעת מן העתים [14]כמו שיעשהו הירח. ושמו
זה סיבה [15]להיותם למעלה מגלגל השמש וסדרו
[16]גלגל השמש תחתם ולמעלה מגלגל הירח.

[160] [17]עוד כי בטלמ׳ בא אחריהם וימאן
לחלוק [18]על הראשונים מבעלי החכמה הזאת
[19]והשיב על מאמרם אשר

6. וחמה] צ"ל: חמה.

تاسعة

٩

القول
على الافلاك الاربعة الباقية

اما الافلاك الاربعه الباقيه فقد وقع الاختلاف
بين من تقدم عهده في ترتيبها فاما العلماء الاقدمون
كهرمس والبابليين واهل الهند وغيرهم فانهم
وضعوا فلك الشمس وسط بين الافلاك السبعه
ووضعوا فلكي الزهره وعطارد بين فلك الشمس
وفلك القمر وجعلوا فلك الزهره تحت فلك
الشمس وعطارد فوق القمر ولم يات احد منهم
لهذا الترتيب بعلة توجبه وكانه كان امرا مشهورا
في زمانهم ثم ان بعض من اتى بعد هاولاء لم يقنعوا
بقبول ذلك من غير علة ووجدوا كوكبي
الزهره وعطارد لا يستران الشمس في حال من
الاحوال كما يفعله القمر فجعلوا ذلك علة
لكونهما فوق الشمس ورتبوا فلك الشمس تحتهما
وفوق القمر ثم ان بطلميوس اتى بعد هاولاء وانكر
مخالفة الاولين من اهل هذا العلم ورد قولهم الذي

4 عهده] عصره S : H adds وبين من اتى بعدهم

נתנוהו סבה [20]באומרו כי שניהן איפשר שיהיו E 79v
תחת [21]השמש ולא יסתירוהו בשלא יהיו הולכין
[22]בשטחים ההולכים בראותינו ובשמש [23]וזאת
התשובה בלתי מקובלת כי שני אלו [24]הכוכבים
ילכו בהכרח בקוים ההולכים [25]בראותינו ובשמש
לפי מה שנותנים [26]שרשיו אשר הניחם. וכבר
הביא [27]אבו מחמד גאבר בן אפלח המופת על
זה [28]בהשיבו על סדר בטלמיוס. ואמ׳ בטלמיוס
[29]במקום הזה כי החזרה על דעת הראשונים [30]יותר
ראוי כי היות השמש אמצעי יותר [31]דומה לעניין
הטבעי ולא הביא הסיבה אשר [32]בה הוא יותר
דומה בעניין הטבעי ויורה זה [33]שהוא לא היה
חכם בטבע אמנם היה [34]חכם בלימודיים.

[161] ואולם הסיבה האמיתית [35]בסדר השאר
הסדר הטבעי [36]הנה הוא מה שהביאנו בו והוא
שהמקום [37]שהיה בו התנועה יותר מהירה ויותר
[38]קרובה מתנועת העליון שם הכח יותר /מ 62א/ M 62r
[1]חזק והמניע יותר קרוב וממה שקרב [2]מן המניע
כוחו ג"כ יותר חזק ותנועתו [3]יותר מהירה. ומה
שרחק מן המניע והוא [4]כוחו יותר חלוש ותנועתו
יותר מתאחרת. [5]וכבר ביארנו כי תנועת

22. מ: ובשמש] ב: השמש. 35. מ: השאר] ב: שאר.
36. מ: מה] חסר בכ"י ב. /מ 62א/ 1. וממה]
לפי הערבית צ"ל: ומה.

اعتلوا به بان قال انهما قد يكونان تحت الشمس ولا
يتبين انهما ان يكونا لا يمران بالسطوح المارة بابصارنا
وبالشمس وهذا الرد غير مقبول لان هذين
الكوكبين يمران ضرورة بالخطوط المارة بابصارنا
وبالشمس على ما تعطيه اصوله التي وضعها وقد
اتى ابو محمد جابر ابن افلح بالبرهان على ذلك عند
رده ترتيب بطلميوس وقال بطلميوس
في هذا الموضع ان الرجوع الى راي الاولين لكون
الشمس وسطا اسبق بالامر الطبيعي ولم يات
بالعلة في انه اشبه بالامر الطبيعي وبذلك
دل ذلك على انه لم يكن طبيعيا وانما كان تعاليميا
فاما العلة الحقيقة في ترتيب سائرها الترتيب
الطبيعي فهو ما اثبتنا به من انه حيث تكون الحركة
اسرع واقرب من حركة الاعلى فهناك القوة اشد
والمحرك اقرب وما قرب من المحرك فقوته
ايضا اشد وحركته اسرع وما بعد عن المحرك
كان اضعف قوة وابطا حركة وقد بينا ان حركة

8 الاولين] الاولين اولى SH   9 اسبق] اشبه SHL

הגלגל העליון המניע [6]התנועה היומית היא E 80r
היותר מהירה [7]שבכל התנועות וכוחו יותר חזק
מכח [8]מה שתחתיו. ואשר ילוה אליו למטה [9]ממנו
במהירות התנועה ויש לו כח [10]להשיג בו כתנועתו
נמשך אחריו [11]ואשר ילוה לזה יקרב להשיג
למי שעליו [12]בתנועתו המיוחדת בו. וכן סדר
[13]המתנועעים אחריהן על המנהג הזה.

[162] [14]והנה מצאנו קיצור גלגל השמש למעלה
[15]מקיצור גלגל מאדים והנה למטה מקצור [16]גלגל
ככב וגלגל הירח אשר שניהן תחתיו. [17]ואולם נגה
הנה יראה מעניינו שהוא [18]למעלה מגלגל השמש
ומה שבינו ובין [19]גלגל מאדים ואע"פ שהקודמים
[20]היניחוהו תחת גלגל השמש. וזה [21]שאנחנו
מצאנו קיצורו הראשון [22]למטה מקיצור גלגל
השמש ולמעלה [23]מקיצור גלגל מאדים. ויתחייב
לפי [24]שרשינו שיהיה בין שניהן וג"כ הנה
[25]העתקת הגלגלי' הד' כלומ' שצמ"נ על [26]סדר
א' ויושר מסכים ונאות. ואולם [27]הג' הנשארים
הם על סדר זולתו לפי מה [28]שהתבא' מספרי
בטלמיוס עצמו. ולכן [29]ראינו שנמשיך הסיבה
הטבעית [30]ואע"פ שחולקי' עלינו החכמים

10. מ: כתנועתו] ב: בתנועתו. 18–19. מ: ומה ... מאדים] חסר בכ"י ב. 20. תחת] לפי הערבית צ"ל: למעלה. 25. מ: שצמ"נ] ב: שבתי צדק מאדים ונגה. 29. שנמשיך הסיבה] לפי הערבית צ"ל: שנמשך הסדר.

الفلك الاعلى اليوميه هي اسرع الحركات وقوته
اشد من قوه ما تحته والذي يليه دونه في سرعه
الحركه وله قوه على اللحاق به فحركته تابعه له والذي
يلي هذا يقارب اللحاق بما فوقه بحركته الخاصه به
وكذلك ترتيب المتحركات بعد هذا على هذا المنهاج
وقد الفينا تقصير فلك الشمس فوق تقصير فلك
المريخ وهو دون تقصير فلك عطارد وفلك
القمر اللذين تحته واما الزهره فقد يظهر من امره انه
فوق فلك الشمس وفيما بينه وبين فلك المريخ
وان كان القدما وضعوه فوق فلك الشمس وذلك
انا الفينا تقصيره الاول دون تقصير فلك الشمس
وفوق تقصير فلك المريخ فيجب على ما اصلناه ان
يكون بينهما وانضاف ان اثقال الافلاك الاربعه
اعني زحل والمشتري والمريخ والزهره على ترتيب
واحد ونظام متفق واما اللذين تعلق بنظام غيره — الباقيه
حسبما تبين من كلام بطليموس نفسه ولذلك
راينا ان نتبع النظام الطبيعي وان خالفنا العلما

1 الاعلى المحرك الحركة Read 3 فحركته] بحركته S
10 فوق] تحت SHL

הקודמ׳ [31]ומי שבא אחריהן בזה. ונקדים מפני E 80[V]
הסיבה [32]הזאת גלגל נגה על ג׳ הנשארים ונניחהו
[33]במקום שהיניחו קורבת השגתו [34]בתנועתו
לתנועת העליון כי לא נמצא [35]הסדר ההוא סיבה
שנסמוך עליה.

[163] [36]ואולם מי שנתן הסיבה בו אשר בה
[37]השיבו על דעת הראשוני׳ מאשר הם [38]לא יראו
ככב נגה וכוכב יסתירו השמש /מ 62[ב]/ [1]בזמן M 62[V]
מן הזמנים כמו שיסתיר אותו הירח [2]בלקיות
השמשיות הנה הוא בחיי סיבה [3]אמיתית אילו היו
שני הכוכבי׳ האלה מקבלים [4]אורה מזולתם כמו
שיקבל הירח אורה [5]מהשמש אבל אם הן מאירים
מעצמם [6]הנה מה שיסתירו מן השמש לא יהיה בלתי
[7]מאור כי אורם יחליף מה שיסתירו והראיה
[8]על שהן לא יקבלו אורה מהשמש ולא יקבלו
[9]הזוהר מזולתם מה שנראה מהיותם מאירים
[10]תמיד בהיותם קרובים מהשמש או רחקם [11]על
עניין א׳. ואילו היה זהרם מן השמש כמ׳
[12]הירח הנה היה כוכב כותב לא יראה [13]לעולם כי
אם קשת מפני שהוא לא ירחק [14]מהשמש מרחק גדול.
וכן נגה ברוב הזמנים. [15]ואם אמ׳

32. מ: ונניחהו] ב: ונניחוהו. /מ 62[ב]/ 2. ב: בחיי] חסר בכ"י מ.

الاقدمين ومن اتى بعدهم في ذلك ولنقدم لهذه
العلة فلك الزهرة على الفلكين البواقي وننزله حيث
انزله في حقاقه بحركته لحركة الاعلا اذ لم نجد لترتيبهم
ذلك الترتيب علة نعتمد عليها فاما ما اعتل به
الذين ردوا راي الاولين من انهم لم يروا كوكبي الزهرة
وعطارد يستتران الشمس في حال من الاحوال كما
يسترها القمر في الكسوفات الشمسية فهي لعمري
علة صحيحة لو كان ذانك الكوكبان يستنيران
من غيرهما كما يستنير القمر من الشمس فاما اذا كانا نيرين
بانفسهما فان ما يسترانه من الشمس لا يكون غير بين
لان نورهما كملا ما ستراه والدليل على انهما لا
يستنيران من الشمس ولا يفتقران الاستضاءة من
غيرهما ما نشاهده من استضاءتهما دائما في قربهما
من الشمس وبعدهما على حال واحدة وان كانت
استضاءتهما من الشمس كالقمر لقد كان كوكب عطارد
لا يرى ابدا الا هلاليا لانه لا يبعد من الشمس كبير
بعد وكذلك الزهرة في اكثر احوالها وان قال

10 بين] بحرر نير SH and E supra

E 81r אומ׳ כי המרחק אשר בין שנהין [16]בגובה ישים קערת הכוכב אשר למולינו [17]מאיר תמיד. הנה היה נשאר בלא ספק [18]מקערתו הקצת מבלתי מאיר ויראה [19]ארוך לא עגול.

[164] וג"כ אילו היה השמש תחת [20]שניהן והן יקבלו האורה ממנו היה [21]העליון מקבל האורה מן השפל ויתפעל [22]העליון מן השפל התפעלות יהיה בו יותר [23]שלם וזה מגונה רחוק מן העניין אשר [24]בו מציאות הדברים ואחר שלא יסתירו [25]אור השמש ואם היו תחתיו בינינו ובינו [26]הנה אם שיעברו ניצוצי השמש בהם [27]לספירותם ואם שיחליף אורם מהם [28]שיסתירו ממנו. וכאשר היה הדבר כן [29]הנה אין הסיבה אשר נתנו בו אמיתית [30]ואין ראוי לעזוב ההנחה אשר היניחו [31]הקודמים מבלתי טעם אמיתי.

[165] וכן ששם אבו [32]אסחאק מחמד גאבר בן אפלח סיבה להיות [33]השמש והירח בצד א׳ מזהרם ומנתינת [34]אורן אינן סיבה ג"כ ואין ראוי לחזור אליו כך [35]אבל אנחנו הנה שמרנו השורש והסיבה [36]לזה מהירות התנועה והקורבה מן התנועה [37]הראשונה והיא סיבה

16. מ: קערת] ב: הערת. 18. מ: מקערתו] ב: מהערתו.
23. מ: מגונה] ב: מנוגה. 25. מ: ואם היו] ב: ואעפ"י שיהיו. 33. מ: בצד] ב: בצל.

٩

قايل ان البعد الذي بينهما في العلو يجعل صفحة
الكوكب التي تلينا مضيئة ابدا فانه شيء ولا بد من
صفحته البعض غير نير فيرى مستطيلا غير مستدير
وايضا فلو كانت الشمس تحتهما وهما يقبلان الاستضاءة
منها لكان يكون الاعلى يقبل الاستضاءة من الادنى
وينفعل الاعلى عن الادنى انفعالا يكون به اكمل
وهذا شنيع بعيد عن المعنى الذي عليه وجود الامر
فاذا لا يستتر ان ضوء الشمس وان كانا تحتها وبيننا
وبينها بل اما ان ينفذ شعاعها فيهما لشفوفهما واما
ان يخلف ضوءهما ما يستتر منها واذا كان الامر على
هذا فليس ما اعتلوا به صحيحا ولا يجب الرجوع
عن وضع وضعه المتقدمون دون علة صحيحة
وكذلك ابو محمد جابر بن افلح سببا لكون الشمس
والقمر في جهة والكواكب الاخر في جهة من انارتهما
واستضاءتهما ليس بعلة ولا يجب الرجوع اليه لذلك
فاما نحن فاما جعلنا الاصل لذلك والسبب سرعة
الحركات والقرب من الحركة الاولى وهي علة

النسخة المغربية ضوءها

10 ضوءهما ES : النسخة المغربية ضوءها .E mg

13 وكذلك ما جعله SH

אמיתית. ונתחיל [38]מפני זה גלגל נגה ונקדימהו. E 81^{v}
[166] /מ 63א/ [1]המאמר בתנועת נגה והעתקת M 63^{r}
[2]הכוכב אליו. הנה גלגל נגה [3]ראה מעניינו
שבינו ובין גלגל השמש [4]הגעת ושותפת יותר
ממה שנמצא לג׳ [5]העליונים. ואמנם זה מפני כי
השמש נלוה [6]אליו וקיצור הכוכב הזה אשר יקרא
התנועה [7]האמצעית שוה לקיצור השמש האחרון.
[8]ואולם שתי תנועות התחלפויותיהן והן [9]אשר
מצאנו אותם אנחנו תנועת שני הגלגלים האלה
[10]לעצמם המיוחדת בהן הנה אנו [11]נמצא בעלי
החכמה כבר קיימו אותה [12]לגלגל נגה. ואולם
לגלגל השמש [13]עזבוהו וערבו אותה בתנועתו
הנקראת [14]אמצעית והיא קיצורו האחרון. וזה
שהן [15]שמו תנועת החילוף לגלגל השמש על
[16]היוצא המרכז בלתי גלגל ההקפ׳ ואע"פ שבטלמיוס
[17]שם ב׳ ההנחות לתנועת הגלגל הזה אבל [18]כל
אחת לבדה ולא יבדיל בין תנועתו [19]המיוחדת
בו ואין העתקת הקיצור ויחייב [20]זה שהם
היניחו העגולה

2. אליו] לפי הערבית צ"ל: עליו. 19. ואין] לפי הערבית צ"ל: ובין. כאן נמצאים כמה משפטים בשולי ב שאינם שייכים לטקסט וקשה לקרוא אותם (ראה ב $172^{ב}$).

صحيحة فنبدا لذلك بفلك الزهره ونقدمه

القول

في حركات فلك الزهره ونقلة

الكوكب عليه

ان فلك الزهره يظهر من امره ان بينه وبين فلك الشمس
وصلة ما وشركة الا انما نجده للثلاثه العلويه وانما
ذلك لان الشمس تابع له وتقصير هذا الكوكب
الذي يسمى بالحركة الوسطى مساو لتقصير الشمس الاخر
واما حركتا اختلافهما وهي التي وجدنا بها حركة هذين
الفلكين بانفسهما المختصه بهما فانا نجد اهل العلم قد
اثبتوها لفلك الزهره فاما لفلك الشمس فاغفلوها
وخلطوها بحركته التي تسمى الوسطى وهي تقصيره الاخر
وذلك انهم جعلوا حركة الاختلاف لفلك الشمس
على الخارج المركز دون فلك التدوير وان كان بطلميوس
جعل الوضعين لحركة هذا الفلك لكن لكل واحد
على انفراده فلم يميزوا بين حركته المختصه به وبين
نقلة التقصير وموجب ذلك انهم انزلوا الدايره

E 82r אשר ירשום [21]אותה השמש בהעתקתו השוה היא
[22]עגולת המזלות ושמו הגלגל היוצא [23]המרכז
לו בשטחה ואינו כמו שהיניחו [24]אותו. ולכן
חשבו שהעתקת השמש [25]היא הפשוטה לבדה כאשר
לא הוצרכו [26]לשני גלגלים כלומ' יוצא המרכז
וגלגל [27]הקפ'. אבל הספיק להם אחד מהם
[28]בהעתקת השמש לבד.

[167] ואנחנו מצאנו [29]העתקת גלגל נגה על
קוטביו היא אשר [30]יקראו אותה תנועת החילוף
והיא [31]חמשה סיבובים בשמונה [32]שנים שמשיים
יחסר שני ימים [33]ורביע יום וחלק מעשרים חלק
מיום [34]בקירוב ויעתק ככב נגה להפך [35]תנועת
הכל אחר מה שיניע אותו על [36]קוטביו אצל
תנועות הכל ויקצר [37]בקיצור השמש שמונה סיבובים
[38]בשמונה השנים הנזכרים. ואולם [39]גלגל השמש
M 63v הנה אנחנו מצאנו תנועתו / מ 63ב/ [1]המיוחדת בו
על קוטביו כמו קיצורו [2]האחרון והוא יתנועע
סיבוב על קטביו [3]ויקצר ויהיה קצורו הראשון
שני סבובי' [4]בכל שנה וקצור גלגל נגה הראשון
[5]סבוב וחמשה שמיניות מסיבוב אחר

و

التي ترتسمها الشمس بنقلتها المستويه هي دائره البروج
وجعلوا الفلك الخارج المركز له في سطحها ولتثبت
على ما وضعوه ولذلك ظنوا ان نقلة الشمس هي البسيطه
وحدها حين لم يحتاجوا الى فلكين اعني خارج
المركز وفلك التدوير بل اكتفوا باحدهما في نقلة
الشمس خاصه ونحن فانا الفينا نقلة فلك الزهره حركة
على قطبه هي التي يسمونها الاختلاف وهي خمس
دورات في ثماني سنين شمسيه ينقص يومين
وربع يوم وجزأ من عشرين جزا من يوم بالتقريب
ويتقهقر كوكب الزهره الى خلاف حركة الكل
بتقصيره بعد ذلك الذي يحركه على قطبيه نحو
حركة الكل فيقصر كتقصير الشمس ثمانية ادوار في
الثماني سنين المذكوره فاما فلك الشمس فانا وجدنا
حركته المختصه به على قطبه مثل تقصيره الاخير
فهو متحرك دورة على قطبه ويقصر اخرى فتكون
تقصيره الاول دورتين في كل سنه وتقصير
فلك الزهره الاول دورة وخمسة اثمان دورة اخرى

11 ذلك Missing in S 14 الاخير نط ح يز يج يب لا S
17 اخرى ا لو ز مج و كج نط سادس S

[6]ולכן יתחייב שיהיה מלמעלה מגלגל [7]השמש כי E 82[v]
הוא יותר קרוב אל [8]תנועת העליון בהעתקה אשר
[9]הוא נשוא בה.

[168] ובעבור שהיו שני קטבי [10]הגלגל הזה
כמו שהם קטבי השלשה אשר [11]עליו יסובבו על
שתי עגולות קטביהם [12]סובבים גם כן על שתי
עגולות קטביהם [13]קטבי העליון והן שתי עגולות
מהלך [14]קטבי גלגל הכוכבים הקיימים אשר [15]הוא
גלגל המזלות אין בין תנועת [16]הגלגל הזה על
קוטביו כלומ׳ תנועתו [17]המיוחדת בו. ואין
תנועת גלגל השמש [18]המיוחדת בו זולת שלשה
שמיניות [19]סיבוב בשנה. ואולם העתקתם למשך
[20]המזלות בקיצורם האחרזן הנה היא [21]העתקה
אחת ויהיה מפני זה קטב [22]הגלגל הזה יסוב
מקוצר בעגולת מהלכו [23]חמשה שמיניות הסיבוב
בשנה. [24]ואולם קטב עגולת מהלכו הנה יקצר
[25]סיבוב שלם והוא כמו הקיצור הראשון [26]אשר
לגלגל מאדים.

[169] ונמשיל לזה דמיון [27]יתבאר בו.
ונשים עגולת גלגל המזלות [28]אבגד קטבה ט והוא
קטב הגלגל [29]העליון הצפוני וקטב עגולת מהלך
[30]גלגל נגה נקודת א וזאת הנקודה [31]היא על

12. מ: סובבים ... קטביהם] חסר בכ"י ב. 16. תנועתו]
מ: תנועת. 22. ב: הזה] חסר בכ"י מ.

فلذلك وجب ان يكون اعلى من فلك الشمس اذ
هو اقرب الى حركة الاعلى في النقلة التي هو محمول فيها
ولما كان قطبا هذا الفلك على مثل ما عليه الاقطاب
الثلثة التي فوقه يدوران على دايرتين قطباهما دايران
ايضا على دايرتين قطباهما قطبا الاعلى وهما دايرتا ممر
قطبي الفلك المكوكب الذي هو فلك البروج
وليس بين حركة هذا الفلك على قطبيه اعني حركته
المختصة به وبين حركة فلك الشمس المختصة به سوى
ثلثة اثمان دورة في السنة فاما نقلتاهما الى توالي البروج
فتقصر بهما الاخر نقلة واحدة فيكون لذلك قطب
هذا الفلك يدور مقصرا في دايرة ممره الخمسة
اثمان الدورة في السنة فلما قطب دايرة ممره فانما
يقصر دورة كاملة وهي مثل التقصير الاول الذي لفلك
المريخ ولنمثل لذلك مثالا يتضح به فنجعل دايرة ممر
قطب فلك البروج دايرة ا ب ج د قطبها ط وهو
قطب الفلك الاعلى الشمالي وقطب دايرة ممر
قطب فلك الزهرة نقطة ا وهذه النقطة هي على

קיצור גלגל המזלות הראשון [32]קודם שיתנועע E 83r
לעצמו התנועה [33]המיוחדת בו. ונשים העגולה
[34]הנקראת עגולת המזלות עגולת [35]כלמנ ושתי
הקשתות אשר ילכו [36]בשני השיוויים ובקטב
ט שתי [37]קשתות כטמ ולטנ ונשים עגולת /מ 64א/ M 64r

[1]מהלך קטב גלגל נגה הזח והיא אשר [2]תסוב סביב
קטב א ותהיה נקודת [3]כ היא נקודת השיווי האביבי
וכאשר [4]שמנו קטב גלגל נגה על נקודת אבגד
[5]והזח יחד אז יהיה כוכב נגה על גלגל [6]המזלות
עצמו. ומפני שקטב גלגלו [7]שהוא מן הכוכב אמנם
יהיה על [8]רביע העגולה הנה הכוכב יהיה [9]קודם
לנקודת כ אשר היא נקודת [10]השיווי האביבי
בשיעור חלקי קשת [11]אה מעגולת אבגד וכאילו
הוא על [12]נקודת פ.

[170] וכאשר קצר קטב א [13]בעגולת אבגד
קשת אז הנה מקום [14]נגה באורך הוא נקודת כ
אלא [15]שקוטב גלגלו בעבור שהיה [16]מקצר אל
צד ח מפני שעליו תהיה [17]תנועת גלגל נגה

37. מ: כטמ ולטנ] ב: כט מזל טנ.

٩٤

نقص فلك المريخ الاول قبل ان يتحرك بنفسه
الحركة المختصه به ونجعل الدايره التي تسمى فلك
البروج دايره كلمن والقسي التي تمر
بالاعتداليين والانقلابين وقطب ط فنسمي
كطم ولطن ونجعل دايره تمر قطب
فلك الزهره هزح وهي التي يدور حول قطب
تحرر هي آ ولتكن نقطه ك ففي نقطه الاعتدال
الربيعي فاذا جعلنا قطب فلك الزهره على نقطه
من دايرتي ابجد وهزح جميعا حينيذ
يكون كوكب الزهره على فلك البروج نفسه ولان
قطب فلكها هو الذي لها من الكوكب انما يكون على
ربع الدايره فان الكوكب يكون متقدما لنقطه ك التي
نقطه هي الاعتدال الربيعي بقدر اجزا قوس اه من
دايره ابجد ولانه على نقطه ف فاذا قصر قطب
آ ح دايره ابجد قوس از لموضع الزهره في
الطول هو نقطه ك الا ان قطب فلكه لما كان
مقصرا الى جهه ح لان عليها يكون ح لانه [illegible] الزهره

1 المريخ ES : البروج HL 7 ففى] تحرر هى SH E mg.

E 83^{v} המיוחדת בו והוא [18]נח עליה הנה הוא נשאר
על קצורו [19]וכאילו נעתק קשת הק ותגיע אל
[20]המקום ק וישוב מפני זה מקום [21]כוכב נגה
זולת נקודת כ וכאשר [22]נעתק קטב ה בקיצורו
חמשה [23]שמיניות קשת הח נעתק גם כן [24]קטב
א בעגולת המהלך לו אל נקודת [25]ב. והיה
מקום נגה באורך נקודת ל [26]מגלגל המזלות
אלא שהוא לא יהיה [27]על נקודת ל עצמה אבל
אל הדרום [28]ממנה בכמו קשת אח. ובעבור
[29]שנקודת קטב ה וקטב א יחד אל [30]צד משך
המזלות מה שיראה הכוכב [31]מפני זה מוסיף
התנועה ויהיה [32][מפני זה מוסיף התנועה ויהיה]
[33]מפני זה בתכלית המהירות להתקבץ [34]שני
M 64^{v} הקטבים אל משך המזלות /מ 64ב/ [1]וכן יהיה
העתקתו מהר אל המיצוע עד [2]שיגיע הקטב מה
אל נקודת ז ותהיה [3]תנועת הכוכב ממוצעת כי
לא יעתק [4]קטב ה שם אצל משך המזלות. אבל
[5]קטב א לבדו אשר היא התנועה [6]האמצעית.
וכן תהיה ההעתקה ממוצעת [7]כל זמן שהתמיד קטב
ה סביב נקודת ז [8]ואין ראוי לנו שנגביל שיעורי
הקשתות [9]אשר לתוספת ואשר לחסרון אשר [10]אם
לא יתנה זה. ומפני

19. ותגיע] לפי הערבית צ"ל: ותגיע ה.   32. מ: [מפני...
..ויהיה] כדאי להשמיט את המלים האלה כי הן כתובות
פעמיים.

المختصة به وهو ساكن لها فهو باق على قصره فكانه
اسفل قوس ه ز وحمل ه موضع ق ويصير
لذلك موضع كوكب الزهرة غير نقطة ك واذا
اسفل قطب ه بقصيرة خمسة اثمان قوس ه ح
اسفل ايضا قطب آ في دائرة الممر له الى نقطة ب وكان
موضع الزهرة في الطول نقطة ل من فلك البروج
الا انه لا يكون على نقطة ل نفسها بل الى الجنوب عنها
بنحو قوس اح ولاجل ان نقطة قطب ه وقطب آ
جميعا الى جهة توالي البروج ما يرى الكوكب لذلك متزايد
الحركة فيكون لذلك في غاية السرعة لاجتماع نقلتي القطبين
الى توالي البروج ولذلك تكون نقلته سريعة الى التوسط حتى
ينتهي القطب من ه الى نقطة ز فتكون حركة الكوكب
متوسطة اذ لا ينتقل قطب ه هنالك نحو توالي
البروج بل قطب آ وحده التي هي الحركة الوسطى
ولذلك تكون النقلة متوسطة ما دام قطب ه حول القسي
نقطة ز ولا ينبغي لنا ان نجد مقادير التي للرجوع
للتزيد والتي للنقص اذ لم نشترط ذلك ولان

SL نقلة : EH نقطة 8 SHL ه ق] ه ز 2
Missing in SHL [للرجوع 16

שזה יצטרך [11]אל עיון יותר חזק הדקדוק הנה E 84r
[12]תכליתנו שנרמוז אל איכות ההעתקה [13]רמיזה.
ואולם כמותה הנה במעשים [14]ובמבט יצא וילך
העניין בו.

[171] וכאשר [15]יתרחק קטב ה מז מעט נראה
להעתקה [16]הזאת אשר היא האמצעית חסרון.
[17]מפני העתקת קטב ה להפך מנקודת א [18]כלומר
אצל תנועת הכל. ואיננה כמו [19]שהיתה תחילה
עוזרת ל"ו ונוספת בה. [20]ובשיעור מה שיהיה מה
שיוסיף בה [21]ישוב ויחסר ממנה וזה כל זמן
שהתמידה [22]העתקת קטב ה מאצל ז אל צד מקום ה
[23]תחילה הנה הן הוא העתקת הכוכב [24]הזה וזה
מה שכיוונו לבארו. צורה.

[172] /מ 66א/ [1]ואין ההעתקה בכוכב הזה M 66r
כמו מה [2]שהיתה בכוכבים העליונים ולא בכוכב
[3] מאדים כי הנה יראה ראיה מבוארת [4]בכל אחד
מהם מהירות תנועת הככב [5]ואיחורה ועמידת הכוכב
וחזירתו [6]ועמידתו שנית עוד שוויו מפני רבוי
[7]יתרון העתקת שני הקוטבים [8]בשתי עגולות
המהלך שלהם על [9]העתקת קטבי

11. מ: עיון] ב: עניין. 19. ב: ל"ו] מ: ל"י.

ذلك يحتاج الى نظر اشد استقصا فغايتنا ان نرشد الى
كيفية النقلة ارشادا فاما كميتها فبالاعمال والرصد
نستخرج ونتحرر الامر فيها فاذا ساعد قطب ه عن ز
قليلا ظهرت هذه النقلة التي هي الوسطى سيقصر لاجل
نقلة قطب ه الى خلاف نقلة ا اعني نحو حركة
الكل وليست كما كانت اولا معينة لها وزايدة
فيها فقد ربما كانت تزيد تعود تنقص منها وذلك فيها
ما دامت نقلة قطب ه من محور ز الى نحو موضع
ه فهكذا هي نقلة هذا الكوكب وذلك ما قصدنا بيانه اولا

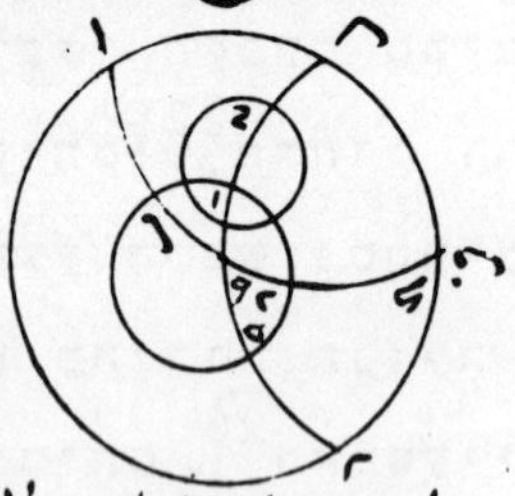

وليست النقلة في هذا
الكوكب مثل ما كانت في
الكواكب العلوية ولا
في كوكب المريخ لانه يظهر
ظهورا بينا في كل واحد منها
سرعة حركة الكوكب وبطوها ووقوف الكوكب
ورجوعه ووقوفه ثانية ثم استقامته لاجل كثرة
فصل نقلة القطبين في دايرتي الميل لها على نقطة ا وعلى

3 ويتحرر] ويتحرى S   9 ه اولا Read   17 على نقطة] نقلة SHL

הגלגלים אשר ישתוו [10]העתקתם להעתקת הכוכב E 84v
האמצעית [11]ואולם בכוכב הזה הנה לא יהיה
יתרון [12]להעתקת קטבי גלגלו בשתי עגולות
[13]מהלכם להעתקת קטביהם אבל תחסר [14]ממנה הנה
זה מה שנתאמת אצלינו [15]מהעתקת הכוכב הזה.
כי אנחנו לא [16]נראה מהעתקת הכוכב הזה ולא
[17]מכוכב כותב עמידה ולא חזרה כמו [18]שנראהו
לשלשה העליונים.

[173] כי שני אלו [19]הכוכבים לפי מה שעשו
עליהם אמנם [20]יסובבו בגלגלי הקפתם סביב אמצע
[21]השמש. וכאשר היו במרחקיהם [22]הרחוק והקרוב
מגלגלי ההקפה יהיו [23]באמצע השמש נסתרים בו
ולא יראה [24]להם חזרה ולא מהירות תנועה בתכלית.
[25]אמנם יראו כשיהיו במעבריהם [26]האמצעיים והם
בתכלית מרחקיהם [27]מן השמש ותנועתם אז אמצעית.
אבל [28]יהיה הגלגל בחזרת הכוכב הזה לפי מה
[29]שהביאנו בו בגלגל מאדים כיחס ההוא [30]בעצמו
והמעשה בשניהם אחד.

[174] [31]ואולם אמרו כי הכוכב הזה וכוכב
כותב [32]יתקבצו מרכזי הקפותם עם אמצע [33]השמש
בכל שנה שני פעמים. אמנם זה [34]מפני שקטבי
גלגל השמש יסבבו

10. מ: הכוכב] חסר בכ"י ב. 13. מ: להעתקת] ב: על העתקת. 28. הגלגל] לפי הערבית צ"ל: המאמר.
29. מ: כיחס] ב: ביחס.

الدوائر التي تساوي نقلها لنقلة الكوكب كوطي واما
في هذا الكوكب فلا نعقل نقلة قطبي فلكي في دائرتي
مريهما على نقلة قطبيهما بل ينقص عنها فهذا الذي صح
لدينا من نقلة هذا الكوكب لانا لا نشاهد من
نقلة هذا الكوكب ولا كوكب عطارد فوقا ولا
قهقرة كما نشاهده للثلاثة العلوية لكن هذين الكوكبين
بما عملوا عليه انما يستديران في فلكي تدويريهما حول
وسط الشمس واذا كانا في بعديهما الابعد والاقرب
من فلك التدوير كانا في وسط الشمس مستترين
بها فلا يرى لهما قهقرة ولا سرعة حركة في الغاية وانما
يريان عند ما يكونان في مجازيهما الاوسطين وهما
في غاية بعديهما من الشمس وحركتها عند ذلك متوسطة
لكن يكون القول في رجوع هذا الكوكب على نحو ما ابينا
به في فلك المريخ سالك النسبة بعينها والعمل
فيهما واحد واما قوله ان هذا الكوكب وكوكب عطارد
يجتمع مركزا تدويريهما مع وسط الشمس في كل سنة
مرتين فانما ذلك لكون قطبي فلك الشمس يدوران

בקצורם /מ 66ב/ [1]שני סיבובים וקטבי שתי E 85r
עגולות מהלך [2]שני אלו הכוכבים אמנם יחתכו M 66v
בקצורם [3]שתי עגולות מהלכם פעם אחת בכל שנה
[4]ולכן יתקבצו פעם בשנה האחת. ואולם [5]איך לא
יראה הכוכב הזה כי אם צפוני [6]מגלגל המזלות
אמנם יהיה זה כשיהיה [7]מקומו מגלגלו אל צד
צפון נוטה מעט [8]מאזור גלגלו. וכן כוכב כותב
יהיה אל [9]הדרום מעט מאזור גלגלו וזה איפשר
[10]בהם ולכן לא יראו בתכלית מרחקיהם [11]הנזכרים
כלומ׳ ככב נגה בתכלית הדרום [12]ולא כוכב כותב
בתכלית הצפון. ובעבור [13]כי שני הכוכבים האלה
כשרחקו [14]קוטביהם בשתי עגולות מהלכם [15]מעגולת
מהלך קטב גלגל המזלות מרחק [16]גדול יהיו
קרובים מהשמש ולא יראו [17]בזמני מרחקיהם בצפון
ובדרום [18]ודמיון זה מן הצורה הקודמת בשתי
[19]עגולות אבגד והזח שאם היו החלקים [20]אשר
ישתוה בהם

7. בשולי מ וב: גלגלו] בטקסט מ: בגלגלו. 20. מ: ישתוה]
ב: יסתר.

سقصير بهما دورتين وقطبا دايرتي ممري هذين الكوكبين
انما تقطعان سقصير بهما دايرتي ممريهما مرة واحدة في
كل سنة فلذلك يجتمعان مرتين في السنة الواحدة
ولما كيف لا يرى هذا الكوكب الا شماليا عن فلك
البروج فانما يكون ذلك بان يكون موضعه من فلكه
الى جهة الشمال قليلا عن نطاق فلكه وكذلك
يكون عطارد يكون الى الجنوب قليلا عن نطاق
فلكه وهذا ممكن فيهما فلذلك لا يريان في غاية
بعدهما المذكورين اعني كون الزهرة في نهاية الجنوب
ولا كون عطارد في نهاية الشمال ولان هذين
الكوكبين متى بعد قطباهما في دايرتي ممريهما عن
دايرتي ممر قطب فلك البروج بعدا اكثر اكانا في
ط قوص قبضة الشمس فلا يريان في حالي بعدهما في الشمال
والجنوب ومثال ذلك

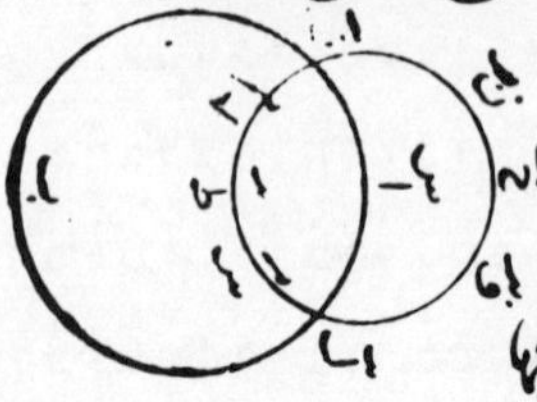

من الصورة المتقدمة في
دايرتي اب جد و هزح
انه اذا كانت الاجزا التي يسير فيها

6 الشمال مائلا H 9 كون : ES كوكب HL

13 قبضة ES : ط قرص E mg.

E 85v קטב ה מעגולת הזח [21]אשר קטבה א עם הראות הכוכב
[22]אמנם הם עם שתי נקודת ה וז ובמה [23]שסביבם
משני הצדדים כאילו הן עם [24]קשת קהץ ותזי ויהיה
יציאת כוכב נגה [25]מאזור גלגלו אל השמאל בשיעור
חלקי [26]הק מעגולת מהלך קטב הכוכב כי כוכב
[27]נגה לא יראה אלא צפוני וזאת היא הצורה.
[175] [28]ואולם בטלמיוס הנה נשתבש [29]במקום
הזה כי שם הגלגל [30]הנוטה הנושא [31]למרכז [32]גלגל
M 67r [33]ההקפ׳ [34]בזה [35]הגלגל [36]ובגלגל /מ 67א/ [1]כוכב
יעתקו בגלגלי הקפתם אל צד אחד [2]אם בגובה אל
הצפון תמיד. ואם בכותב [3]אל הדרום תמיד מגלגל
המזלות וזה [4]כשיהיה הגלגל הזה הנוטה אל גלגל
המזלות [5]בעוד שהגיע מרכז גלגל הקפה במהלכו
[6]עליו בצד הצפוני ממנו אל עיקוד החיתוך
[7]בינו ובין גלגל המזלות ישיגהו החצי השני [8]אשר
הוא היה דרומי. וכבר שב אליו [9]צפוני מגלגל
המזלות. וכן עניינו כשהגיע [10]אל העיקוד האחר

2. בגובה] צ"ל: בנוגה.

قطعة من دايره ه ز ح التي قطبها آ عند ظهور
الكوكب انما هما عند نقطتي ه و ز وهما حولهما
من الجانبين كانهما قوسا فص و ت رك
وكان خروج كوكب الزهره عن نطاق فلكه الى
الشمال بقدر اجزا ه ق من دايره مر قطب الكوكب
فان كوكب الزهره لا يرى الا شماليا وبهذه الصوره
واما بطلميوس فانه يتكلف في هذا الموضع ان جعل
الفلك المايل الكامل المركز فلك التدوير في هذا
الفلك وفي فلك عطارد ينقلان بفلكي
تدويرهما الى جهه واحده اما في الزهره فالى الشمال
ابدا واما في عطارد فالى الجنوب ابدا عن فلك
البروج وذلك بان يكون هذا الفلك المايل
على فلك البروج مهما انتهى مركز فلك التدوير
في مسيره عليه وهو في الجهه الشماليه منه الى العقده
القاطع بينه وبين فلك البروج يلقاه النصف
الثاني الذي كان جنوبيا وقد عاد له شماليا عن فلك
البروج وهذا حاله متى وصل الى العقده الاخرى

3 فص] ق ه ص SHL 6 وهذه SH

יעתק לו החצי השני [11]צפוני מגלגל המזלות. וכן E 86r
בכל אחד [12]משני העקודים תמיד עד שלא יראה
[13]הכוכב אלא צפוני מגלגל המזלות. ואולם
[14]בכותב יתהפך זה.

[176] וציור כמו זה העניין [15]קשה ואפשרותו
רחוק מהדיבור בכמו [16]ההעתקה הזאת לגרמים
השמימיים [17]והיא ההעתקה אשר תדמה ההיפוך
[18]מגונה. וכן נבהל מזה בטלמיוס במה [19]שהביא
בו במין השני מן המאמר הי"ג [20]מספרו כמו
שיעמיד עליו מי שיתבונן [21]בו ובפנים האלו
אשר זכרנו יקל הציור [22]להעתקה הזאת ויסור
הקושי והשיבוש [23]אשר ישתבש בו. ובאלהים העזר
ונשים [24]זה סוף מה שנאמר בהעתקת הכוכב הזה
[25]וזהו עת שנזכור העתקת השמש [26]בהעתקת גלגלו
על הדרך והסדר אשר [27]נתננו הטבע.

[177] המאמר [28]בהעתקת השמש [29]בתנועת
גלגלו. ואולם איך העתקת [30]הכוכב הזה הנה הוא
כמו שזכרנו בהעתקת [31]הכוכבים

13. מ: אלא] ב: אל. 19. מ: הי"ג] ב: הכ׳

ينتقل له النصف الثاني شمالا عن فلك البروج
وكذلك في كلتي العقدتين دائما حتى لا يرى
الكوكب الا شماليا او جنوبيا عن فلك البروج واما في
عطارد فبعكس ذلك وتصور مثل هذه الحال
عسير وامكانه بعيد والقول بمثل هذه النقلة للاجرام
السماوية وهي النقلة التي تشبه الموازاة شنيع ولذلك
اعتذر عن ذلك بطليموس بما اتى به في النوع الثاني من
المقالة الثالثة عشر من كتابه حسبما تقف عليه من
تأمله وهذا الوجه الذي اتينا به يسهل التصور
لهذه النقلة ويزيل العسر والتكلف الذي تكلفه
وبالله التوفيق ولنجعل هذا اخر ما نقول في نقلة
فلك هذا الكوكب وها نحن نذكر نقلة الشمس
ونقلة فلكها على النسق والترتيب الذي اعطانا الطبع
فنقول

القول

في نقلة الشمس بحركة فلكها

واما كيف نقلة هذا الكوكب فانها على ما ذكرنا في نقلة الكواكب

אשר עליו אלא כי קיצור הגלגל [32]הזה מאשר E 86v
למעלה ממנו מעט והוא [33]בשיעור ג׳ שמיניות
סבוב וקיצורו כפל [34]הקיצור השלשה העליונים.
ר"ל הראשון [35]וכפל קיצור גלגל נוגה האחרון
שהוא אמנם [36]יתנועע על קטביו להתדמות בעליון
סבוב [37]אחד סביב וישאר קיצורו כמו הקיצור
/מ 67ב/ [1]הראשון אשר יקצרו בו הג׳ העליונים M 67v
[2]וכמו הקיצור האחרון אשר יקצר אותו [3]גלגל נוגה
אשר למעלה ממנו וזו היא [4]העתקת השמש האמצעית.
ומפני [5]שלא מצאנו לקודמים בהעתקת השמש [6]חילוף
גדול כלומר כמו שמצאנו לכוכבים [7]העליונים
מן החזרה והעמידה והשווי [8]ולא ראו לה שתי
ההעתקות מתנגדות נראות [9]לחוש אחת מהם מן
המערב אל המזרח [10]והשנית מן המזרח אל המערב
כמו שמצאו [11]אותם לעליונים ולאשר תחת השמש
חשבו [12]שהעתקתה יותר פשוטה מכל התנועות
[13]השמימיות אחר העליון.

[178] ושמו זמני העתקתה [14]לשיעור זמנים
העתקת האחרים כשיעור [15]הראשון וכמו שהוא
נמצא אצלינו אמנם [16]העתקתה

37. סביב] לפי הערבית צ"ל: בשנה.

فوقه
الى فوقها الا ان تقصير هذا الفلك عن الذى فوقه
يسير وذلك بقدر ثلثة اثمان دوره وتقصيره
ضعف تقصير الثلثة العلويه اعنى الاول وضعف
تقصير فلك الزهره الاخير فانه انما يتحرك على
قطب المتشبه بالاعلى دورة واحده فى الحول
وسمى تقصيره مثل التقصير الاول الذى تقصر به
الثلثة العلويه ومثل التقصير الاخير الذى تقصر به
فلك الزهره الذى فوقه وذلك هو نقله
الشمس الوسطى ولما لم نجد للاقدمين فى نقله
الشمس كثير اختلاف اعنى مثل ما وجدوه للكواكب
العلويه من الرجوع والوقوف والاستقامه فلم
يشاهدوا لها نقلتين متقابلتين ظاهرتين للحس احداهما
من المغرب الى المشرق والثانيه من المشرق الى المغرب
كما وجدوها للعلويه وللذين تحت الشمس ظنوا
ان نقلتها ابسط الحركات السماويه بعد الاعلى
وجعلوا ازمان نقلتها بقدر ازمان نقله فلك
كالمقدار الاول حسبما هو موجود عندنا وانما نقلتها

E 87r דומה באשר למעלה ממנה. [17]ואיפשר שהיא יותר מורכבת כמו [18]שיראה אחר זה והוא כי קטבי הגלגל הזה [19]יסובבו ג"כ על שתי עגולות הם מהלך [20]להם ולשתי העגולות האלו שני קוטבים [21]יסובבו סביב קטבי משוה היום שהם [22]קטבי הכל בתנועת היומית השוה כמ׳ שיתבאר [23]זה אחר זה. והנה היה איפשר לעשות [24]הנחת שני אלו הקוטבים לגלגל הזה על [25]הדרך אשר הונח לגלגלים הארבעה אשר [26]עליו עד שיהיו סובבים על שתי עגולות [27]קטביהם סובבים על שתי עגולות קטבי [28]היום אלא שהם שיהיו בגלגל הזה בתכלית [29]הקטנות ושתי העגולות האלו הם מקום [30]גלגל ההקפה אשר הניחו בטלמיוס. אבל [31]אמנם הלכנו בהנחת קטבי הגלגל הזה מהלך [32]אחר וזה שיהיו שתי עגולות מהלך קטבי [33]גלגל המזלות מפני כי שתי עגולות אלו [34]כשיהיו ממששות שתי עגולות ההם יעמדו [35]מקום היוצא המרכז אשר הניחו וסמך בו [36]והלכנו בזה על הדרך שהלך בו.

27. מ: סובבים ... קטבי] חסר בכ"י ב. 27. עגולות] לפי הערבית צ"ל: עגולות מהלך. 28. היום] לפי הערבית צ"ל: העליון. 32. מהלך] לפי הערבית צ"ל: מהלך קטביו תמששו עגולות מהלך.

شبهه بالتي فوقها وربما هي اكثر تركيبا حسبما يظهر
بعد وذلك ان قطبي هذا الفلك يدوران ايضا
على دايرتين بتمامهما ولهاتين الدايرتين قطبان
يدوران حول قطبي معدل النهار اللذين هما قطبا الفلك
في الحركة اليومية المستوية حسبما يتضح ذلك فيما
بعد هذا وقد كان يمكن ان يكون العمل في وضع
هذين القطبين لهذا الفلك على النحو الذي وضع
للافلاك الاربع فوقه حتى يكونا يدوران على
دايرتين قطباهما دايران على دايرتين من قطبي الكل
الا انهما يكونان في هذا الفلك في غاية الصغر ويكون
الدايرتان تقومان مقام فلك التدوير الذي وضعه
بطليموس لكن انما سلكنا في وضع اقطاب هذا
الفلك مسلكا اخر وذلك بان يكون دايرتا تمام
قطبيه تماسان دايرتي من قطبي فلك البروج الى
تماس الدايرتين اذا كانتا تماستان تينك الدايرتين
تقومان مقام الخارج المركز الذي وضعوه عليه
فجرينا في ذلك على ما جرى عليه ولنمثل لذلك

[179] [37]ונמשיל לזה דמיון ונשים העגולה E 87v
הנמשלת [38]למשוה היום אבגד והעגולה אשר ירשמה
/מ 68א/ [1]השמש בקיצורו והיא העתקתו להפך M 68r
[2]תנועת הכל אהגז וקטב משוה היום [3]נקודת ח
והוא הצפוני הנראת אלינו ויהיה [4]קוטב עגולת
אהגז סובב על עגולת כלמנ [5]ותהיה העגולה
ההולכת בשני השוויים וקוטב [6]משוה היום סובבת
אבחמג ואשר תלך [7]בשני ההפוכים וקטב ח סובבת
הלח [8]דנז. ומפני שהשמש אמנם נניחהו על [9]אזור
גלגלו כלומ׳ על העגולה הממוצעת [10]בין קוטבי
הגלגל הנה יהיה אם כך מקטבו [11]על רביע עגולה.
[180] וכאשר אנחנו שמנו [12]אותו על נקודת א
ותהיה נקודת השווי [13]האביבי הנה קוטב גלגלה
יהיה אם על ל או [14]על ז מעגלת כלמנ. וכאשר
נעתק

38. ב: ירשמה] מ: ירשמיה. /מ 68א/ 7. ב: וקטב ח]
מ: וקטב ס ח. 7. מ: הלח] ב: הכל. 11. ב: אנחנו]
מ: הנחנו. 14. ז] לפי הערבית צ"ל: ב.

مثالاً فنجعل الدايره الممثله بمعدل النهار اب ج د
والدايره التي ترسمها الشمس بتقصيرها وهي نقلها الى
خلاف حركه الكل اه ج ز وقطب معدل النهار
نقطتي ح وهو الشمالي الطالع الساوليكن قطب دايره (العسخه للغربيه نقطه)
اه ج ز دائراً على دايره ك ل م ن وليكن

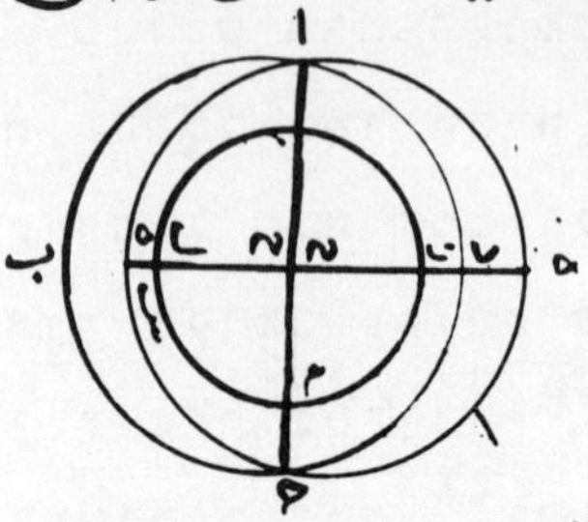

الدايره المارة
بالاستوايين
وقطب معدل
النهار ا ك ج (دايره)
م ح والتي
تمر بالانقلابين
وقطب ح دايره ه ل ج ز د ز ولان
الشمس انما نضعها على نطاق فلكها اعني الدايره المتوسط
بين قطبي الفلك فلو اذا من قطبها على ربع دايرته
فاذا جعلناها على نقطه ا وليكن نقطه الاستوا
الربيعي فان قطب فلكها يكون انما على ل او
على ز من دايره ك ل م ن فاذا اسقطت

4 نقطى] النسخة المغربية نقطة S and E mg.

10-9 دايرة اكجمح] دائرة اكح مج SHL

[15]השמש על נקודת ה אשר להפוך הקיצי [16]הנה E 88r
הקוטב ממנו אמנם יהיה על רביע [17]העגולה
והוא אם כך על נקודת כ ואי אפשר [18]שיהיה על
זולתה הנה נקודת מ אינה [19]על רביע עגולת מה
כי נקודת ה אינה [20]קוטב לעגולת מחכ. ואמנם
קטבה נקודת [21]ב וכשיהיה הקוטב על ב הנה כבר
חתך [22]מעגולת מהלכו כמו חציה. וכן כשהגיע
[23]השמש על נקודת ג הנה קטב גלגלו יהיה [24]על
נקודת ל ויחתוך הקוטב עגולה שלמה [25]והשמש
אמנם חתך חצי עגולת נטייתה [26]וכן העניין
בחצי השני ויחתוך הקוטב [27]בשני סבובים בעגולת
כלמנ ויחתוך [28]השמש סבוב אחד בעגולת נטייתה.
[181] [29]ואמנם היה זה כן מפני כי השמש
[30]כשקצר קוטב גלגלו מנקודת ל בקצורו [31]ממי
שעליו קשת לס והגלגל עם זה סובב [32]אצל תנועת
הכל על קוטב ל הנה הכוכב [33]התקוע בו לא יקצר
כמו קצור הקוטב [34]אבל פחות ממנו בשיעור מה
שיתנועע

17. כ] לפי הערבית צ"ל: נ. 27. מ: כלמנ] ב: כלה.

الشمس الى نقطه ة التى هى المنقلب الصيفى فان
القطب منها انما يكون على ربع الدائره فهو اذا على
نقطه ن ولا يمكن ان يكون على غيرها فان نقطه
م ليست على ربع الدائره م ر ة لان نقطه ة
ليست قطبا لدائره ح ك وانما قطبها نقطه
د واذا كان القطب على ل فقد قطع من دائره م ر
نحو نصفها وكذلك اذا انتهت الشمس الى نقطه
جه فان قطب فلكها يكون على نقطه ل فيقطع
القطب دائره تامه والشمس انما قطع نصف دائره
ميلها وكذلك الحال في النصف الثانى فيقطع
القطب دورتين في دائرتى ك ل م ن وتقطع
الشمس دورة واحدة في دائره ميلها وانما كان ذلك
كذلك لان الشمس اذا قصّر قطب فلكها من نقطه
ل بتقصيره عن الذى فوقه قوس ل س
والفلك مع ذلك دائر نحو حركة الكل على
قطب ل فان الكوكب المركوز فيه لا يقصّر مثل
تقصير القطب بل دون ذلك بقدر ما تحرك

+ النسخة المغربية قطعه

5 م ح ك SHL   6 ب واذا SHL   8 جه] ج SHL   9 قطع] النسخة المغربية قطعه E mg. : قطعت S   14 بتقصيره SHL

[35]הגלגל על קטביו והוא יתנועע על קוטביו E 88v
[36]חצי קצורו וישאר קצור השמש האחרון [37]כמוהו.
ולכן ישלים הקוטב בעגולת מהלכו /מ 68ב/ [1]שתי M 68v
סבובים ואז ישלים השמש סבוב [2]בגלגלו הנוטה
בקצורו ויתבאר מזה [3]אשר הביאנו גלגל השמש
תנועתו יותר [4]מתאחרת ממי שעליו ויותר מקצר
כי [5]היה קצורו הראשון יותר מקיצור אשר [6]עליו
כי הוא כפל תנועת השמש האמצעית [7]אשר הוא
מדרגה אחת נ"ח י"ו ל"ד כ"ו כ"ד ב׳ [8]וקיצור
הגלגל אשר עליו כלומר הראשון. [9]אמנם הוא כמו
תנועת השמש האמצעית [10]בתוספת חמשה שמניותיה.
וזה מה [11]שכווננו וזה צורתו.

[182] [12]אולם איך [13]תתחלף [14]העתקת [15]השמש
[16]בעגולה [17]הנוטה [18]הנה הם [19]מפני [20]שמצאו
במבט חתוך השמש לגלגלו [21]יתחלפו זמנינו
במהירות והאיחור בחלקי [22]גלגל המזלות ויחתוך
הרביע אשר מנקודת [23]השווי האביבי אל נקודת
ההיפוך הקיצי [24]בצ"ד יום. ותחתוך הרביע הנלוה
לרביע [25]הזה והוא אשר מן ההיפוך הקיצי אל
השווי [26]החרפי

35. מ: והוא ... קוטביו] חסר בכ"י ב. /מ 68ב/
3. מ: הביאנו] חסר בכ"י ב. 24. יום] לפי הערבית
צ"ל: יום וחצי יום.

الفلك على قطبه وهو يتحرك على قطبه نصف
تقصيره مثلى تقصير الشمس الاخير مثله فلذلك تتم
القطب في دائرة مرة دورتين وحينئذ تتم الشمس
دورة في فلكها المايل بتقصيرها وتبين من هذا الذي
اثبتناه ان فلك الشمس ابطأ حركة من الذي فوقه وانه
تقصيرا اذ كان تقصيره الاول اكثر من تقصير الذي
فوقه لانه ضعف حركة الشمس الوسطى الذي هو
درج اخ بولد كوكب وتقصير الفلك الذي
فوقه اعني الاول انما هو مثل حركة الشمس الوسطى
بزيادة خمسة اثمانها وذلك ما قصدنا بيانه ○
واما انه يختلف نقلة الشمس في الدائرة المايلة
وانهم لما كانوا قد وجدوا بالرصد قطع الشمس
لفلكها يختلف ازمانه بالسرعة والابطاء في اجزاء
فلك البروج فقطع الربع الذي من نقطة الاستواء
الربيعي الى نقطة المنقلب الصيفي في اربعة وتسعين
يوما ونصف يوم وبقطع الربع التالي لهذا الربع وهو
الذي من المنقلب الصيفي الى الاعتدال الخريفي

8 كز] كه S

בצ"ב יום ויחתוך שני הרביעיים [27]הנשארים בנשאר E 89[r]
מימי השנה והוא קע"ח [28]יום ורביע יום על בלתי
שווי בהם ויקצרו [29]ימי שני הרביעיים האלו מן
הראשונים [30]ח׳ ימים וג׳ רביעי יום שפנו מזה
שהשמש [31]אמנם תהיה ההעתקה הזאת לו בשווי [32]על
גלגל יוצא המרכז ממרכז גלגל המזלות [33]בדרך
שיהיה מרכזו בחצי אשר זמנו יותר [34]ארוך.
וממנו ברביע אשר זמנו ג"כ יותר [35]ארוך. והוא
הרביע אשר מן השווי האביבי [36]אל הפוך הקיצי
ולכן יהיה הגובה והוא [37]נקודת משוש היוצא
המרכז עם המדומה [38]בגלגל המזלות ברביע הזה
במקום שהיתה /מ 69[א] / [1]דעתם. והוציא בטלמיוס M 69[r]
מרחק מה שבין [2]מרכז היוצא ומרכז גלגל המזלות
מאחרית [3]היתרונות אשר במה שבין אלו הקשתות
[4]כמו שהוא מונח במגסטי והיה מרחק [5]מה שבין שני
המרכזים שני חלקים וכ"ט [6]דקים. והנה התבאר
שקרות היות גלגל [7]יוצא המרכז בשמים במה שהקדמנו
[8]ואמרנו.

26. מ: יום] ב: יום וחצי יום. 30. שפנו] צ"ל:
שפטו. /מ 69[א]/ 2. מאחרית] לפי הערבית צ"ל:
מחלקי.

عاشرة

غير

في اثنين وتسعين يوما ونصف يوم ويقطع الربعين
الباقيين في الباقي من ايام السنه وهو مايه وثمانيه
وسبعون يوما وربع يوم على استواء فيهما وينقص
ايام هذين الربعين عن الاولين ثمانيه ايام وثلثه ارباع
يوم حكموا لذلك بان الشمس انما يكون هذه النقل
لها بالاستواء على فلك خارج المركز عن مركز فلك
البروج بحيث يكون مركزه في النصف الذي زمانه
اطول ومنه في الربع الذي زمانه ايضا اطول
وهو الربع الذي من الاستواء الربيعي الى المنقلب
الصيفي ولذلك يكون الاوج وهو نقطة تماس
الخارج المركز مع الممثل لفلك البروج في هذا الربع
بحيث زعموا واستخرج بطلميوس بعد ما بين مركز
الخارج المركز ومركز فلك البروج من اجزاء النقل
الذي فيما بين هذه القسي حسبما هو موضوع
في المجسطي فكان بعد ما بين المركزين جزئين
وتسعا وعشرين دقيقه وقد تبين استحالة كون
فلك خارج المركز في السماء بما تقدم منا فقلناه

ואולם המחייב לחלוף העתקת [9]השמש אשר על משך E 89v
המזלות במהירות [10]והאיחור בגלגלו הוא מה שאספר.

[183] וזה [11]כי כל הגלגלים השמנה קטביהם
יוצאים [12]בקטבי העליון והם כולם נשואים
בתנועה [13]היומית על זולת קוטביהם והגלגלים
הז׳ [14]אשר תחת גלגל הכוכבים הקיימים [...]
יציאה [15]מתחלפת וסרים ממנה בתוספת וחסרון
[16]ואלו הקוטבים אשר לשבעה הגלגלים [17]יסובבו
על עגולים וקטבי העגולים האלה [18]יסובבו ג"כ
על העגולה אשר יסובבה קטב [19]גלגל הכוכבים
הקיימים אשר קראנוהו [20]גלגל המזלות. ולכן
יראו הכוכבים אשר [21]בשבעה הגלגלים הרצים
יוצאים מגלגל [22]המזלות בכל אחד משני הצדדים
ושבים [23]אליו וזה לפי יציאת קוטב גלגליהם
משתי [24]עגולות מהלך קטבי גלגל המזלות ושובם
אליו [25]כמו שקדם זכרו בדמיונים אשר המשלנו
[26]לכוכבים העליונים.

[184] והתחלפות העתקת [27]השמש במהירות
והאיחור יהיה מפני [28]יציאת קוטב עגולת

14. [...] לפי הערבית כמה מלים נשמטו כאן.

في فلكيهما وانما الموجب لاختلاف نقلة الشمس التي على
توالي البروج بالسرعة والابطاء انما نصفه وذلك
ان جميع الافلاك الثمانية اقطابها خارجة عن قطبي
الاعلى وهي كلها محمولة في الحركة اليومية على غير
اقطابها والافلاك السبعة التي دون المكوكب
على اقطاب خارجة عن قطبي المكوكب خروجا مختلفا وزائلا
عنه بزيادة ونقصان وهذه الاقطاب التي للسبعة
الافلاك تدور على دوائر واقطاب هذه الدوائر
تدور ايضا على الدائرة التي يدور فيها القطب قطب
الفلك المكوكب الذي سميناه فلك البروج
ولذلك ترى الكواكب التي في الافلاك السبعة
اعني السيارة خارجة عن فلك البروج في الجهتين
كلتيهما وعائدة اليه وذلك بحسب خروج
اقطاب افلاكها عن دائرتي من قطبي فلك البروج
نقله وعودها اليه، حسبما تقدم من ذكره في المثالات
التي مثلت للكواكب العلوية واختلاف الشمس
بالسرعة والابطاء يكون لاجل خروج قطب دايره

E 90r מהלך גלגלו מקטב [29]משוה היום אשר הוא קטב
הכל כמ׳ שיתבאר [30]אחר זה. ותהיה הצורה כמו
שהוא. ונאמ׳ [31]מפני שמצאנו העתקת השמש מנקודת
[32]א אל נקודת ה בצ"ד יום וחצי יום והעתקתו
[33]גם כן מנקודת ה אל ג והוא הרביע הנלוה
[34]לראשון בשנים ותשעים יום וחצי יום. [35]הנה
אילו היתה העתקתו על השווי היה [36]חותך כל א׳
מרביע עגולתו הנוטה בימי [37]רביע השנה אשר הם
צ"א יום וי"ט דקים [38]זולת רביע יום אבל העתקתו
בחצי הזה [39]אשר הוא מן השווי האביבי אל השווי
M 69v /מ 69ב/ [1]החרפי יותר מאוחרת. והעתקתו בחצי
הנשאר [2]אשר הוא נכחי לזה יותר ממהרת כי היא
[3]חותכת אותו בקע"ח יום ורביע יום. הנה רביע
[4]הראשון יוסיפו ימיו על ימי רביע השנה [5]שלשה
ימים וי"א דקים ורביע. והרביע [6]הנלוה לו
יוסיפו ימיו על ימי רביע השנה יום [7]אחד וי"א
דקים ורביע והשלישי יחסרו

38. יום] צ"ל: דק.

ثم فلكها عن قطب معدل النهار الذي هو قطب الكل
على ما تبين بعد فلنكن الصوره على ما هي عليه
ولنقل انا لما وجدنا انتقال الشمس من نقطه
آ الى نقطه ه في اربعه وتسعين يوما ونصف
يوم ونقلها التام من نقطه آ الى جه وهو
الربع التالي للاول في اثنين وتسعين يوما ونصف يوم
فلو كانت نقلها على السواء لكانت تقطع كل واحد
من ارباع دايرتها المايله في ايام ربع السنه
التي هي احد وتسعون يوما وتسع عشره دقيقه
عن ربع من يوم لكن نقلها في هذا النصف الذي
من هو الاعتدال الربيعي الى الاعتدال الخريفي
ابطا ونقلها في النصف الباقي الذي هو مقابل
لهذا اسرع لانها تقطعه في مايه وثمانيه وسبعين
يوما وربع يوم والربع الاول يزيد اتمامه على ايام
ربع السنه ثلاثه ايام واحدى عشره دقيقه وربعا
والربع التالي له يزيد اتمامه على ايام ربع السنه يوما
واحدا واحدى عشره دقيقه وربعا والثالث ينقص

5 آ الى جه] ه الى جـ SHL 10 يوم ES : دقيقة L

E 90v ימיו [8]מימי רביע השנה כמו תוספת הראשון והוא
[9]ג׳ ימים וי"א דקים ורביע. ואולם האחרון
[10]והוא אשר מן ההפוך הסתוי אל השווי האביבי
[11]הנה יחסרו ימיו מימי הרביע בכמו תוספת
[12]השני והוא יום א׳ וי"א דקים ורביע.

[185] וכאשר [13]נכפל זה ורצינו שנדע אנה הוא
קוטב עגולת [14]מהלך קטב גלגל השמש אשר היא
עגולת [15]כלמג והנה ידענו כי קיצור גלגל השמש
אין [16]חילוף בו ואמנם הוא קצור אחד שוה
תמיד [17]ושקטביו יקצרו הקיצור הראשון והגלגל
[18]יתנועע עליו מעצמו זולת תנועת הכל [19]אשר
הוא נשוא בה. ואמנם תתחלף [20]תנועתו מעצמו
התנועה אשר הוא נשוא [21]בה להתחלף הקוטבים אשר
עליהם סיבוב [22]שתי התנועות. וידענו ג"כ
שאילו היה [23]מהלך קוטב הגלגל הזה סביב קוטב
העליון [24]על השווי לא תתחלף התנועה אשר היא
לקטב [25]עם תנועת העליון בחלקים כמו שנמצאה
[26]לשמש כי השמש אין תנועה לו אלא [27]בתנועת
גלגלו כי הוא תקוע בו.

[186] ומפני [28]שידענו כי הקטב יקצר

9. בשולי מ: האחרון] בטקסט מ: הראשון. 13. ב: אנה]
מ: אנא.

ايامه عن ايام ربع السنه بمثل زياده الاول وذلك
ثلثه ايام واحدى عشره دقيقه وربع واما الاخير وهو
الذي من الانقلاب الشتوي الى الاعتدال الربيعي
فينقص ايامه عن ايام الربع بمثل زياده الثاني وذلك
يوم واحد واحدى عشره دقيقه وربع واذا تقرر هذا
واردنا ان نعلم حيث هو قطب دايره ممر وسط فلك
الشمس التي هي دايره ك ل م ز ن وقد علمنا ان
تقصير فلك الشمس لا اختلاف فيه وانما هو بمسير
واحد متساو ابدا وان قطبه يقصر ان التقصير
الاول والفلك يتحرك عليه لنفسه حركه غير
حركه الكل التي هو محمول فيها وانما كان الفرق لحركه نفسه
الحركه التي هو محمول فيها لاختلاف الاقطاب التي عليها
مدار الحركتين وعلمنا ايضا انه لو كان مدار قطب
هذا الفلك حول قطب الاعلى على الاستواء
لم يختلف الحركه التي للقطب مع حركه الاعلى في الاستواء
كما نجدها للشمس اذ الشمس لا حركه لها الا حركه
فلكها اذ هي مركوزه فيه ولما علمنا ان القطب يقصر في

10 عليهما S

E 91r בעגולת כלמנ [29]קצור שוה והוא יחתוך כשנעתק
השמש [30]רביע אה מעגולת נטייתו יותר מחצי
[31]עגולה [...] כשחתך השמש רביע ג׳ מעגולת
[32]נטייתו הנה הקטב כשיחתוך עגולת כלמנ
[33]ויוסיף עליה בשיעור מה שיחתכהו [34]מן החלקים
בארבעה ימים ושנים [35]ועשרים דקים מיום והוא
שלשה חלקים [36]ונ"ו דקים ושנים וחמשים שניים
וט"ו [37]שלישיים ונ"ד מ"ח ד׳. והשמש אמנם קצר
[38]חצי עגולת נטייתו לבד הנה לא יהיה קטב
M 70r /מ 70א/ [1]גלגל השמש לפי האמת על החלקים אשר
[2]נחלקה בהם עגולת כלמנ בזמני היות [3]השמש
על רביעיי עגולת אהגז. הנה [4]קטב עגולת כלמנ
אם כן חוץ מקטב ח [5]אשר הוא קטב משוה היום.
וכאשר [6]מצאנו קשת למנ יותר גדול מקשת נכל
[7]הנה קטב עגלת כלמנ אם כן בחתכת למנ [8]הגדולה
ותהיה נקודת ק.

31. [...] לפי הערבית כמה מלים נשמטו כאן. 31. מ: השמש]
חסר בכ"י ב. 31. ג׳] לפי הערבית צ"ל: גה.
32. ב: כלמנ] חסר בכ"י מ. 36. מ: וחמשים] ב: וחמשה.
/מ 70א/ 7. מ: כן] חסר בכ"י ב.

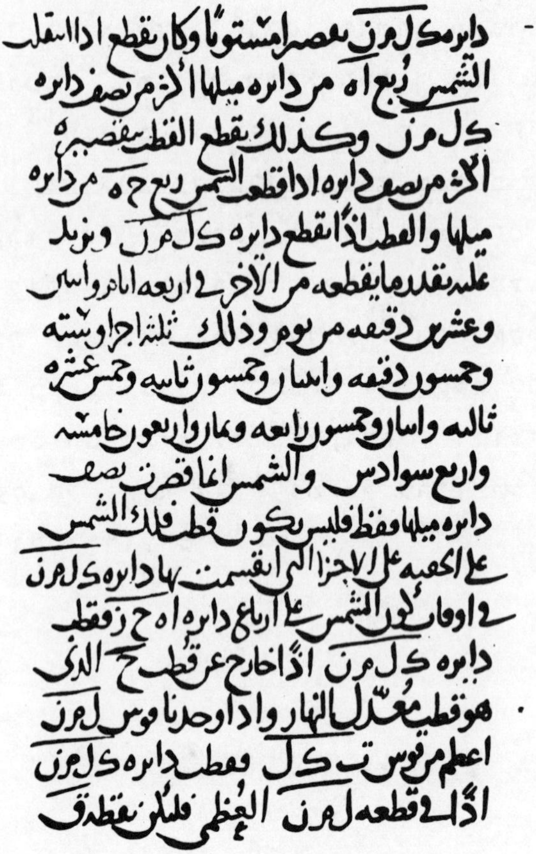
دايره كل قرن بنصف امستويا وكان نقطع اذا انتقل
الشمس ربع اه من دايره ميلها اكثر من نصف دايره
كل قرن وكذلك يقطع القطب بقصيره
الاكثر من نصف دايره اذا قطعت الشمس ربع حه من دايره
ميلها والقطب اذا انقطع دايره كل قرن ويزيد
عليه بقدر ما يقطعه من الاخر في اربعه ايام واثنين
وعشرين دقيقه من يوم وذلك ثلثة اجزاء وستة
وخمسون دقيقه واثنان وخمسون ثانيه وخمس عشرة
ثالثه واثنان وخمسون رابعه وثمان واربعون خامسه
واربع سوادس والشمس انما تقطع نصف
دايره ميلها فقط فليس يكون قطب فلك الشمس
على الحقيقه على الاجزاء التي انقسمت بها دايره كل قرن
في اوقات كون الشمس على ارباع دايره اه حز فقطب
دايره كل قرن اذا خارج عن قطب ح الذي
هو قطب معدل النهار واذا اوجدنا قوس كل قرن
اعظم من قوس ت كل بقطب دايره كل قرن
اذا في قطعه لقرن العظمى فلتكن نقطة ق

6 الاخر] الاجزاء SHL 9 واثنان : ES واربعة H
10 واربع : ES ثمان L 12 الحقه] الحقيقة SHL
16 ت كل] ن كل SHL

E 91[V] [187] ותלך בנקודת ב [9]מעגולת משוה יום
וקוטב ק קשת מעגולה [10]גדולה תכלה אל מקיף
עגולת כלמנ והיא קשת [11]בקס ותחתוך העגולה על
נקודת ת. ומן [12]המבואר שהיא תחתוך עגולת
כלמנ בשני [13]חציים. ויהיו שני קשתות לח ונס
הם חלוק [14]קשת למנ על נכל וקבוץ שניהם שלשה
חלק׳ [15]וקרוב מנ"ז דקים ויחלוק מקשת תמ קשת
[16]תט שוה לקשת נס ותלך על נקט קשת [17]מעגולה
גדולה. הנה קשת נמט חצי עגולה [18]הנה קשת נט
תלך גם כן בקטב עגולת כלמנ [19]וכן קשת סת.
הנה חתוך שניהם יהיו על [20]נקודת ק ונוציא
מק עמוד על חל והוא קצ [21]ומפני שהיו שתי
קשתות סנ ולת ידועים

15. מ: מנ"ז] ב: מנ"ד. 16. נקט] צ"ל: נ וט.
17. מ: נמט] ב: נמס. 20. מ: קצ] ב: קצס. 21. מ: שהיו]
חסר בכ"י ב.

ولتمر بنقطه ب من دايره معدل النهار وقطب ق قوسا
من دايره عظيمه ينتهي الى المحيط دايره ك ل م ن
وهو قوس ن ف س ويقطع الدايره على نقطه ب
ومن البين انها تقسم دايره ك ل م ن بنصفين فتكون
قوسا ل ت و ل س هما فصل قوس ل ص ن على
ن ك ل ومجموعهما ثلثه اجزا وقريب من سبع وخمسين
دقيقه ولنفصل من قوس ت م قوس ت ط
مساويه لقوس ل س ونمر على ر و ط قوسا
من دايره عظيمه فقوس ن م ط نصف دايره
فقوس ن ط تمر ايضا بقطب دايره ك ل م ن
وكذلك قوس س ت
فتقاطعهما تكون على
نقطه ق ولنخرج من
ق عمودا على ح ل
وهو ق ص ولما
كان قوسا ه ز
ول ط معلومين

3 ب] ت SHL 5 ول س] ن س SHL
5 ل ص ن] ل م ن SHL 8 ل س] ن س SHL
8 ر و ط] ن و ط : SL ن ق ط H 16 ه ز]
س ن SHL 17 ول ط : ES ول ت HL

[22]בחלקים אשר בהם עגולת כלמנ שלש מאות [23]וששים E 92r
חלקים הנה מתריהם ידועים [24]בחלקים אשר בהם
קוטר טג מאה ועשרים [25]חלקים. ויהיה מפני זה
מיתר קשת לנ [26]ידוע בחלקים ההם וכן יהיה מיתר
עמוד [27]קצ ידוע בחלקים ההם.

[188] מפני כי משולש [28]נקץ אשר מן המתרים
זוית צ ממנו נצבת [29]ושני צלעות קנ ונצ ידועים
וזוית נ ג"כ [30]ידועה. הנה הוא ידוע והזוית
והצלעים [31]בחלקים אשר בהם קוטר העגולה ידוע.
[32]ומפני שהיתה קשת חנ ידועה כמו קשת [33]הב כי
היתה כל אחד מקשתות בג והנ [34]רביע עגולה
והמשתתף לשתיהם הח. הנה [35]קשת גכ ידועה
בחלקים אשר בהם העגולה [36]הגדולה בצ חלק. וכן
קשת לח מפני שהיא [37]גם כן כמו זד וכל נל
ידוע בחלקים אשר [38]בהם העגולה ש"צ חלק הנה תצ
גם /מ 70ב/ [1]כן ידוע באותם החלקים מפני שכל M 70v
אחת [2]מקשתות לנ ותס ידוע המיתר בחלקים [3]אחדים

24. טג] לפי הערבית צ"ל: טנ. 25. מ: זה] חסר בכ"י ב.
25. לנ] לפי הערבית צ"ל: לז. 29. ונצ] לפי הערבית
צ"ל: וקצ. 33. מ: הב] ב: חב. 33. מ: בג] ב: כג;
צ"ל: בח. 36. בצ] לפי הערבית צ"ל: שלש מאות וששים.
38. ש"צ] לפי הערבית צ"ל: ש"ס.

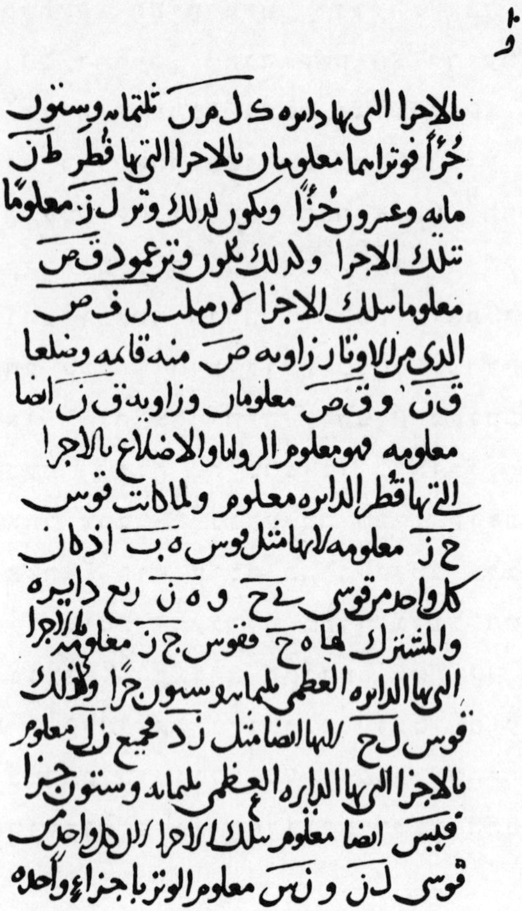

بالاجزا التي بها دايره ك ل م ن ثلثمايه وستون
جزءا فوترابهما معلومان بالاجزا التي بها قطر ط ن
مايه وعشرون جزءا ويكون لذلك وتر ل ز معلوما
بتلك الاجزا ولذلك يكون وتر عمود ق ص
معلوما بتلك الاجزا لان مثلث ن ق ص
الذي من الاوتار زاويه ص منه قايمه وضلعا
ق ن و ق ص معلومان وزاويه ق ن ايضا
معلومه فهو معلوم الزوايا والاضلاع بالاجزا
التي بها قطر الدايره معلوم ولان قوس
ح ز معلومه لانها مثل قوس ه ب اذ كان
كل واحد من قوسي ب ح و ه ن ربع دايره
والمشترك لهما ه ح فقوس ح ز معلومه بالاجزا
التي بها الدايره العظمى ثلثمايه وستون جزءا ولذلك
قوس ل ح لانها ايضا مثل ز د فجميع ز ل معلوم
بالاجزا التي بها الدايره العظمى ثلثمايه وستون جزءا
فيبقى ايضا معلوم بتلك الاجزا لان كل واحد من
قوسي ل ن و ن س معلوم الوتر باجزاء واحده

3 ل ز] ل ن SHL 7 وق ص : ES ون ص HL 7 ق ن]
ن SHL 10 ح ز] ح ن SHL 11 ى ح] ب ح S :
ب ج M : كج B : ل ح L 12 ج ن] ح ن SL : ج ك M :
ج ف ايضا B 16 فيس] فتس SL : فتص H 17 و ن س]
و ت س SHL

בעצמם וכך קשת קצ תהיה בהם [4] ידועה. וכל אחד E 92v
מקשתות צנ וחנ ידועה. [5] הנה קשת חצ ידועה הנה
משולש קצה [6] זוית צ ממנו נצבת וצלעות קצ וצה
ממנו [7] ידועים וכל אחד משניהם קטן מרביע
[8] עגולה. הנה קשת קה ידועה. הנה אותם [9] החלקים
והם שני חלקים וכ"ב ה׳ בקרוב. [10] והיא הקשת
אשר בין ק וה. וכאשר היתה [11] הקשת הזאת ידועה
נודע אז מרחק קטב [12] ה מעגולת כלמנ בצדדים
הארבעה. ובאי [13] זה צד יהיה קוטב ק מקוטב ה
בזמנים הארבעה [14] וזה מה שרצינו ביאורו.

[189] ואחר שכבר [15] נודע מה שבין קוטב
משוה היום אשר [16] הוא קוטב מהלך קוטב גלגל
הכוכבים ובין קוטב [17] עגולת מהלך גלגל השמש
הנה אנחנו נוציא [18] בצורה הקודמת קשת קה אל
מקיף עגולת [19] כלמנ אל נקודת ט. ונסובב על
קוטב ה [20] ובמרחק ט עגולת טע ויפגעו שתי
הקשתות [21] ההולכות בשני השוויים ושני ההפוכים
על [22] נקודת עפיצ.

4. מ: וחב] ב: וסב. 10. מ: ק וה] ב: ב וא.
16. מ: מהלך קוטב] ב: מהלך. 17. מ: עגולת] חסר בכ"י ב.

معينها وكذلك قوس ق ص يكون بها معلوماً وكل
واحدة من قوسي ص ن و ح ل معلومة فقوس
ح ص معلومة فمثلث قصح معلوم زاوية ص
منه قائمة وضلعا ق ص ص ح منه معلومان
وكل واحد منهما اصغر من ربع دايرة فقوس ق ح
معلومة فمثلث الاجزا وهي جزءان واثنان وعشرون
دقيقة وثمان ثوان بالتقريب سوئ وهي القوس
التي بين ق و ح واذا كانت هذه القوس معلومة
علم بعد قطب ح من دايرة كل من ز في الجهات الاربع
ومن اي جهة يكون قطب ق من قطب ح في الازمنة
الاربعة وذلك ما قصدنا تبيينه واذ قد علم
بعد ما بين قطب معدل النهار الذي هو قطب م وقطب
الفلك المكوكب وبين قطب دايرة مم فلك الشمس
فانا نخرج في الصورة المتقدمة قوس ق ح الى
محيط دايرة كل م ز الى نقطة ط وندير على
قطب ح وبعد ط دايرة ص ع ولتلق القوسين
المتقاطعين بالاستواء والانقلاب على نقطة ع ف في ص

2 وح ل] وح ن SML : وس ن B   7 بالتقريب S missing
16 صع] طع SHL

E 93r ומן המבואר שהם יחלקו [23]על רביעיים שוים כי
היה קוטב העגולה [24]הזאת הוא קוטב משוה היום
כמו שאמרנו. [25]ונשים עגולת אהגז היא עגולת
המזלות [26]כלומר אשר יסוב קוטבה על עגולת עט
[27]ומפני שחלקי עגולת כלמנ יש להם יתרון
[28]זה על זה כלומר כל ולמ ומנ ונכ מפני [29]שהקשתות
החולקות אותה לא יעברו [30]על קוטבה והיותר
גדול מהם החלק אשר [31]מן למ והיותר קטון
הנכחי לו והוא כנ.

M 71r [190] /מ 71א/ [1]וכאשר חתך השמש רביע אה
מעגולת [2]המזלות וחתך הקוטב בתנועתו השוה
[3]מן ל אל נ והוא יותר גדול מחצי העגולה [4]הנה
הוא יחתכהו ביותר מימי רביע [5]השנה. ואמנם
יחתוך מה שהוא [6]נכחי לו מעגולת מהלך קוטב
גלגל המזלות [7]והוא חצי עפי. וכן כשחתך השמש
[8]רביע הג חתך קוטב גלגלה קשת נכל [9]והוא
הנכחי לחצי השנה מעגולת עט [10]ויחתכהו בימים
יותר מעט מימי החצי [11]הראשון מפני שתנועתו
שוה אלא שהוא [12]בעבור שהיה קוטב ק לא יחתוך
אלא רביע [13]עגולתו מפני שהוא מתנועע בתנועת
[14]גלגלו התנועה

26. מ: קוטבה] ב: קוטב ח.

٤٤

ومن البين انها تنقسم على ارباع متساويه اذ كان قطب
هذه الدايره هو قطب معدل النهار كما قلنا ولنجعل
دايره ا ه ج ز هي دايره البروج اعني التي يدور
قطبها على دايره ط ع ولان اجزا دايره ك ل م ن
متفاضله اعني ك ل و ك م و م ن و ل ك
لان هذه القسي القاسمه لها لم تجر على قطبها واعظمها
الجزو الذي من ك م واصغرها المقابل له وهو
ل ك ه فاذا قطعت الشمس ربع ا ه من دايره
البروج وقطع القطب حركه المستويه من ل
الى ن وهو اكثر من نصف الدايره فانه تقطعه
في اكثر من ايام ربع السنه وانما يقطع ما يقابله من
دايره ممر قطب فلك البروج وهو نصف ع ف ص
ولذلك اذا قطعت الشمس ربع ه ج د وقطع قطب
فلكها قوس ن ك ل وهو المقابل للنصف الباقي
من دايره ع ط فقطعه في ايام اقل من ايام النصف
الاول لان حركته مستويه الا انها لما كان قطب في
لا تقطع الا ربع دايره لانه متحرك بحركه فلكه الخاصه

النسخه المغربيه غير
ل ك

5 و ل ك] و ن ك SHL 8 ل ك ه] ن ك SHL : النسخة المغربية غير ل ك E mg. 12 ع ف ى SHL
13 ه ج SHL

המיוחדת בו הנה לא יקצר [15]כקיצור קוטב ל E 93v
אבל כקיצור השמש [16]וכאשר היה קוטב ק על קו כמ
תהיה נקודת [17]ט על ב ואם היה השמש על א
וקוטב מהלך [18]גלגלו על ל וקצר הקוטב חצי
עגולת למנ. [19]ואמנם קצר השמש בעגולת המזלות
[20]קשת אה ולהיות קטב ק יוצא מח אל צד פ
[21]הנה קשת למ יותר גדולה מחצי עגולה [22]והנה
הקוטב יחתכהו ביותר מזמן רביע [23]השנה.
ואולם קוטב ק הנה אמנם יקצר [24]הרביע מן העגולה
לא זולתו. וידוע כי נקודת [25]ט תהיה על נקודת
י וקוטב ק על קשת נח [26]וקוטב גלגל השמש על
י עד שיהיה בינו [27]ובין השמש רביע העגולה.
[191] וכן כשיקצר [28]קוטב גלגל השמש חצי
עגולת נכל ומקום [29]ב כבר היה על י מפני כי
הקוטב היה על [30]קשת חי. הנה אמנם יקצר השמש
רביע [31]הג ויקצר קוטב ק הרביע מעגולתו אשר
[32]בין ב וכ ויגיע אל קשת חצ ונקודת ט על נקודת
[33]צ מעגולת

17. מ: ב] ב: כ.   21. למ] לפי הערבית צ"ל: למנ.
25. נח] לפי הערבית צ"ל: יח.

الخاصه به ولا ينقص كنقصه قطب ل بل كتقصير
الشمس فاذا كان قطب ق على خط ل م كانت
نقطه ط على ف فان كانت الشمس على ا وقطب
فلكها على ل وقصر القطب نصف دائره ل م ن
فانها تقصر الشمس في دائره البروج قوس اه وكون
قطب ق خارجا عن ح الى جهه ف فقوس
ل م ن اعظم من نصف دائره فالقطب تقطعه في
اكثر من زمن ربع السنه واما قطب ق فانما
تقصر الربع الدائره لا غير ومعلوم ان نقطه ط
تكون على نقطه ى وقطب ق على قوس ى ح
وقطب فلك الشمس على ى حتى يكون بينه وبين
الشمس ربع دائره وكذلك اذا قصر قطب فلك
الشمس نصف دائره ن ك ل وموضع ل
قد كان على ى لان القطب كان على قوس ى ح
فانما تقصر الشمس ربع ه ح د وتقصر قطب ف
الربع من دائرته التي بين ن و ك وتحصل على
قوس ح ص والقطب على نقطه ص من دائره

2 كم SHL 15 ه ج SHL 17 والقطب : ES
ونقطة ط HL

עט. ובעבור שקוטב ק בחצי [34]הזה הנה הוא מפני E 94r
זה יותר גדול מחצי [35]עגולה והנה הוא יחתכהו
ג"כ ביותר מרביע [36]זמן השנה. וכן כשקצר קוטב
גלגל השמש [37]מל אל נ בסיבוב השני. וקוטב ק
על קשת /מ 71ב/ [1]חצ תהיה קשת למנ יותר קטון M 71v
מחצי [2]עגולה מפני שקוטב ק בחצי השני. [3]ולכן
יחתוך הקוטב החצי הזה בפחות [4]מרביע השנה ויחתוך
השמש רביע [5]חלק אשר מן השווי החרפי על ההפוך
[6]הסתוי. וכן כשקצר קוטב גלגל השמש [7]מן נ אל
ל הנה קוטב ק גם כן יהיה חוץ [8]מן החצי הזה
ויהיה יותר קטון מחצי [9]עגולה ויחתכהו בזמן
יותר מעט מזמן [10]רביע השנה ויחתוך השמש
מפני זה [11]רביע זא מעגולת המזלות ובמלאת השנה
[12]ישוב הב׳ קוטבים

34. ב: הזה] מ: היום. 36. מ: כשקצר] ב: כשיקצר.
/מ 71ב/ 5. חלק] צ"ל: גז.

طع ولاجل ان قطب ق في هذا النصف فهو لذلك
اعظم من نصف دايره فهو يقطعه ايضا في اكثر من ربع
زمان السنه ولذلك اذا قصر قطب فلك الشمس
من ل الى ن في الدوره الثانيه وقطب ق على
قوس ح ص يكون قوس ل م ن اقل من نصف
دايره لان قطب ق في النصف الباقي فلذلك يقطع
القطب هذا النصف في اقل من ربع السنه ويقطع
الشمس برج جوزا الذي
من الاسد الحرطي الى
المعدل المستوي ولذلك
اذا قصر قطب فلك الشمس
من ل الى ق وان قطب ق
ايضا يكون خارجا عن هذا
النصف فيكون اقل من
نصف دايره ويقطعه في
زمان اقل من زمان ربع السنه ويقطع لذلك الشمس
برج ز ا م من دايره البروج وبتمام السنه يعود القطبان

8 جز SL
ن الى ل HL

12 ل الى ق] ل الى ن S :

כלומר קוטב ל וקוטב ק אל [13]מקומותם שהיו E 94v
בתחילת השנה. [14]הנה כבר התבאר בזה איך חילוף
העתקת [15]השמש וסיבתה. וזה מה שכווננו וזה
צורתו.

[192] [16]ואחר שהביאנו [17]הסיבה בהתחלף
[18]העתקת השמש [19]במהירות והאיחור [20]בבלתי
שתעתק [21]על גלגל יוצא [22]המרכז עד שיקרב אלינו
פעם וירחק [23]ממנו פעם ולא על גלגל הקפה על
דמיון [24]העניין ההוא אשר עשו אותו הראשונים
[25]מחכמי הלמודיים וספרנו תחילה שיעור [26]העתק
השמש בקיצור האמצעי ביום [27]ושהוא נ"ט ח׳
בקירוב ושקטבי גלגלו יעתק [28]כפל זה על עגולת
מהלכו ביום על השווי [29]מבלתי מהירות ולא
איחור. הנה כבר [30]נשלמה כונתינו ותם מה שאליו
היתה [31]מגמתינו. וראוי שנדבר בהעתקת כוכב
[32]כותב לפי מה שיתנהו הסדר בע"ה.

[193] [33]המאמר בהעתקת כוכב כותב [34]בתנועת
גלגלו. אולם [35]העתקת הכוכב הזה הנה היא כמו
העתקת [36]הכוכב אשר עליו כלומר אשר למעלה מן
השמש /מ 72[א]/ [1]והוא בדבקותו עם השמש כמו M 72r

اعني قطب ل وقطب ق الى موضعيهما حيث كانا اول
السنة فقد بان بهذا كيف اختلاف نقلة الشمس وشبهها
وذلك ما قصدنا في هذه الصورة واذ قد اتينا
بالعلة في اختلاف تنقل الشمس بالسرعة والابطاء دون
ان ننقل على فلك خارج المركز حتى يقرب مرة ويبعد
عنا مرة ولا على فلك تدوير على مثال ما عليه الحال التي
عمل عليها الاولون من علماء التعاليم واخبرنا قبل بمقدار
انتقال الشمس بالتقصير الوسط في اليوم وانه تسع
وخمسون دقيقة وثمان ثوان بالتقريب وان قطب
فلكها ينتقل على دائرة مرة في اليوم على الاستواء من
غير سرعة ولا ابطاء فقد كمل غرضنا وتم ما قصدنا
وينبغي ان نصير الى القول في انتقال كوكب عطارد
وعلى ما تعطيه الترتيب بحول الله تعالى ه

القول

في انتقال كوكب عطارد وحركة فلكه
اما تنقل هذا الكوكب فهي نحو تنقل الكواكب التي فوقه
اعني التي فوق الشمس وهو في لزوم الشمس مثل

10 ينتقل ضعف تلك SHL

E 95r כוכב [2]נגה אשר קדם המאמר בו אבל כי מצב [3]הכוכב הזה ·מגלגלו אינו על האזור [4]ממנו אבל אל צד הדרום מעט ועגולת [5]מהלך קוטב בגלגלו יותר קטון מעגולת [6]מהלך קוטב גלגל נגה ולכן לא ירחק מן [7]השמש כמרחק כוכב נוגה ממנו.

[8]ואולם חילוף העתקתו אשר בסמיכות [9]אל השמש הנה הוא כחילוף כוכב נגה [10]באיכות לא בכמות. ואע"פ שהיתה [11]העתקת הכותב הנראת במבט והיא [12]אשר יקראו אותה התנועה האמצעית [13]שוה לשתי העתקות שני הגלגלים ההם [14]כלומר אשר לנגה ולשמש האמצעית והנה [15]העתקת הכוכב הזה אשר היא מיוחדת [16]לו והיא אשר ימשך בה תנועת העליון [17]מבקש שלמות יותר גדולה הרבה משתי [18]העתקות שני הגלגלים ההם אשר הם [19]מיוחדות להם. ולכן ראוי שיהיה למטה [20]מהם בסדר מספר ריבוי קיצור משתיהם.

[194] [21]כי מה שנמצא מתנועת הגלגל הזה [22]מעצמו על קוטביו אשר אצל תנועת [23]הכל והיא אשר יקראו אותה תנועת [24]הכוכב על גלגל ההקפה מחלקי הגלגל ביום [25]מדרגה ד׳ ה׳ ל"ב כ"ד י"ב י"ח כ"א וכמו החלקים [26]האלה יקצרו קוטביו

20. מספר] לפי הערבית צ"ל: מפני. 23. ב: הכל] מ: הכוכב.

كوكب الزهرة الذي تقدم القول فيه الا ان موضع هذا
الكوكب من فلكه ليس على البطاء ومن ميل الى جهة الجنوب
قليلا او دائرة مر قطب فلكه اصغر من دائرة مر قطب فلك
الزهرة ولذلك لا يبعد عن الشمس كبعد كوكب الزهرة
منها واما اختلاف بعده التي بالاضافة الى الشمس
فهي كاختلاف كوكب الزهرة في الكمية لا في
الكيفية وان كانت نقلة عطارد المشاهدة بالرصد
وهي التي نسميها الحركة الوسطى مساوية لنقلتي ذينك
الفلكين اعني للزهرة والشمس الوسطى فان
نقلة هذا الكوكب التي تخصه وهي التي يتبع بها حركة
الاعلى طلبا للكمال اعظم بكثير من نقلتي ذينك
الفلكين اللتين تخصهما ولذلك وجب ان يكون دونهما
في المرتبة ولا اعلى رتبة تقصر عنهما فان البطء الذي
من حركة هذا الفلك لنفسه على قطبيه التي يحو حركة
الكل وهي التي نسميها حركة الكوكب على فلك
التدوير من اجزاء الفلك في اليوم درج ده لب كد
يب لح كا ومثل هذه الاجزاء تقصر قطباه عن

17 يح] مح S

E 95[V] מאשר למעלה בשתי [27]עגולות המהלך כי היתה
התנועה הזאת [28]לגלגל הזה עליהם והם כמו עומדים.
ולכן ישארו [29]שני הקוטבים על קצורם. ואולם קוטב
[30]עגולת המהלך קוטב הגלגל הזה הנה יקצר
[31]כקיצור גלגל השמש האחרון והם דקים נ"ט ח'
י"ז [32]י"ג י"ב ל"א. והוא גם כן קיצור זה
הגלגל האחרון [33]והוא קיצור הכוכב התקוע בו
והעתקתו [34]הנראת אצל משך המזלות.

[195] ובעבור שבקשו [35]השיעור מן הזמן
אשר ישלם בו הגלגל הזה [36]בתנועתו ולכוכב
בקיצורו סבובים שלמים [37]לשתי העתקות אלו
M 72[V] כלומר העתקתו בחילוף והעתקתו /מ 72[ב]/ [1]הנראת
אשר יראה לכוכבים בה [2]העתק למשך המזלות
הנקראת תנועת [3]האורך ונקראוה אנחנו קיצור
גלגל [4]האחרון מצאו שתשלם במ"ו שנה שמשיות
[5]ויום אחד וחלק אחד מל' חלק מיום [6]ואולם
מסבובי החילוף אשר הם [7]אצלינו תנועת הגלגל
המיוחדת בה [8]קמ"ה סבובים. ואולם מסבובי התנועה
[9]אשר באורך והם אצלינו קיצור זה [10]הגלגל
האחרון

30. מ: הגלגל הזה] חסר בכ"י ב.   30. ב: יקצר] מ: יחסר.
/מ 72[ב]/   5. מ: וחלק אחד] חסר בכ"י ב.

الذي فوقه في دائرة المميل اذ كانت هذه الحركة لهذا
الفلك عليهما وسماه الساكن لها ولذلك سمي
القطبان على تقصيرهما واما قطب دائرة ممر هذا
الفلك فيقصر كتقصير فلك الشمس الاخير
وذلك دقائق نطح بين تخ يس لا وهو ايضا
تقصير هذا الفلك الاخير وهو تقصير الكوكب
المذكور فيه وتقلبه المرتبة نحو توالي البروج ولما
طلبوا المدة من الزمان التي يتم فيها لهذا الفلك
حركته وللكوكب تقصيره ادوارا ما فيها من التقلب
اعني تقلبه في الاختلاف وتقلبه المرتبة التي يرى
للكوكب فيها انتقال الى توالي البروج المسماة حركة
الطول ونسميها نحن تقصير الفلك الاخير وجدوها
تتكمل في ست واربعين سنة شمسية ويوم واحد
وجزء واحد من ثلاثين جزءا من يوم اما من ادوار
الاختلاف التي هي عندنا حركة الفلك المختصة به
فمائة دورة وخمسة واربعين دورة واما من ادوار
الحركة في الطول وهي عندنا تقصير هذا الفلك الاخير

E 96r השוה להעתקת הכוכב [11]הנראת להפך תנועת הכל
הם מ"ו סיבו׳ [12]וחלק אחד.

[196] ומפני כי שתי העתקות [13]קוטבי הגלגל
הזה בקיצורם על ב׳ עגולות [14]מהלכם יכפלו
בשנה האחת על מספר [15]מה שתכפול תנועתו המיוחדת
בגלגלו [16]מה שיכפול חילופו בעגולת המזלות
[17]בתוספת חסרון בהעתקה והיציאה [18]מגלגל המזלות
והעמידה והחזרה והשווי [19]ושאר החילוף הנראה
לכוכב הזה וירבה [20]מפני זה יציאתו מעגולת
המזלות [21]ושובו אליה פעמים רבות בשנה האחת
[22]ובכלל הנה ההרכבה נראת בו שהוא [23]יותר
מאשר עליו למרחקו מן המניע [24]הראשון הפשוט.
ואולם הדמיון [25]בהעתקת הכוכב הזה הנה הוא כדמיון
[26]בהעתקת גלגל נגה. ואולם יתחלפו [27]בשקיצור
זה כלומר הקיצור הראשון יותר [28]גדול והוא
קיבוץ העתקתו כלומר אשר [29]על קוטביו המיוחדת
בו והיא אשר ישיג [30]בה והיא אשר יקצר בה אחר
כן כלומר [31]השוה להעתקת השמש האמצעית והם
[32]אשר מספר שניהם

المساوى لنقله للكوكب المرئيه الى خلاف حركه الكل
فستّا واربعين دورةً وجزوا واحدًا فلاجل ان
نقلتى قطبى هذا الفلك ينقصهما على دائرتى ممرهما
يتكرران في السنه الواحده على عدد ما تتكرر حركته
الخاصه بفلكه ما يتكرر اختلافه في دايره البروج
بالزياده والنقصان في النقله والخروج عن فلك
البروج والوقوف والقهقره والاستقامه وساير
النسخة المغربية الكوكب الاختلافات المرئيه لهذا الفلك فيكثر لذلك
خروجه عن دايره البروج وعوده اليها مرارا كثيره
في السنه الواحده وبالجمله فان التركيب ظاهر فيه انه
اكثر من الذى فوقه لبعده عن المحرك الاول
البسيط واما المثال في نقله هذا الكوكب فهو
كالمثال في نقله فلك الزهره وانما يختلفان بان
نقصه هذا اعنى التقصير الاول اعظم وهو مجموع نقلته
اعنى التى على قطبيه الخاصه به وهى التى يحوبها
فلك الشمس والتى يقصّر بها بعد ذلك اعنى
المساويه لنقله الشمس الوسطى وهما اللتان عددهما

8 الفلك] النسخة المغربية الكوكب H and E mg.

יחד ק"א וצ׳ סבובים וחלק [33]אחד במ"ו שנה E 96v
שמשיות ויום אחד וחלק א׳ [34]מל׳ חלק מיום
ויהיה הקיצור הראשון [35]לגלגל הכוכב הזה בשנה
האחת ד׳ סבובים [36]ונ"ד חלק ול"ב דקים.
ואולם הקיצור /מ 73א/ [1]לזה הגלגל האחרון M 73r
ולכוכב אשר עליו [2]בשנה האחת הוא סבוב
אחד ודק א׳ וי"ח [3]שניים בקירוב.

[197] ואולם מה שזכר [4]בטלמיוס בהתקבץ
גלגל הקפת הכוכב [5]הזה עם אמצע השמש במרחק
הרחוק [6]ובמרחק הקרוב ב׳ פעמים בכל שנה [7]הנה
הוא העניין אשר יצא לנו מקבוץ [8]קוטב גלגל
השמש שהקדמנו יסוב עם [9]קוטב עגולת מהלך הכוכב
הזה שתי [10]פעמים בשנה כי קוטב גלגל השמש
[11]כמו שהקדמנו יסוב בעגולת מהלכו [12]שני סבובים
ויסוב קוטב מהלך גלגל [13]הכוכב הזה סיבוב אחד.
ויתחברו שתי [14]פעמים בשנה האחת.

[198] וכך מה שזכר [15]מחילוף זמני חזרת
הכוכב הזה עם [16]היות חזרתו בלתי נראת בחוש
הנה הוא [17]זכר כי זמני חזרת

8. שהקדמנו יסוב] חסר בנוסח הערבי.

واحد

جمعا مايه دوره واحدى وخمسون دوره وجزء واحد
في ست واربعين سنه شمسيه ويوم واحد وجزء من
ثلثين جزءا من يوم فيكون النقص الاول لفلك
هذا الكوكب في السنه الواحده اربع ادوار واربع وخمسين
جزءا واثنين وثلاثين دقيقه واما النقص لهذا الفلك
الاخير وللكوكب الذي عليه في السنه الواحده فدورة
واحده ودقيقه واحده وثماني عشره ثالثه بالتقريب
واما ما ذكره بطلميوس من اجتماع مركز فلك تدويره
هذا الكوكب مع وسط الشمس في البعد الابعد وفي
البعد الاقرب مرتين في كل سنه فانه المعنى الذي
خرج لنا من اجتماع قطب فلك الشمس مع قطب
دائره ممر هذا الكوكب مرتين في السنه لان قطب فلك
الشمس كما قدمنا يدور في دائره ممره دورتين ويدور
قطب ممر قطب فلك هذا الكوكب دورة واحده
فيجتمعان مرة واحده في السنه الواحده وكذلك
ما ذكر من اختلاف زمان رجوع هذا الكوكب على ال
تفرقه غير مشاهده بالحس فانه ذكر ان زمان رجوع

1 وخمسون] وتسعون SHL   7 ثالثة] ثانية SHL
15 مرة واحدة] مرتين SHL

E 97r הכוכב הזה כשיהיה [18]מרכז גלגל הקפתו במרחק
הרחוק [19]חלופו כאשר היה בקרוב היותר קרוב
[20]מן היוצא המרכז וחלופו כאשר היה בב׳
[21]המעברים האמצעיים. ואמנם יהיה [22]זה לפי
קטב העגולה אשר יסוב עליה [23]קוטב עגולת
מהלך קוטב הגלגל וקורבתו [24]או מרחקו מקוטב
הכל וכבר רמזנו [25]תחילה בכוכב שבתאי.

[199] וכן מה שזכר [26]שזה הכוכב לא יראה
לעולם כי אם דרומיי [27]מגלגל המזלות כבר
רמזנו עליו גם כן [28]מהיותו חוץ מאזור
גלגלו אל צד הדרום [29]מעט. ואין אנחנו צריכין
לשנות הדמיון [30]לכוכב הזה כי היה דמיון בו
ובגלגל נגה [31]אחד. ולכן ראוי שנדבר בגלגל
הירח [32]והעתקת הכוכב אשר עליו ונרמוז על
[33]מה שיחייב סדרו בשפל הגלגלים.

[200] [34]המאמר בהעתקת הירח **בהעתקת**
[35]גלגלו. אולם העתקת [36]הכוכב הזה הנה הוא
M 73v כהעתקת הכוכב /מ 73ב/ [1]אשר עליו בהמשכו
להעתקת השמש [2]וריבוי החילופים אלא כי גלגל

25. מ: שבתאי] ב: שבתי.

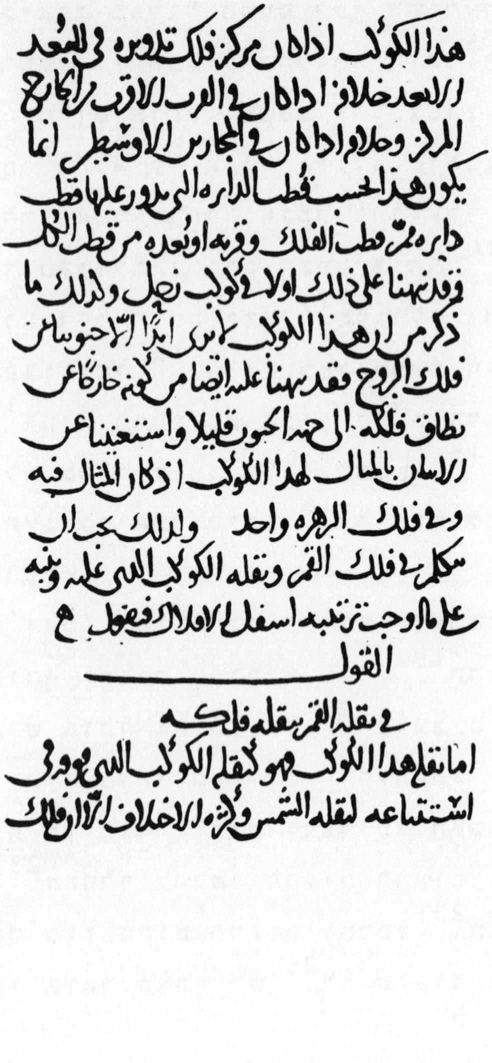

هذا الكوكب اذا كان مركز فلك تدويره في البعد
الابعد خلاف اذا كان في القرب الاقرب من الخارج
المركز وخلاف اذا كان في المجازين الاوسطين انما
يكون هذا بحسب قطب الدائرة التي يدور عليها قطب
دائرة ممر قطب الفلك وقربه او بعده من قطب الكل
وقد نبهنا على ذلك اولا في كوكب زحل وكذلك ما
ذكر من ان هذا الكوكب ليس ابدا الا جنوبا عن
فلك البروج فقد نبهنا عليه ايضا من كونه خارجا عن
نطاق فلكه الى جهة الجنوب قليلا واستغنينا عن
الاتيان بالمثال لهذا الكوكب اذ كان المثال فيه
وفي فلك الزهرة واحد ولذلك يجب ان
نتكلم في فلك القمر ونقله الكوكب الذي يليه وننبه
على ما اوجب ترتيبه اسفل الافلاك فنقول هـ
القول

في نقلة القمر بنقلة فلكه
اما نقلة هذا الكوكب فهو كنقلة الكوكب الذي هو في
استتباعه لنقلة الشمس واكثر الاختلاف الذي في فلك

הירח רב [3]הקיצור מגלגל השמש לפי השבר הכח E 97v
[4]והחלשו למרחקו מן המניע והכוכב הזה [5]ירחק מן
העגולה אשר ירשום אותה [6]השמש אל הצפון והדרום
בחלקים שוים [7]והוא על אזור גלגלו. ולכן תהיה
נטיית [8]עגולתו אשר יחתוך אותה בתנועתו
[9]המיוחדת בו מעגולת נטיית השמש יותר [10]מנטיית
האחרת כי הוא ר"ל הירח יצא [11]מעגולת נטיית
השמש אל הצפון ואל [12]הדרום כמו חמשה חלקים
ובשיעורם [13]יהיה מרחק מה שבין קוטב גלגל הירח
[14]ובין עגולת מהלך קוטב גלגל השמש. [15]ובשיעורם
ג"כ נטיית העגולה אשר לירח [16]על העגולה אשר
יעשה אותה השמש.

[201] [17]ואמ' בטלמ' כי הקודמים אמנם הוציאו
[18]מקומות הירח ומספר סבוביו בכלי [19]ההקש
והמבט ובהקיש אותו גם כן אל [20]הכוכבים
הקיימים כי היו בלתי משערים [21]העתקתו ונפל
להם בו טעות מן הצד [22]הזה ומצד כי הקש הירח
ממרכז הכל [23]מתחלף להקשו ממקום הראות כי היה
[24]המרחק אשר בין מקום הראות ומרכז [25]הארץ
אשר הוא חצי קוטר הארץ יש [26]לו שיעור בו אצל
חצי

3. מ: הכח] חסר בכ"י ב.

القمر كثير التقصير عن فلك الشمس بحسب انكسار القوه
وضعفها لبعده عن المحرك وهذا الكوكب يبعد عن
الدايره التي يتبعها الشمس نحو الشمال والجنوب باجزاء
متساويه فهو على نطاق فلكه ولذلك كان ميل
دايرته التي يقطعها بحركته الخاصه به عن دايره ميل ميل
الشمس اكثر من ذلك لانه اعني القمر يخرج عن دايره
ميل الشمس الى الشمال والى الجنوب نحوا من خمسة اجزا
ومقدارها يكون البعد ما بين قطب فلك القمر وبين
دايره ممر قطب فلك الشمس ومقدارها ايضا ميل
الدايره التي للقمر التي تفعلها الشمس وقال بطلميوس
ان القدما انما استخرجوا مواضع القمر وعددا دواير
بالة القياس والرصد وبقياسه ايضا الى الكواكب
الثابته اذ كانوا لم يشعروا بسفلها فوقع لهم في ذلك
غلط من هذه الجهه ومن جهه ان قياس القمر من
مركز الكل خالف قياسه من موضع الابصار اذ كان الذي
البعد بين موضع البصر ومركز الارض الذي هو
نصف قطر كره الارض له قدر يعتد به عند نصف

קוטר גלגל הירח [27] וזכר שהוא אמנם נתאמת E 98r
מקום הכוכב [28] הזה מלקויותיו ולא מלקיות
השמש כי הוא [29] בלקיותיו יהיה בקוטר השמש
כלומ׳ על [30] הקו ההולך במרכז השמש ובמרכז
הארץ [31] ובמרכז הירח. ויהיה מפני זה מקומו
בעת [32] הלקות הוא מקומו האמיתי מגלגל המזלות
[33] מגלגל הנוטה.

[202] כי שניהם יהיו כלומ׳ השמש [34] והירח
על נקודת חיתוך שתי אלו העגולות. [35] ויהיה
מפני זה הסבובים אשר ילקחו במה [36] שבין שתי
לקיות שווי העניין בחשכות /מ 74א/ [1] והצד M 74r
סבובים גמורים שלמים וזכר כי [2] מה שקדם זמנו
מן הקודמים היו [3] מבקשים זמן מה שבין שתי
לקיות הירח [4] בהם יתנועע הירח באורך תנועה
שוה [5] כי זה הזמן לבדו הוא אשר בו איפשר
[6] לעמוד על שוב חילוף הירח וכיונו כוונת
[7] לקיות הירח לסבות אשר זכר אותם [8] והיו מבקשים
מהם שיעור מה למספר [9] מן החדשים זמנים לעולם
שוים לשיעור [10] אשר לכמו המספר ההוא מן החדשים
[11] יקיף בסיבובים שלמים מסיבובי החילוף

29. בקוטר] לפי הערבית צ"ל: נוכח. /מ 74א/ 9. זמנים]
לפי הערבית צ"ל: הנה הם.

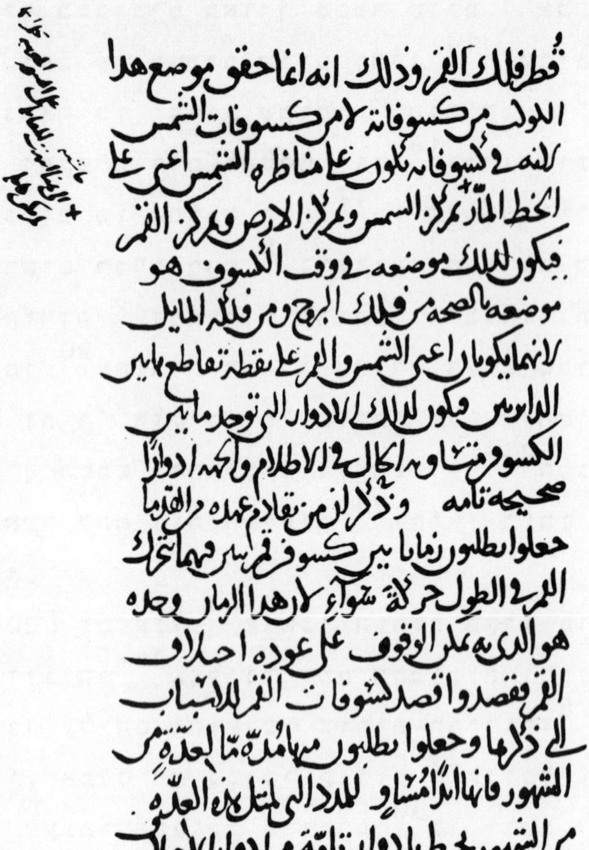
قطر فلك القمر وذلك انه انما حقق موضع هذا
الكوكب من كسوفاته لا من كسوفات الشمس
لانه في كسوفاته تكون على مناظرة الشمس اعني على
الخط المار بمركز الشمس ومركز الارض ومركز القمر
فيكون لذلك موضعه في وقت الكسوف هو
موضعه بالصحة من فلك البروج ومن فلكه المايل
لانهما يكونان اعني الشمس والقمر على نقطة تقاطع هاتين
الدايرتين فيكون لذلك الادوار التي توجد ما بين
الكسوفين متساوية في الحال في الاظلام واخذها ادوارا
صحيحة تامه وذلك ان من تقادم عهده من القدما
جعلوا يطلبون زمانا بين كسوفين قمريين فيهما تحرك
القمر في الطول حركة سواء لان هذا الزمان وجده
هو الذي به يمكن الوقوف على عودة اختلاف
القمر فقصدوا اقصد كسوفات القمر للاسباب
التي ذكرناها وجعلوا يطلبون منها مدة ما لعدة من
الشهور فانها اذا لم تكن مساوية للمدد التي لمثل هذه العدة
من الشهور تحيط بادوار تامة من ادوار الاختلاف

4 المار] حاشية الى هنا انتهت المقابلة على النسخة المغربية تجلى [?] انها لم تكن كاملة. E mg. 16 فانها] زمانها SH

[12]ויקיף בסבובים באורך מספר שוים [13]אם E 98v
שלמים ואם עם קשתות שוים והיו [14]חושבים
לפי הנראה מן העיון שהזמן [15]הזה הוא ו׳
אלפים ותקפ"ה יום ושליש יום [16]והיו חושבים
כי בקירוב מן המספר הזה [17]מן הימים ישלימו
מן החדשים רכ"ג חדש [18]וישלימו מחזרות החילוף
רל"ט חזרות [19]ומחזרות הרוחב רמ"ב חזרות.
וישלימו [20]מחזרות המהלך באורך רמ"א סבובים
[21]ועם זה י׳ חלקים וב׳ שלישי חלק. והם אשר
[22]יוסיף השמש ויחתכם בזמן הזה על [23]הסבובים
הי"ח אשר להם בזה השיעור [24]וקראו הזמן הזה
הסבובי.

[203] ומצאנו [25]אנחנו העתקת האלו מונחת
על ענייניהם [26]אצלינו והם התמונות והתנועת אשר
[27]רמזנו עליהם והוא כי חזרות החילוף [28]כמ׳
שאמרנו. אמנם הם סבובי תנועת [29]הגלגל על
קוטבו לעצמו התנועה מיוחדת [30]בו. והם לפי
מה שביארנו אצל תנועת [31]הכל מבקש

ونحط مداويره في الطول علتها متساويه اما الملا
واما مع قسي متساويه فكانوا يظنون على ظاهر النظر
ان هذا الزمان هو ستة الاف وخمس ماية وخمسة
وثمانون يوما وثلث يوم وكانوا يرون ان في زمن
من هذه العدة من الايام يستكمل من الشهور مايتي شهر
وثلاثة وعشرين شهرا ويستكمل من عودات الاختلاف
مايتي عوده وتسعا وثلاثين عوده ومن عودات العرض
مايتين واربعين عوده ويستكمل من عودات المسير في
الطول مايتين واحدى واربعين دوره ومع ذلك
عشرة اجزاء وثلث جزء وهي التي تزيد الشمس
فتقطعها في هذا الزمان على الادوار الثماني عشرة
التي لها في هذه المدة وسموا هذا الزمان الدوري
ووجدنا نحن هذه الاشياء موضوعة على معانيها
عندنا وهي الاشكال والحركات التي نبهنا اليها
وذلك ان عودات الاختلاف ومثلها انما هي ادوار
حركة الفلك على قطبه لنفسه الحركة المخصصة به
وهي على ما بينا تلقاء حركة الكل طلبا للكمال

قطبها

1 بدوائر S   8 مائتين واثنتين SHL

E 99r השלמות להתדמות בעליון [32] ועל מספר חזרות
תנועותיו לעצמו יהיו [33] חזרות שני הקוטבים
אשר לגלגל הזה בקיצור להפך תנועת הכל על שתי
עגולות מהלכם כי היתה התנועה אשר לגלגל הזה
[34] עליהם. ושני אלו הקוטבים נשארים על [35] קצורם
בשתי עגולות מהלכם. ואולם [36] חזרות הרוחב
M 74v הנה הרוחב אמנם יהיה /מ 74ב/ [1] בהעתקת קוטבי
שתי עגולות מהלך [2] קטבי הגלגל הזה בקצורם
ג"כ מן העליון [3] ועל מספר סבובי קוטבי שתי
העגולות [4] האלו יהיו חזרות הרוחב ובכמותם מן
[5] הסבובים יהיה קצור הירח באורך כלומר [6] תנועתו
הנקראת האמצעית.

[204] אלא כי תכלית [7] הירח ברוחב יתחלף
ויוסיף פעם על [8] תכלית הגלגל המזלות בצפון
והדרום ופעם [9] לא יוסיף. ואמנם יהיה התוספת
ביציאה [10] על שני צדדי הצפון והדרום בשיעור
[11] הקשת מן העגולה הגדולה אשר יהיה [12] בין קטב
עגולת מהלך קטב הגלגל [13] הזה ובין מקיפה
ושיעור זה יהיה כמו [14] החמשה חלקים. ומפני כי
שני קוטבים [15] אלו אמנם ילכו על שתי העגולות
אשר ילכו [16] עליהם קטבי

33. ב: בקיצור ... התנועה אשר לגלגל הזה] חסר בכ"י מ.
/מ 74ב/ 4. מ: ובכמותם] ב: וכמותם.

حادي عشر
مستقر

فى الشبه بالاعلى وعلى عدد عودات حركاته
بنفسه تكون عودات القطبين اللذين لهذا الفلك
بالتقصير الى خلاف حركة الكل على دائرتى مرهما
اذ كانت الحركة التى لهذا الفلك عليهما فهذان القطبان
على تقصيرهما فى دائرتى مرهما واما عودات
العرض فانما العرض انما يكون بنقله قطبى دائرتى
مر قطبى هذا الفلك بتقصيرهما ايضا عن الاعلى
فعلى عدد دوران قطبيها بين الدائرتين تكون عودات
العرض ومثلها من الادوار تكون تقصير التمر فى
الطول عن حركته المسماة بالوسطى لان منتهى
التمر فى العرض يختلف فيزيد تارة على منتهى فلك البروج
فى الشمال والجنوب وتارة لا يزيد وانما تكون
الزياده فى الخروج الى جهتى الشمال والجنوب بقدر
القوس من الدائرة العظمى التى تكون بين قطب دائرة
ممر قطب هذا الفلك وبين محيطها وقدر
ذلك يكون نحو الخمسة الاجزاء ولان مدار القطب
انما يكون على الدائرتين اللتين يمر عليهما قطبا فلك

4 القطبان باقيان SH 6 فان] فاما عودات S
14 العرسن] القوس SHL

E 99v גלגל השמש והם אשר על [17]קטביהם יוצאים מקטבי
העליון לכן לא [18]יגיע הירח בתכלית נטייתו
בכל אחד [19]משני הצדדים בכל סיבוב מסבובי
קצורו [20]אבל אמנם יגיע תכלית רחבו כשיהיה
[21]קוטב גלגלו מעגולת המהלך על היותר [22]קרוב
שאיפשר [...] שיהיה ממנו. וזה [23]כשיהיה קוטב
עגולת המהלך על נקודת [24]משוש עגולת מהלך קוטב
גלגל השמש [25]לעגולת מהלך קוטב גלגל הכוכבים
הקיימים [26]לפי מה שיראה מן הדמיון אשר נמשלהו
[27]להעתקת גלגל הזה. ומפני זה שמו חזרתו
[28]ברוחב מתחלפת לחזרתו באורך, וביניהם [29]דבר
מעט. ושניהם לפי האמת דבר א׳. [30]הנה חזרות
האורך באמת וחזרות הרוחב [31]יהיה מספרם אחד
אלא שהוא פעמים [32]לא יגיע הירח תכליתו בכל אחד
משני [33]הצדדים בכל חזרת מחזרותיו, ולזה
[34]הוצרכו אל הזמן אשר בו יגיע הירח תכלית
[35]מרחקו מן הצדדים מגלגל המזלות.

ומפני [36]שאמת בטלמיוס מקומות הירח [205]
M 75r בעת הלקות /מ 75א/ [1]וידע כי מקומו מן השמש הוא
השלימו

22. ב: שאיפשר] מ: שאי אפשר. 22. [...] לפי הערבית
כמה מלים נשמטו כאן. 31. מספרם] לפי הערבית צ"ל:
חזרתם. /מ 75א/ 1. מ: מקומו] ב: מקומו הירח בעת
הלקות וידע מקומו. 1. הוא] לפי הערבית צ"ל: **הוא** בעת

الشمس وبما الذان قطبا منهما خارجان عن قطبي
ابرا على لذلك لا ينتهي القمر منتهى ميله في
التماس كليهما في كل دورة من ادوار بقصيره
بل انما يبلغ منتهى عرضه اذا كان قطب فلكه من
دائرة المميل على اقرب ما يكون من قطب الكل او
ابعد ما يكون منه وذلك عندما يكون قطب دائرة
المميل على نقطة مما بين دائرة ممر قطب فلك الشمس
لدائرة ممر قطب فلك الكواكب الثابتة حسبما يظهر
من المثال الذي نمثل لنقلة هذا الفلك وان اجل
هذا جعلوا عودته في العرض مخالفة لعودته في
الطول وسموا شيء غير وبما في الحقيقة شيء واحد
فعودتا الطول في الحقيقة وعودتا العرض تكون
عودتهما واحدة الا انه قد لا يبلغ القمر منتهاه في التماس
كليهما في كل عودة من عوداته ولهذا احتاجوا الى
الزمن الذي فيه ينتهي القمر غايته بعده في التماس عن
فلك البروج ولما حصل بطلميوس مواضع القمر
حين الكسوف وعلم ان موضعه من الشمس عند تمامه

7 ممايين] تماس S 13 عودهما] عددهما SH

[2]סיבוב יהיה בנכחות השמש שנית [3]התבאר לו שהוא E 100r
יחתוך בגלגלו הנוטה [4]מקבוצו עם השמש אל הקיבוץ
הנלוה [5]אליו סבוב אחד ותוספת מה שהלך [6]אותו
השמש בימי החדש האחד ואם [7]חסר ממנו מה שהלך
אותו השמש [8]נשאר מה שילך אותו הירח לבדו
ולכן [9]יכפל מה שילך אותו השמש ביום האחד
[10]בימי החדש האמצעי והם כ"ט ל"א נ׳ ח׳ [11]ט׳
י"ד ויצא לו מה שהעתיקו השמש בזמן [12]הזה וחבר
אליו חלקי סיבוב אחד והם [13]שצ"י. חלק ויהיה
זה מה שיראה מהעתקת [14]הירח בחדש האחד האמצעי
והנה שפ"ט [15]חלק ו׳ כ"ו א׳ ונ"ד ב׳ ל׳ כ"ז
וחלק המספר הזה [16]מן החלקים כל ימי החדש
ויצאה אליו [17]העתקת הירח האמצעית ביום והיא
[18]מדרגה י"ג י׳

7. מ: חסר] ב: יחסר. 13. שצ"י] לפי הערבית צ"ל: ש"ס.
18. מ: מדרגה] ב: מדרגה י"ב.

دورة يكون عند استقباله الشمس ثانية بان له
ان يقطع فلكه المايل من اجتماعه بالشمس الى الاجتماع
التالى له دوره واحده وزياده ما سارته الشمس
في ايام الشهر الواحد فان نقص منه ما تحركه الشمس
بقى ما تحركه القمر وحده فلذلك ضاعف ما ينتقل
الشمس في اليوم الواحد بايام الشهر الوسط وهى
تسعه وعشرون يوما واحدى وثلثون دقيقه وخمسون
ثانيه وثمان ثوالث وتسع روابع واربع وعشرون
خامسه فخرج له ما استقلت الشمس في هذه المده
واضاف الى ذلك اجزا دوره واحده وهى
ثلاث مايه وستون جزءا فكان ذلك ما يظهر من
نقله القمر في الشهر الواحد الوسط وهو ثلثمايه وتسعه
وثمانون جزءا وست دقايق وست وعشرون ثانيه
وثالثه واحده واربع وعشرون رابعه وخامستان
وثلاثون سادسه وسبع وخمسون سابعه فقسم هذا
العدد من الاجزا على ايام الشهر فخرج له نقله القمر
الوسطى في اليوم وذلك ثلثه عشر جزءا وعشر دقايق

2 يقطع فى S ___ 6 وبقى] وهى SH 8 واربع
وعشرون ES : يد H 13 وست] ثلث SL

ל"ד נ"ח י"ג ל׳ ויהיה המרחק [19]האמצעי אשר E 100^{v}
בין הירח והשמש מה [20]שישאר מאלו החלקים אחר
שיפיל מהם [21]הדקים אשר יעתקם השמש ביום [22]והיא
מעלה י"ב י"א ל"ו נ"א כ׳ כ"ז. וכן [23]גם כן מפני
שכפלו חזרות החילוף אשר [24]יקיף עליהם הזמן
הסבובי בחלקי עגולה [25]אחת וחלק המתקבץ על
מספר ימי [26]הזמן ההוא הסבובי יצא להם מה
שיחתכהו [27]הירח מגלגל ההקפה ביום האחד והוא
[28]מעלה י"ג ה׳ ל"ג כ"ו כ"ט ל"ח ל׳. זה הוא
אשר [29]מצאו תנועת הגלגל המיוחדות בו. [30]וכמותה
הוא קצור קוטב הגלגל הזה [31]בעגולת מהלכו.

[206] ואולם התנועה ברוחב [32]הנה היא בעצמה
קצור הירח ואע"פ [33]שהם שמו אותה מתחלפת לה
מפני כי [34]סבת הרוחב תחייבהו שתי תנועות
האורך [35]והחילוף יחד כלומר המשכות הכוכב
[36]לקטבו המתנועע על עגולת המהלך /מ 75ב/ [1]והמשך M 75^{v}
הקוטב ג"כ לקוטב עגולת [2]המהלך הסובב על עגולת
מהלך [3]קוטב גלגל השמש ותצא לו עגולת [4]המהלך
מגלגל המזלות בשיעור מה [5]שבין קוטב

20. ב: אחר שיפיל] מ: אשר יפיל.

واربع وثلثون ثانيه وخمسون ثالثه وثلاث واربعون رابعه
وثلاثون خامسه وثلثون سادسه ويكون البعد الوسط
الذي بين القمر والشمس ما سعى به الاجرام بعد ان نحط
منها هذه الدوائر التي يسقطها الشمس في اليوم وذلك
درج يب يا لو نا ك نز وكذلك ايضا اضاعفوا
عودات الاختلاف التي يعدون عليها الزمان الدوري
باجزاء دايره واحده وسموا المجمع على عدد ايام ذلك
الزمان الدوري حتى لم ما يقطعه القمر في فلك
التدوير في اليوم الواحد وذلك درج يج ح لج
نو كط لح ل وهذا هو الذي الفيناه حركه الفلك
المختصه به ومثلها هو تقصير قطب هذا الفلك في دايره
ممره واما الحركه بالعرض فهي بعينها تقصير القمر
كانوا قد جعلوها مخالفه لها لا لطول لان سبب العرض نوجبه
حركة الطول والاختلاف جميعا اعني اساع الكوكب
لقطبه المتحرك على دايره الممر واساع القطب ايضا
لقطب دايره الممر الدايره على ممر قطب فلك الشمس
في حركه دايره الممر في فلك البروج بقدر ما بين قطب هذا ي

1 وثمان وخمسون SH 1 واربعون EL : وثلثون S :
وعشرة H 5 لو EH : كو S 5 نا EH : ما S
5 نز] يز S : كز H 9 لج] نج S 10 كط لح ل]
يز نا نط S 16 على] دائرة SHL add 17 محركه
فحركه] فتخرجه SHL : محرر . E mg.

גלגל הזה ובין עגולת [6]מהלכו. וזה הוא אשר E 101r
יחייב החילופים [7]החלקיים לו ג"כ כלומ׳ שיראה
חוץ מגלגל [8]המזלות לכל אחד משני הצדדים ושבא
[9]לנו בכל החלקים יציאה מתחלפת [10]במיעוט והריבוי.
אבל בטלמיוס שם [11]הרוחב תנועה אחרת על עגולה
נוטה.

[207] [12]ומפני שהיה הקיצור הראשון לגלגל
[13]הזה הוא המקובץ משתי העתקות האורך [14]והחילוף
אשר הם אצלינו בקיצור הגלגל [15]האחרון ובתנועתו
על קטביו יחד והוא [16]מעלה כ"ו י"ד כ"ח נ"ה
י"ג ט׳ והיה לגלגל [17]הזה העתקה אצל תנועת
הכל ביום [18]והם החלקים אשר לחילוף ויקצר
[19]אחר זה בסוף החלקים אשר לאורך [20]והם למשך
המזלות ויראה מפני זה [21]לכוכב אשר על הגלגל
הזה הסתערות [22]בהעתקתו הנראת אשר היא הקיצור
[23]האחרון כי הוא כשנעתק בהעתקת גלגלו [24]המיוחדת
בו אצל תנועת הכל יהיה על [25]עגולה והיא הנוטה
על עגולת השמש [26]באיחורו בקיצור מתנועת הכל
על [27]עגולת השמש ושתי אלו העגולות נחתכות

8. ושבא] לפי הערבית צ"ל: ושב. 19. מ: לאורך] ב: באורך.

فتى

الفلك وبين دايره ممره وهذا هو الذي يوجب الاختلاف
الجزئيه له ايضا اعني ان يرى جاريا على فلك البروج للحاسس
كليهما وعايدا اليه في جميع الاجزاء وكاسيا لها القطع
والكره وكان بطلميوس جعل الموضع كذا اخرى على دايره
مايله ولما كان التقصير الاول لهذا الفلك هو مجموع نقلتي
الطول والاختلاف اللتين هما عندنا مسميتان تقصير
الفلك الاخر وحركته على قطبيه جميعا وذلك سته
وعشرون جزءا واربع عشره دقيقه وثمان وعشرون ثانيه
وخمس وخمسون ثالثه وثلاث عشره رابعه وتسع خوامس
وكان لهذا الفلك نقله نحو حركه الكل واليوم في
الاجزاء التي للاختلاف وينقص بعد ذلك اخيرا
الاجزاء التي للطول وهي الى توالي البروج فيظهر لاجل
ذلك للكوكب الذي على هذا الفلك اضطراب
في نقلته المرئيه التي هي التقصير الاخير لانه اذا انتقل
بنقله فلكه الخاصه به تلقاء حركه الكل يكون على
دايره وهي المايله على دايره الشمس وفي ماخره التقصير
عن حركه الكل على دايره الشمس ولما كان الدايرتان متقاطعتان

---

9 وثلاث عشرة رابعة وتسع خوامس : S missing كو يد كح
ند نا كب كط .S mg 10 واليوم] فى اليوم SH

[28]ונטייתם אחת תמיד לא תתרחק. E 101v
[208] [29]וכאשר הלך הגלגל לעצמו בתנועתו
[30]והכוכב דבק למקום אחד מן העגולה [31]הנוטה
כי היה תקוע בגלגלו והעגולה [32]נעתקת בכללה בו
יעתקו מפני זה שתי [33]נקודות חתוכי שתי העגולות
האלו אצל [34]תנועת הכל ויראה הכוכב מפני קיצור
[35]גלגלו הקצור האחרון מן העליון יעתק להפך
[36]העתקת היתוך. וזהו אשר נראה לקודמי׳ [37]ושמו
לגלגל הנוטה הזה יתנועע אצל /מ 76א/ [1]תנועת M 76r
הכל ויעתקו שתי נקודות חתוכו [2]עם עגולת המזלות
אצל תנועת הכל [3]ויתנועע בתנועתו מרכז הגלגל
היוצא [4]המרכז ויסוב היוצא המרכז הנושא לגלגל
[5]ההקפה להפך תנועת מרכז לגלגל ההקפה [6]כי היה
מרכז גלגל ההקפה יתנועע [7]למשך המזלות ונושא
אותו להפך משך [8]המזלות ויכפל מפני שתי אלו
התנועות [9]המתנגדות המרחק אשר בין שתי נקודות
[10]המרחק היותר רחוק והיותר קרוב מן [11]היוצא
המרכז ובין מרכז גלגל ההקפה [12]ויתחייב מזה
שיתקבץ גלגל ההקפה [13]בכל אחת משתי אלו
הנקודות שתי פעמים [14]בסיבוב האחד מסיבובי
הכוכב הזה

وميلها واحد دايما لا يتغير واذا دار الفلك لنفسه
بحركته والكوكب لازم لموضع واحد من الدايرة المايلة اذ كان
مركوزا في فلكه والدايرة منتقلة بكليتها به ينتقل
لذلك نقطتا تقاطع هاتين الدايرتين نحو حركة الكل
ويرى للكوكب لاجل تقصير فلكه النقص الاخر الى الاعلى التقصير
ينتقل الى خلاف نقطة التقاطع وهذا هو الذي
ظهر للقدماء فجعلوا الفلك المايل لهذا يتحرك نحو خلاف
الكل فينتقل نقطة التقاطع مع دايرة البروج نحو
حركة الكل ويحرك بحركته مركز الفلك الخارج
المركز فيدير الخارج المركز الحامل لفلك التدوير الى
خلاف حركة مركز فلك التدوير اذ كان مركز فلك
التدوير يتحرك الى توالي البروج وحامله الى خلاف
توالي البروج فتضاعف لاجل هاتين الحركتين المتقابلتين
البعد الذي بين نقطتي البعد الابعد والاقرب من الخارج
المركز وبين مركز فلك التدوير ويجب عن ذلك
ان يجتمع مركز فلك التدوير بكل واحدة من هاتين النقطتين
مرتين في الدورة الواحدة من ادوار هذا الكوكب في

5 النقص] التقصير S and E mg.

E 102r בגלגל [15]המזלות. והעניין הזה יעמוד עליו מי
[16]שיקרא ספר בטלמ׳ ויתבאר לפי שרצה [17]ציור
זה רחוק אפשרותו כי הוא בלתי [18]איפשר שיהיה
בכדור אחד בעצמו [19]מתנועע [...] בעיגול
ומרכזיהם נבדלים [20]וקצתם עם זה יחתכו הקצת.

[209] ואולם איך [21]תצוייר העתקת הכוכב הזה
לפי מה [22]שנמצא במבט מבלתי שיונח דבר רחוק
[23]מן הציור או מן האפשרות. הנה הוא בזה
[24]המשל אשר נמשילהו. שתהיה עגולה [25]אשר
יעתק עליה השמש עגולת אבגד [26]ותהיה העגולה
הנוטה אשר תראה העתקת [27]הכוכב הזה עליה אהגז.
ותהיה עגולת [28]מהלך קוטב גלגל השמש כלמנ
קטבו ס [29]והוא אשר נניחה מהלך לקוטב העגולה
אשר [30]ילך עליה קוטב גלגל הירח. והיה קוטב
[31]עגולת מהלך קוטב גלגל הירח ממנה נקודת
[32]כ ועגולת המהלך לקוטב הגלגל הזה חט
[33]ויהיו השתי קשתות אשר ילכו בשתי נקודות
[34]חתוכי עגולות אבגד ואהגז ובקוטב הכל
[35]קשתות אצג ובצג הנה יהיה נקודת צ

16. מ: לפי] ב: מי; לפי הערבית צ"ל: למי. 19. [...] לפי הערבית כמה מלים נשמטו כאן.

فلك البروج وهذا المعنى يقف عليه من قرأ كتاب بطلميوس
ويتبين لمن اراد تصور ذلك بعد امكان اذ كان
غير ممكن ان تكون كرة واحدة بعينها متحركة بكليتها
على الاستدارة عدة اكر تتحرك على الاستدارة ومراكزها
متباينة وبعضها مع ذلك يقاطع البعض فاما
كيف تصور نقلة هذا الكوكب على حسب ما وجد بالرصد
من غير ان يوضع شيء يبعد عن التصور او عن الامكان بهذا
المثال الذي نمثله لتكن الدائرة التي يتحرك عليها
الشمس دائرة ا ب ج د ولتكن الدائرة المائلة التي يتحرك
نقلة هذا الكوكب عليها ا ه ح ز ولتكن دائرة
ممر قطب فلك الشمس ك ل م ن قطبها س
وهي التي نضعها ممرا لقطب الدائرة التي يتحرك عليها قطب
فلك القمر وهو قطب دائرة ممر قطب فلك
القمر منها نقطة ك ودائرة الممر لقطب هذا الفلك
ح ط ولتكن القوسان اللتان تمران بنقطتي تقاطع دائرة
ا ب ج د و ا ه ح ز ولتقطع الكل قوسي
ا ص ح و ب ص ل فتكون نقطة ص على

7 بهذا] فهذا S   10 اهجز SHL
16 واهجز SHL   16 وبقطب SH
17 وبصل] وبصد SL : وبصج H

E 102v קוטב [36]הגלגל העליון הצפוני. ותהיה נקודת
א דרך [37]משל נקודת השווי האביבי ויהיה קוטב
M 76v /מ 76ב/ [1]הכוכב הזה מעגולת חט על נקודת ט
[2]ומפני שהוא מקטבו על רביע עגולה [3]הנה יהיה
מרחקו מנקודת א כשיעור [4]המרחק אשר בין ט וכ
כי יהיה מרחק [5]כ מנקודת א שוה לקשת צא
אשר היא [6]רביע העגולה. וכאשר היה זה כן הנה
[7]יהיה הירח על חמשה חלקי׳ מא אל צד [8]ז מפני
שתכלית יציאתו מעגולת המזלות [9]אמנם יהיה בכמו
החלקים האלה והוא [10]תכלית נטיית שתי העגולות
האלו אחת מהם [11]על האחרת וכאילו הוא על נקודת
ת [12]מעגולת נטייתו.

[210] וכאשר הלך הגלגל [13]העליון סבוב על
קוטב צ והוא היומי [14]והתנועע בתנועתו גלגל הירח
הנה [15]נקודת השווי תשוב אל מקומה וכאילו
[16]היא היתה על אופק השווי והוא אלצ [17]ומפני
שגלגל הירח יקצר מן העליון כמו [18]שאמרנו
הקיצור הראשון והוא מעלת [19]כ"ו כ׳ ל׳ הנה הירח
היה ראוי שיהיה

قطب الفلك الاعلى الشمالي ولتكن نقطة آ مثلا
نقطة الاعتدال الربيعي ولتكن قطب فلك هذا
الكوكب من دائرة ح ط على نقطة ط ولانه من
قطبه على ربع دائرة فسيكون بعده عن نقطة آ بقدر
البعد الذي بين ط و ك فان بعد ك من نقطة
آ مساويا لقوس ص آ التي هي ربع الدائرة واذا
كان ذلك كذلك فيكون القمر على خمسة اجزاء من آ
والجهة ز من اجل ان منتهى خروجه عن دائرة
البروج انما يكون بمثل هذه الاجزاء وهو غاية ميل
ما بين الدائرتين احداهما على الاخرى فكانه على نقطة
ب من دائرة ميله فاذا دار الفلك الاعلى دورة
على قطب ص وهي اليومية وتحرك بحركته فلك القمر
فان نقطة الاعتدال تعود الى موضعها وكانها
كانت على نقطة الاشتوا وهو الص ولان
فلك القمر يقصر عن الاعلى كما قلنا التقصير الاول
وهو ستة وعشرون درجة واربع وعشرون دقيقة
وقريب من نصف دقيقة فان القمر يجب ان يكون

11 ب] ت SHL   14 نقطة] افق SHL

E 103r
[20]קצורו במספר החלקים האלה מעגולת [21]הנטייה
והיא כמ׳ נקודת ע אלא כי גלגל [22]הירח יתנועע
ביום הזה בעצמו אצל [23]תנועת הכל נמשך לתנועת
העליון. ועל [24]קוטב ט י"ג חלקים וג׳ דקים.
[211] ויעתק הירח [25]בתנועת גלגלו ביום
הזה קשת עפ ויהיה [26]הירח על נקודת פ אשר היא
מנקודת א [27]הראשונה על שמונה חלקים וי׳
דקים [28]ויותר מעט מהצי דק. ומפני שקטב [29]ט
יעתק גם כן אל משך המזלות והפך [30]תנועת הכל
הנה קצורו בעגולת כלמנ [31]הי"ג דקים וי׳
דקים וחצי והעתקה הזאת [32]לכוכב אמנם היא על
משך המזלות. [33]ואולם הראשון אצל תנועת הכל
הנה הוא [34]על העגולה הנוטה ולכן יראה לירח
העתקת [35]החלקים האלה ביום הם קשת תפ ויראה
[36]מפני זה כי נקודת החיתוך כבר נעתקה

M 77r
/מ 77א/ [1]אצל תנועת הכל אחר שהיתה מן [2]הכוכב
אצל משך המזלות שבה להפך [3]זה ממנו ותקדם לו
אל העלייה מאופק [4]אלצ מפני כי תנועת הגלגל
על קוטביו [5]לעצמו

35. מ: תפ] ב: חפ.

تقصر عن بعد هذه الاجزا من داره الميل وذلك
نحو نقطه ع مثلا لان فلك القمر يتحرك في هذا
اليوم بنفسه تلقا حركة الكل متابعا لحركة الاول
وعلى قطب ط ثلاثة عشر جزءا وثلاث دقايق فينتقل
القمر بحركة فلكه في هذا اليوم قوس ع ف فيكون
القمر على نقطه ف التي هي من نقطه ا الاولى على
ثمانية اجزا وعشر دقايق واكثر فليلازم نصف
دقيقه ولان قطب ط منتقل ايضا الى توالي البروج
وخلاف حركة الكل فيقصر في دايره كل جزء
الثلاثة عشر جزءا والعشر الدقايق ونصف وهذه
النقله للكوكب انما هي على توالي البروج واما الاول
التي نحو حركة الكل فعلى الداره المايله فلذلك يرى
للقمر نقله بهذه الاجزا في اليوم وهي قوس ع ق
ويرى لذلك ان نقطه التقاطع قد انتقلت نحو حركة
الكل بعد ان كانت من الكوكب نحو توالي البروج عادت
الى خلاف ذلك منه فقد منه الى الطلوع من افق
الارض لاجل ان حركة الفلك على قطبه بنفسه

לא שערו בה ושערו למרחק [6]הכוכב מן החיתוך. E 103V

[212] ומפני כי הגלגל [7]הזה יקצר תחילה כ"ו
חלקים וי"ד לקנה [8]קוטב ט גם כן יקצר כמו
החלקים האלו [9]אלא שהוא יקצר בעגולת מהלכו
י"ג חלקים [10]וג׳ ל׳ ויקצר בקצור קוטב כ
י"ג חלקים וי׳ דקים [11]וכמו חצי דק וג"כ
מפני שקטב ט יקצר [12]בעגולת מהלכו בשיעור
העתקת גלגלו [13]עליו והוא י"ג חלק׳ וי"ג ל׳.
וירחק מפני זה [14]מעגולת כלמנ מפני שהוא יהיה
על נקוד׳ [15]ז ויהיה מרחק נקודת פמ מעגולת
אבגד [16]בשיעור מרחק נקודת ז מעגולת כלמנ
[17]מפני שמרחק קוטב ט מן הירח אחד [18]תמיד
וזאת העתקת הכוכב ברוחב [19]מגלגל המזלות.

[213] ואולם העתקתו ברוחב [20]ממשוה היום
הנה היא להעתקת כ על [21]עגולת כלמנ מפני
שגלגל הירח אילו היה [22]אמנם יעתק קוטבו על
עגולת כלמנ לא [23]היה יוצא הירח מעגולת אבגד
והיתה [24]העתקת הירח והשמש על עגולה אחת אבל
אנחנו [25]נראה הירח

7. לקנה] צ"ל: ל׳ הנה. 12. מ: מהלכו] חסר בכ"י ב.
14. מפני שהוא] לפי הערבית צ"ל: לא. 15. פמ] לפי
הערבית צ"ל: פ.

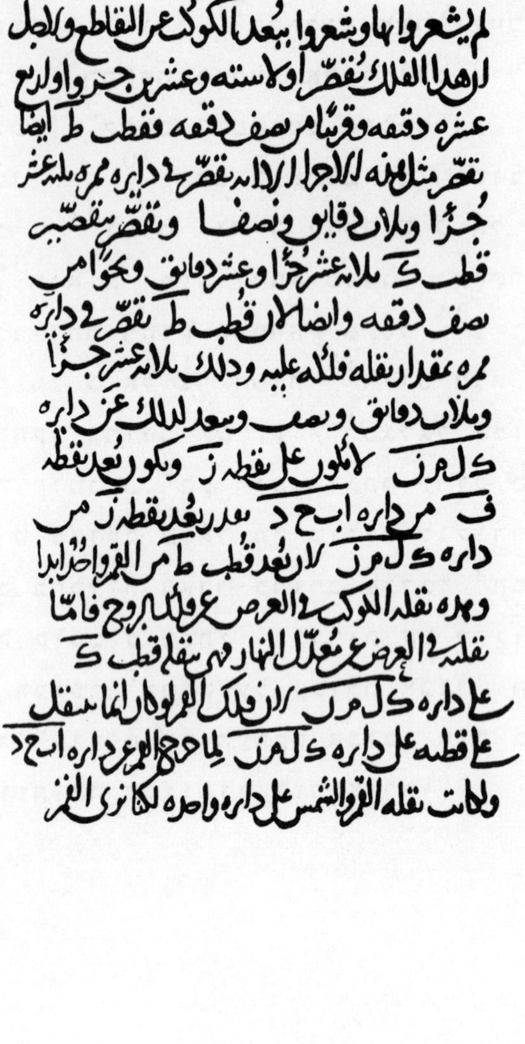
لم يشعروا بها وشعروا ببعد الكوكب عن القاطع والجل
ان هذا الفلك ينقص اولا ستة وعشرين جزءا واربع
عشرة دقيقة وقريبا من نصف دقيقة فقطب ط ايضا
ينقص مثل هذه الاجزاء الا انه ينقص في دايرة ممره ثلثة عشر
جزءا وثلاث دقايق ونصفا وينقص ينقصه
قطب ك ثلاثة عشر جزءا وعشر دقايق ونحوا من
نصف دقيقة وايضا لان قطب ط ينقص في دايرة
ممره بمقدار نقله فلكه عليه وذلك ثلاثة عشر جزءا
وثلاث دقايق ونصف وبعد لذلك عن دايرة
كل من ز لا يكون على نقطة ز ويكون بعد نقطة
ف من دايرة ابجد بعد بعد نقطة ز من
دايرة كل من ز لان بعد قطب ط من القمر واحدا ابدا
وبهذه نقلة الكوكب في العرض عن فلك البروج فاما
نقلته في العرض عن معدل النهار فهي بنقلة قطب ك
على دايرة كل من ز لان فلك القمر لو كان انما ينقل
على قطبه على دايرة كل من ز لما خرج القمر عن دايرة ابجد
ولكانت نقلة القمر والشمس على دايرة واحدة لكان يرى القمر

9-8 يجـ جـ نجـ نو S 10 لا] لانه SHL

10 ز] ط L 11 ز : ESH ط L

14 بنقلة ES : لنقلة HL

E 104r פעם על עגולת אבגד ופעם [26] יוצא ממנה אל כל
אחד מב׳ הצדדים וזהו [27] החילוף אשר ייחסהו אל
עיקול גלגל [28] ההקפה ויראו אליו ג"כ חילוף
אחר הוא לפי [29] קוטב כ מקוטב הכל כלומ׳
נקודת צ כי היה [30] קוטב כ אמנם אמ׳ יסוב
סביב קוטב ס [31] ופעם יותיר קוטב ט כ אל קוטב
הכל אשר [32] הוא צ ופעם ירחק ממנו. וכאשר היה
[33] קוטב כ ביותר רחוק שבמרחק מקטב [34] צ והוא
קוטב ט מקוטב כ אל צד משוה [35] היום הנה הכוכב
M 77v בתכלית מרחקו ברוחב /מ 77ב/ [1] מגלגל המזלות.
וכאשר היה קוטב כ [2] בקירוב היותר קרוב מקוטב
צ [3] ומרחק ט מקוטב כ אל מה שילוה לנקודת [4] צ
היה הכוכב בתכלית האחר ברוחב מגלגל [5] המזלות.
וכאשר היה קוטב ט בשתי [6] נקודות חט מעגולת
כלמנ הנה הכוכב [7] יהיה על עגולת אבגד. הנה
כבר התבאר [8] איך תהיה העתקת הכוכב הזה באורך
[9] וברוחב וזה מה שכוונגו וזה צורתו.

28. לפי] לפי הערבית צ"ל: לפי מרחק. 30. מ: כ] ב: פ. 31. מ: כ] חסר בכ"י ב. 34. והוא] לפי הערבית צ"ל: והיה. 35. ב: מרחקו] מ: מרחק.

تاره على دايره ابجد وتاره خارجًا عنها الى كلتى الجهتين
وهذا هو الاختلاف الذي ينسبونه الى انحراف فلك
التدوير وله ايضا اختلاف اخر بحسب بعد قطب
ك من قطب الكل اعنى نقطة ص اذ كان قطب ك
انما يدور حول قطب س فتارةً يدنو قطب ط
الى قطب الكل الذي هو ص وتارةً يبعد عنه
فاذا كان قطب ط في البعد الابعد من قطب ص
وكان قطب ط من قطب ك الى جهة معدل النهار
كان الكوكب في غاية بعده في العرض عن فلك البروج
واذا كان قطب ك في اقرب القرب من قطب
ص وبعد ط من قطب ك الى مايلي نقطة ص
كان الكوكب في النهاية الاخرى في العرض عن فلك
البروج واذا كان قطب ه في نقطتي ح ط من
دايره ك ل م ن فان الكوكب يكون على دايره
ابجد فقد استبان كيف يكون تنقل هذا
الكوكب في الطول وفي العرض وذلك
ما قصدنا وهذه الصوره

SHL ط [ه 13   SHL ك [ط 7

E 104v [214] [10]ואולם איך [11]תתחלף העתקת [12]הכוכב
הזה [13]בתוספת [14]והחסרון הנה [15]הוא יהיה [16]לפי
מה [17]שביארנו בכוכבים העליונים והוא כי [18]הירח
יראה מהעתקתו באורך חילוף [19]בתוספת והחסרון.
ואולם זה לפי העתקת [20]קוטב גלגלו על עגולת
מהלכו בעתות [21]העתקת בה אל משך המזלות או
הפך [22]המשכם כי היתה העגולה הזאת רחוקה
[23]מקוטב העליון ופעם יעתק הקוטב עליה [24]בקיצורו
אל צד תנועת הכל ופעם להפיכה [25]והכוכב בהדבקו
אליו יראה בו ההעתקה [26]ההיא ויקצר מהעתקתו
פעם ויוסיף בה [27]פעם. ואמנם תהיה העתקת
הכוכב [28]ממוצעת כשיהיה קוטב גלגלו אצל שתי
[29]הנקודות אשר יחתכו עליהם שתי עגולות [30]מהלך
שתי הקוטבים אשר בהעתקתם [31]יעתק הכוכב באורך
וברוחב.

[215] [32]ונשוב הצורה כדי שנבאר ההעתקה
[33]הזאת ונשים עגולת כלמנ על עניינה [34]ועגולת
המהלך לקוטב הכוכב

26. ויקצר] לפי הערבית צ"ל: ויחסר.

واما كيف يختلف تنقله هذا
الكوكب بالزياده والنقصان
فذلك يكون على نحو ما
بيناه في الكواكب العلويه
وذلك لان القمر المشاهد من تنقله
في الطول اختلاف بالزياده
والنقصان وانما ذلك
بحسب تنقله قطب فلكه على دائره مره في حالتي استقباله
فيها الى توالي او الى خلاف توالها اذ كانت هذه الدائره
بعيده عن قطب الاعلى فتاره يسفل القطب عليها
فيقصره الى جهة حركة الكل وتاره الى خلافها فاما الكوكب
بلزومه له تظهر فيه تلك النقله فيقصر من نقلها حينًا
وتزيد فيها حينا وانما يكون تنقل الكوكب متوسطا اذا كان
قطبا فلكه عند النقطتين اللتين يتقاطع عليهما دائرتا
مر القطبين اللذين ينقلهما ينقل الكوكب في الطول
والعرض ولنعد الصوره لتتضح بهذه النقله فنجعل
دائره كل من [illegible] على حالها ودائره ممر قطب الكوكب

10 يسفل] ينتقل SH
11 بتقصيره SHL
11 والكوكب SHL

טח ושני [35]קוטבי שתי העגולות האלו על מה שהם E 105r
[36]בו צב. וכבר ביארנו במה שקדם [37]כי הקוטב
יתנועע אל משך המזלות /מ 78א/ [1]בקיצור בחצי M 78r
אשר מט אל ח ויעתק [2]להפך משך המזלות ואצל
תנועת הכל [3]מח אל ט. ומן המבואר כי הכוכב
[4]לדבקותו עם הקוטב ישתנה העתקתו [5]מפני עליית
הקוטב או ירידתו בעגולת [6]מהלכו.

[216] וא"כ הקוטב נעתק מצד ט [7]אל מקום
שיהיה העתקת הכוכב [8]ממוצעת והוא עגולה מזלות.
וכאשר [9]רחק מט מעת שבה העתקת הקוטב [10]אל
משך המזלות והתקבצו שתי העתקות [11]שני קטבי
הגלגל וקוטב עגולת מהלכו [12]ר"ל כ והיו שתיהן
יחד אל אצל משך המזלות [13]ויהיה העתקת הכוכב
מעניין מצוע אל [14]עניין תוספת עד שיגיע הקוטב
אל י והעתקת [15]הכוכב בתכלית הוספתו. ואחר כן
כשיעתק [16]הכוכב היתה העתקת הכוכב מתכלית
[17]התוספת אל עניין מיצוע עד שיגיע אל [18]נקודת
ח מקום שיתמצע העתקת הכוכב [19]ג"כ ואחר כן
יהיה עניין העתקת הכוכב [20]עם העתקת קוטבו
מח אל ק מעניין [21]מיצוע אל

36. צב] צ"ל: צכ. 36. וכבר] סוף כ"י ב. /מ 78א/
9. בשולי מ: הקוטב] בטקסט מ: הכוכב. 16. היתה]
לפי הערבית צ"ל: מי היתה.

طح وقطباها من الدائرة على ما تمثله ص ط وقد
بيّنا فيما تقدم ان القطب يتحرك الى توالي البروج بالنقص
في النصف الذي من ط الى ح ويتنقل الى خلاف
توالي البروج ويحوجه الكل من ح الى ط ومن
البيّن ان الكوكب للزومه القطب يتغير انتقاله
لاجل صعود القطب او هبوطه في دايرة مره واذا
كان القطب منتقلا من جهة ط حيث تكون نقله
الكوكب متوسطة وهو على دايرة البروج واذا بعد
عن ط قليلا صارت نقله القطب الى توالي
البروج فاجتمعت نقلتا قطبي الفلك وقطب دايره
مره اعني ك فكانتا جميعا الى جهة توالي البروج
فتكون نقلة الكوكب من حال الى حال تزيد الى
ان ينتهي القطب الى ك ونقله الكوكب الى غايه
تزيده ثم اذا انتقل القطب عن ك كانت نقلة الكوكب
وغايه الزيد الى حال توسط حتى ينتهي الى نقطة ح حيث
توسط نقلة الكوكب ايضا ثم تكون حاله نقلة الكوكب عند
انتقال قطبه من ح الى ق من حال توسط الى

1 ص ط] ص ك SL : ص ب H — 13 الى غاية] في غاية SM — 15 نقطة SML

חסרון כי היה הקוטב ברביע [22]הזה מעגולת E 105V
מהלכו אמנם נעתק אצל [23]תנועת הכל.

[217] ויחסר מהעתקת הכוכב [24]בשיעור מה
שיחתכהו מעגולת מהלכו [25]אשר היא הפך לקיצור
הכוכב והעתקתו [26]וכאילו הוא ירד הקצת מהעתקתו
אצל [27]תנועת הכל. וכאשר הגיע הקוטב אל [28]ק
היתה אז העתקת הכוכב יותר קטנה [29]שתהיה ואחר
כך כאשר נעתק הקוטב [30]מק אל צד ט היה הכוכב
נעתק מתכלית [31]קטנות ההעתקה אל אמצעיתה הנה
כן [32]תתחלף העתקת הכוכב הזה בתוספת [33]והחסרון
וזה מה שכווננו וזה צורתו.

[218] [34]ואמנם לא [35]יהיה לכוכב [36]הזה
עמידה [37]וחזרה כמו [38]שיהיה לכוכבי' /מ 78ב/ M 78V
[1]האחרים הנבוכים הנה זה מפני [2]קטנות שתי עגולות
מהלך קוטביו [3]ומפני שייחס הקשת אשר בין
קוטב [4]עגולת מהלכו ובין מקיפה אל הקשת [5]היוצאת
ממקיפה

26. ירד] השוה התרגום למקור הערבי שגם שם כתוב "ירד" אבל המובן שונה.

تنقص اذ كان القطب في هذا الربع من دائرة ممره انما ينتقل
نحو حركة الكل فتنقص من نقله الكوكب بقدر ما تقطعه
من دائرة ممره التي هي مخالفة لتقصير الكوكب ونقله وكانت
زيادة النقص من علته نحو حركة الكل فاذا انتهى القطب
الى ق كانت عند ذلك نقلة الكوكب اصغر ما يكون
ثم اذا استقل القطب من ق الى خط ط كان الكوكب
منتقلا من غاية صغر النقلة الى اوسطها فهكذا
تختلف نقله هذا الكوكب بالزيادة والنقصان وذلك
ما قصدنا وهذه الصورة هـ

وانما لم يكن لهذا الكوكب
لا رجوع ولا وقفة
مثل ما كان للكواكب
الاخر المتحيرة فذلك
لاجل صغر دائرتي
ممر قطبه ولان نسبة
القوس التي بين قطب
دائرة ممره ومن محيطها الى القوس الخارجة عن محيطها

E 106r אשר תגיע אל [6]קוטב הכל הונחה יותר קטנה [7]מיחס
העתקת קוטב כ אשר היא שוה [8]ג"כ לתנועת הכוכב
האמצעית אל העתקת [9]קוטב הגלגל הזה על עגולת
מהלכו אשר [10]היא שוה ג"כ לתנועת הגלגל
המיוחדת בו [11]הנקראת תנועת החילוף. ונמשיל
[12]זה ונעזוב [...] שתי עגולות חט כל ויהיה
[13]קוטב הכל על נקודת צ ותלך על כ וצ [14]קשת
מעגולה גדולה והיא קצכ. וכאשר [15]היא יחס
קשת קכ אל קשת קץ יותר קטון [16]מיחס העתקת קוטב
[...] גלגל הכוכב כלומ׳ [17]נקודת ט מעגולת חט
כי הנה בלתי אפשר [18]שיצא מצ אל עגולת חט קשת
תחתוך [19]העגולה הזאת תחילה ויהיה יחס מה
[20]שיחתוך ממנה בתוך עגולת חט ויגיע [21]אל
מקיף עגולת כל אל מה שיפול חוץ [22]מעגולת חט
יותר קטן תמיד מיחס קשת [23]קכ אל קשת קץ כי הקשת
היוצאת [24]מעגולת חט

12. [...] לפי הערבית כמה מלים נשמטו כאן. 15. היא] לפי הערבית צ"ל: היה. 16. [...] לפי הערבית כמה מלים נשמטו כאן.

التي منها الى قطب الكل قد فرضت اصغر من نسبة
نقلة قطب ك التي هي مساوية لحركة الكوكب الوسطى
الى نقل قطب هذا الفلك على دائرتي مرة التي هي
مساوية ايضا لحركة الفلك الخاصة به المسماة
حركة الاختلاف ولنمثل لذلك ونترك دايرتي
ممري قطبي ط و ك على حالهما في دائرتي ح ط
ك ل وليكن قطب الكل نقطة ص ونمر على
ك و ص قوسا من دائرة عظيمة وهي ص ن ك
واذا كانت نسبة قوس ق ك الى قوس
ق ص اصغر من نسبة نقلة قطب ك الى
نقلة قطب فلك الكوكب اعني نقطة ط من
دائرة ح ط فانه لا يمكن ان يخرج من ص الى
دائرة ح ط قوس يقطع هذه الدائرة الا وتكون
نسبة ما يقع منها في داخل دائرة ح ط وهي
الى محيط دائرة ك ل الى ما يقع خارجا عن دائرة
ح ط اصغر ابدا من نسبة قوس ق ك الى
قوس ق ص لان القوس الخارجة عن دائرة ح ط

8 صن ك] صق ك SL : ق ص ك M   13 الا] اولا SM   14 يقع] يقطع SM

תהיה תמיד יותר גדולה [25]מקשת צק. וכל קשת E 106v
תפול בתוך [26]עגולת חט ותהיה יותר קטנה מקשת קכ
[27]מפני שכפל קשת קכ היותר גדולה שבקשתות
[28]הנופלות בעגולה כי היה מתרה קוטר לעגולת
[29]חט ויתוסף היחס ההוא קטנות כל זמן שיוצא
[30]מקוטב צ קשת אחרת בעגולת חט תגיע אל מקיף
[31]חכט ואי אפשר שיצא בהם מה שישתוה [32]ליחס
העתקת קטב כ אל העתקת קטב ט.

[219] ושורש [33]זה כי אנחנו כבר אמרנו כי
קשת קכ היא כמו [34]מחמשה חלקי׳. ואולם קשת
קץ הנה היא [35]תהיה כמו מי"ט חלק כי היתה
הקשת הזאת [36]היא יתרון הנטייה על קשת קכ
כי קשת קץ [37]שוה לנטיית עגולת המזלות על עגולת
משוה היום /מ 79א/ [1]וזה קרוב מכ"ד חלק. M 79r
וקשת כק כמו [2]מחמשה חלקים הנה יחס הילוף
הגדול [3]בין שתי עגולות כל וחט בשיעור מה
[4]שבין שתי הקשתות האלו ויהיה יחס [5]החלקים מן
העגולה הזאת

تكون ابدا اعظم من قوس ص ق وكل قوس يقع في
داخل دايرة ح ط يكون اصغر من قوس ق ك
لان ضعف قوس ق ك اعظم القسي الواقعة
في الدايرة اذ هو وتر ما قطر الدايرة ط ح فيزداد
تلك النسبة القسي صغرا مهما خرج قطب ص
قوس اخرى في دايرة ح ط حتى الى محيط
ح ك ط ولا يمكن ان يخرج فيها ما يساوي نسبة
نقله قطب ك الى نقطة قطب ط واصل
ذلك انا قد قلنا ان قوس ق ك هي نحو من
خمسة اجزا واما قوس ق ص فانها تكون نحوا
من تسعة عشر جزءا اذ كانت هذه القوس هي
فضل الميل على قوس ق ك لان قوس ك ص
مساوية لميل دايرة البروج على دايرة معدل
النهار وذلك قريب من اربعة وعشرين جزءا
وقوس ك ق نحو من خمسة اجزا فنسبة اختلاف
العظم بين دايرتي ك ل و ح ط بقدر ما بين
هاتين القوسين ويكون نسبة الاجزا من هذه الدايرة

8 نقطة] نقلة SML

E 107r אל החלקים מן [6]העגולה האחרת כשנחלק כל אחת
מהן [7]בש"ס חלק לפי יחס היתרונות בין מקיפיהם
[8]אשר לאחד על האחר. וכאשר הנחנו [9]קוטב גלגל
הירח על ו במקום שתהיה הקשת [10]קו שלשה עשר
חלקים וג׳ דקים והוא מה שיחתכהו [11]הקוטב
בקצורו בעגולת חט והעתקתו מצד ו אל [12]צד ק
ולקחנו מאצל נקודת ק קשת קס בשיעור [13]מה
שיעתקהו בקוטב כ וזה י"ג חלק וי׳ דקים
[14]והוא השוה להעתקת הכוכב האמצעית ויותירו
[15]חלקי קשת כס על חלקי קשת וק על יחס יתרון
[16]החלק האחד מן העגולה הזאת הגדולה על החלק
[17]מן הקטנה ההיא ותוספת ז׳ דקים מחלק מעגולת
[18]כל.

[220] וכאשר נעתק הקוטב מן ו אל ק חסר
מהעתקת [19]הכוכב בעגולת המזלות בשיעור יחס
מה ששב [20]בו הקוטב והוא קשת וק מקשת כס
וישאר הנשאר [21]והוא העתקת הכוכב בעת מתינותו
ותכלית קשת [22]וק שיחסר מהעתקת הכוכב

الى الاجزاء الدائرة الاخرى واذا قسمت كل واحدة
منهما بثلثمائة وستين جزوا لحسب نسبة التفاوت
بين محيطيها فاذا فرضنا قطب فلك القمر على ق
فحينئذ يكون قوس ق و ثلاثة عشر جزءا وثلاث دقائق
وهي ما تقطعه القطب من التقصير في دائرة ح ط وينقله
من جهة و الى جهة ق واخذنا من اللذ نقطة ك
قوس ك س بقدر ما ينتقل قطب ك وذلك
ثلاثة عشر جزءا وعشر دقائق وهو المساوي لنقلة
الكوكب الوسطى فتفضل اجزاء قوس ك س
على اجزاء قوس و ق على نسبة فضل الجزو الوا جد
من هذه الدائرة العظمى على الجزو من تلك الصغرى
وزيادة سبع دقائق من جزو من دائرة ك ل
فاذا انتقل القطب من و الى ق نقص من نقلة
الكوكب في دائرة البروج بقدر نسبة ما رجع به
الى القطب وهو قوس و ق من قوس ك س
وبقى الباقي وهو نقلة الكوكب في حال بطوئه
وغاية قوس و ق ان ينقص من نقلة الكوكب

3 ق] و SML   4 ق و SM   6 ك ESL : ق M
7 كس ESL : ق ص M   15 الى] Missing in SM

E 107v קצת. ואולם שיצללה [23]עד שתראה לכוכב עמדה או
תוספת עליה עד [24]שיראה לכוכב חזרה ושבה הנה
אי אפשר זה [25]ועל הדרך הזאת לא יהיה לכוכב
הנה עמידה ולא [26]חזרה אבל חילוף בתוספת
והחסרון כמו שזכרנו [27]וזה מה שכווננו וזה
צורתו.

[221] [28]ואולם חקירת המאמר [29]בחלקיות
ההעתקה [30]הזאת וזולתה מהעתקות [31]הכוכבים
הרצים [32]ולהמשיך כל העניינים [33]אשר לכוכבים
האלו מן העלייה והשקיעה וזמני [34]הראותם
והסתרם וידיעת ענייני קבוציהם [35]ולקויותיהם
ושאר ענייניהם ממה שיכלול עליהם [36]ספר
המגסטי הנה לא יתנהו הזמן ולא טוב [37]החקירה
כי יצטרך לזמן ארוך ועזר מבעלי [38]העיון
בחכמה הזאת ואינו נותן בו שארית חיי [39]עם
העדר

البعض واما ان نسعر فيها حتى يظهر للكوكب وقوف
او يزيد عليها حتى يظهر للكوكب رجوع فلا يمكن ذلك
ولهذا السبب لا يكون لهذا الكوكب وقوف ولا
رجعة بل اختلاف
الزيادة والنقصان
حسب وذلك ما
قصدنا وبهذه الصوره
وانما استقصا القول
في جزئيات هذه النقلة
وسواها من نقل الكواكب
السياره وتتبع جميع
معاني ما لهذه الكواكب من الطلوع والغروب واوقات
ظهوراتها واختفائها ومعرفة حال اجتماعاتها وكسوفاتها
وسائر حالاتها مما احتوى عليه كتاب المجسطي فليس
يعطيه الوقت ولا تسعدنا به جودة البحث اذ
يحتاج الى طول من الزمان واستعانة بذوي بصر
بهذا الشان ولا تعطيه بقية العمر مع عدم

6 حسب ES : حسب ما ذكرناه M

E 108r האפשרות ואמנם היתה הכוונה /מ 79ב/ [1]הערה על
M 79v איכות התנועה האמיתית [2]המחייבת אל ההעתקות
המתחלפות [3]והמתחלקות והדקדוק בתכונה לשמים
[4]איפשרית ושרשים קיימים איפשריים [5]מאותם
ההנחות השרשים הקשים [6]להגיע הרחוקים מן
האפשרות והקיבול [7]ועם זה הנה כבר התבאר כי
תנועת כל הגלגלים [8]לתנועת העליון נמשכת
והעתקתה אל [9]ההעתקה הכללית דלות ורודפת
ושלא [10]יתחלף חלק מחלקי השמים חלק אחר
[11]בהעתקתו ולא תלך תנועת דבר ממנו [12]בהפך
תנועת כללותו.

[222] הנה כבר השלמנו [13]מזה מה שיעדנו
והביאנו בו. ולאלהים [14]ההודאה והתהלה ובו
הביטחון מן השגיאה [15]והטעות במעשה והמאמר.
וזה מה שרציתי [16]לגלות לך מסודי ולהודיע
אותך מה שהגיע [17]אליו שכלי. ואתה רב השכל
והבינה [18]התבונן בו למעלתך. ועיין עליו
בעיון תבונתך [19]ואם יהיה בו קיצור יצטרך
להשלים או דבר [20]בעניין מעייניניו שגיאה
גודל שכלך יתקן [21]הטעות בו וישלים מה שחסר

1. הערה] מ: העדרה.   16. מסודי] מ: מוסדי.

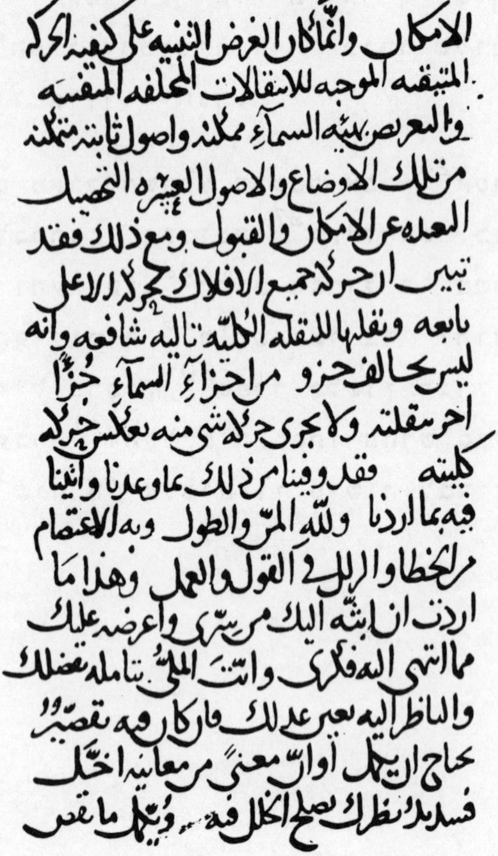
الامكان وانما كان الغرض التنبيه على كيفية الحركة
المتبقة الموجبة للانتقالات المختلفة المتفقة
والتعريض بهيئة السماء ممكنة واصول ثابتة متمكنة
من تلك الاوضاع والاصول العسيرة التحصيل
البعيدة عن الامكان والقبول ومع ذلك فقد
تبين ان حركة جميع الافلاك لحركة الاعلى
تابعة ونقلها للنقلة الكلية تالية شافعة وانه
ليس يخالف جزو من اجزاء السماء جزءا
اخر في نقلته ولا يجري حركة شي منه بعكس حركة
كليته فقد وفينا من ذلك بما وعدنا واتينا
فيه بما اردنا ولله المن والطول وبه الاعتصام
من الخطا والزلل في القول والعمل وهذا ما
اردت ان ابثه اليك من سري واعرضه عليك
مما انتهى اليه فكري وانت الملي بتامله بفضلك
والناظر اليه بعين عدلك فان كان فيه تقصير
يحتاج ان يكمل او ان معنى من معانيه اخل
فسدده بنظرك يصلح الخلل فيه ويتم ما نقص

13 ابثّه اليك] انته لك S   16 اخل] اخلى S

מעניינין [22]ויגמרהו. ואלהים יאריך ימיך E 108V
ויתן לך [23]החיים הטובים ויהי כנהר שלומך
[24]ויאר פניו אליך ויחנך.

[25]נשלם מאמר השופט הנכבד אבי [26]אסחק בן
אבן אלבטרוגי בתכונה [27]ות"ל אשר כל טוב
מאתו. והעתיקו [28]החכם הגדול ר' משה בן
החכם הפילוסוף [29]ר' שמואל בר' יהודה בן
תבון ז"ל מרמון [30]ספרד מלשון הגרי אל
לשון עבר [31]והשלים העתקתו החדש סיון ז"כ
ובו [32]שנת ה' אלפים וי"ט שנה לבריאת
העולם.

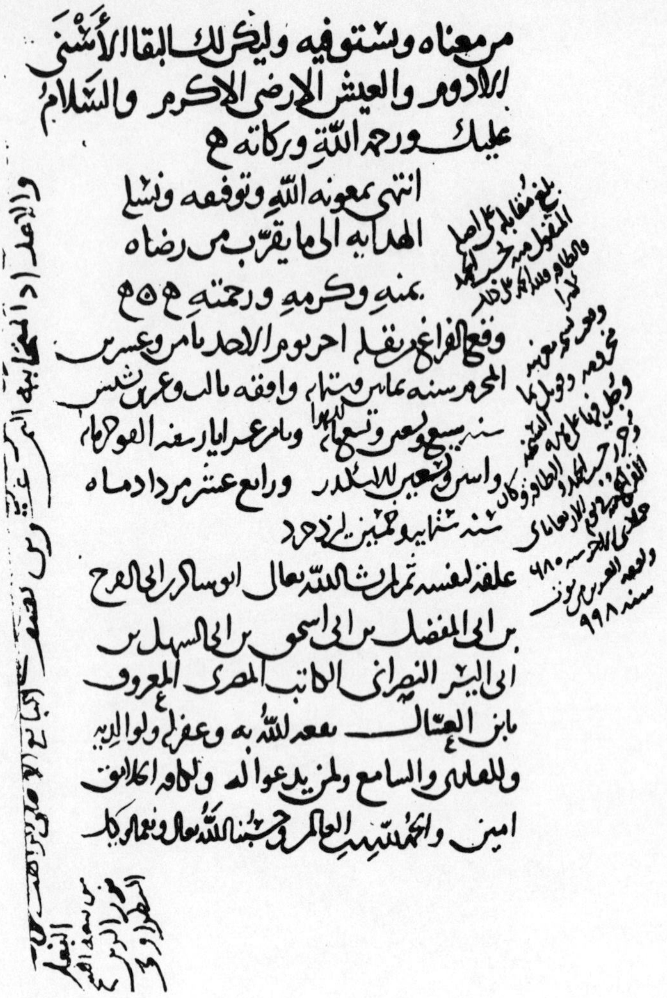
من معناه ونستوفيه وليكن لك البقاء الأسنى
بالدوام والعيش الأرضي الأكرم والسلام
عليك ورحمة الله وبركاته
انتهى بمعونة الله وتوفيقه ونسأله
الهداية الى ما يقرب من رضاه
بمنه وكرمه ورحمته
ووقع الفراغ من نقله اخر يوم الاحد ثامن وعشرين
المحرم سنة ثمان وستين واوافقه ثالث وعشرين شهر
سنه سبع وتسعين [illegible] وثامن عشر ايار سنه الف [illegible]
واسن وسبعين للاسكندر ورابع عشر مرداد ماه
سنه ستمائة وخمسين ليزدجرد
علقه لنفسه [illegible] ابو شاكر ابي الفرج
بن ابي المفضل بن ابي اسحق بن ابي السهل بن
ابي البشر النصراني الكاتب المصري المعروف
بابن العسال نفعه الله به وغفر له ولوالديه
وللمالكي والسامع ولمن يدعوا له [illegible]
امين والحمد لله رب العالمين وحسبنا الله تعالى ونعم الوكيل

1 الاسنى] الالهى S

PART IV

Glossary and Indices

1. Glossary: Arabic-Hebrew-English

1 Eternal	M 20^r:10	תמידי	E 8^v: 4	ابدى
2 Lag	M 18^r:14	איחור	E 5^v: 9	اخر. تاخر
3 Modern astronomers	M 28^r:21	המתאחרים מבעלי החכמה הלימודית	E 20^r: 4	المتاخرون من التعليميين
4 (The man) from Seville	M 15^v:23	משביליה	E 2^r: 3	الاشبيلى
5 Principle	M 20^v: 9	שרש	E 9^r: 9	اصل
6 Horizon	M 38^r:13	אופק	E 41^v: 3	افق
7 Believe firmly	M 18^r:30	חזק	E 6^r: 5	اكد
8 *Almagest*	M 65^r: 1	המגסטי	E 42^v:12	المجسطى
9 Thing, phenomenon	M 19^r:31	דבר	E 7^v: 9	امر
10 Astronomical instrument	M 73^v:18	כלי ההקש	E 97^v:12	آلة القياس
11 Search	M 25^v:13	חפש	E 16^r:12	بحث
12 Search	M 25^v:18	חקר	E 16^v: 1	بحث
13 Proof	M 37^v:33	מופת	E 41^r: 3	برهان
14 Simple	M 24^r: 7	פשוט	E 14^r: 8	بسيط
15 Eye, vision	M 20^r:18	ראות	E 8^v: 9	بصر
16 Slowness	M 18^v: 9	איחור	E 6^r:13	بطء
17 Slower	M 27^r:22	מתאחר	E 18^r:13	ابطأ

18 False	M 21^{r}: 3	בטל	E 9^{v}:12	باطل
19 Distance	M 16^{r}:19	מרחק	E 2^{v}:12	بعد
20 Apogee	M 73^{r}: 5	המרחק הרחוק	E 96^{v}: 9	البعد الابعد
21 Perigee	M 73^{r}: 6	המרחק הקרוב	E 96^{v}:10	البعد الاقرب
22 Maximum distance	M 16^{v}:20	המרחק המוגבל	E 3^{v}: 8	البعد المحدود
23 Distance	M 18^{r}:15	מרחק	E 5^{v}:10	تباعد
24 Some	M 15^{v}:37	קצת	E 2^{r}:12	بعض
25 Necessary, proper	M 15^{v}:32	ראוי	E 2^{r}: 8	بغى . ينبغى
26 White	B 147^{v}:8	לובן	E 30^{v}:17	بياض
27 Evident	M 18^{v}: 5	מן המבואר	E 6^{r}:10	بين . من البين
28 Follow	M 16^{r}:36	נמשך	E 3^{r}: 9	تبع
29 Next	M 36^{r}: 7	הנלוה	E 36^{r}:11	تلو. التالى
30 Heaviness	M 26^{v}:24	כבדות	E 18^{r}: 1	ثقل
31 Triangle	M 44^{v}:24	משולש	E 53^{r}: 1	ثلث. مثلث
32 Astronomical table	M 36^{r}:34	לוח	E 36^{v}:16	جدول
33 Abstract	M 21^{r}:13	משולל	E 10^{r}: 6	جرد . مجرد
34 (Celestial) body	M 18^{r}:23	גרם	E 6^{r}: 1	جرم
35 Part	M 19^{v}: 2	חלק	E 7^{v}:10	جزء
36 Body	M 21^{r}:13	גשם	E 10^{r}: 7	جسم

37 Assign	M 18^v:13	שם	E 6^v: 2	جعل
38 Conjunction	M 21^v:17	דבוק	E 10^v:12	جمع. اجتماع
39 Conjunction	M 64^r:33	התקבץ	E 83^v:10	اجتماع
40 Chapter	M 15^v:30	מין	E 2^r: 7	جملة
41 South	M 29^v: 7	דרום	E 22^v:10	جنوب
42 Cross, exceed	M 16^v:19	עבר	E 3^v: 8	جاز
43 Sine	M 44^v:25	מיתר	E 53^r: 3	جيب
44 Inclination	M 77^r:27	עיקול	E 104^r:2	حرف. انحراف
45 Inclination	M 29^v:22	נטייה	E 23^r: 9	انحراف
46 Move *(trans.)*	M 15^v:34	הניע	E 2^r:10	حرّك
47 Move *(intrans.)*	M 16^r:23	התנועע	E 3^r: 1	تحرك
48 Motion	M 15^v:14	תנועה	E 1^v:11	حركة
49 Motion of completion	M 40^r:24	תנועת ההשלמה	E 46^v: 1	حركة الاستفاء
50 Mean Motion	M 19^v:17	התנועה השוה	E 8^r: 6	الحركة المستوية
51 Daily Motion	M 17^r: 2	התנועה היומית	E 4^r: 5	الحركة اليومية
52 Sense	M 23^v:22	חוש	E 13^v:13	حس
53 Perception	M 28^v: 8	הרגש	E 20^v:11	احساس
54 Spiral, helical	M 37^v:33	חלזוני	E 41^r: 2	حلزونى
55 Deferent	M 22^r:14	הנושא	E 11^r:13	حمل . الحامل

56 Axis	M 21^{r}: 5	כוש	E 10^{r}: 1	حور. محور
57 Circumference	M 20^{v}:14	מקיף	E 9^{r}:11	حوط. محيط
58 Circumstance, time	M 62^{v}: 1	זמן	E 80^{v}: 6	حول. حال
59 Matter, condition	M 15^{v}:35	ענין	E 2^{r}:11	حال
60 No doubt	M 23^{r}:31	לא ספק	E 13^{v}: 1	لا محالة
61 Absurdity	M 17^{v}:28	שקר	E 5^{r}:11	استحالة
62 Times	M 31^{v}: 6	זמנים	E 27^{v}: 1	حين. احيان
63 Eccentricity, divergence	M 18^{r}:17	יציאה	E 5^{v}:11	خرج. خروج
64 Autumnal equinox	M 71^{v}: 5	השווי החרפי	E 94^{r}: 9	خرف. الابتداء الخريفي
65 Characteristic	M 16^{r}:15	סגולה	E 2^{v}: 9	خاصة
66 Straight lines	M 19^{v}:24	הקוים הישרים	E 8^{r}:10	خط. الخطوط المستقيمة
67 Opposite	M 16^{v}: 1	בהפך	E 3^{r}:10	خلف. على الخلاف
68 Differ	M 17^{v}: 7	בחילוף	E 4^{v}:13	تخالف
69 Vacate	M 22^{r}:12	הניח פנוי וריק	E 11^{r}:12	خلى
70 Vacuum	M 23^{r}: 3	ריקות	E 12^{v}: 8	خلاء
71 Brownish-red	B 147^{v}:7	גחלת	E 30^{v}:16	خمرى
72 Recession	M 30^{r}:17	איחור	E 24^{r}:10	دبر. ادبار

73 Rolling motion	M 46^r:36	מגולגלת	E 55^v: 2	دحرجة
74 Perception	M 28^r:20	השגה	E 20^r: 3	درك. ادراك
75 Proof	M 24^v:25	ראיה	E 15^r:12	دليل
76 Revolution	M 18^r: 7	עגול	E 5^v: 5	دورة
77 Revolution	M 22^r: 7	סביב	E 11^r: 9	دوران
78 Spiral, helix	M 23^r:30	סיבוב לולבי	E 13^r:13	ادارة لولبية
79 Revolution	M 19^v:18	סיבוב	E 8^r: 7	استدارة
80 Zodiac, ecliptic	M 17^r:28	עגול המזלות	E 4^v: 7	دائرة البروج
81 Inclined circle	M 17^r:14	העגול הנוטה	E 4^r:12	الدائرة المائلة
82 Paths of the poles	B151^r:12	עגולות מהלך שני הקוטבים	E 37^v:14	دائرتا ممر القطبين
83 Mean circle	M 18^r:18	העגול האמצעי	E 5^v:11	الدائرة الوسطى
84 Parallel circles	M 18^r: 9	עגולים נכוחיים	E 5^v: 6	دوائر متوازية
85 Below	M 17^r:30	למטה	E 4^v: 8	دون
86 Mind	M 20^r:15	שכל	E 8^v: 7	ذهن
87 See, perceive	M 16^r:11	ראה לעין	E 2^v: 7	راى بالحس
88 Fixed firmly	M 30^v:10	קשורים קשר אמיץ	E 25^r:10	ربط. مربوطة موثقة

89 Vernal equinox	M 68^r:12	נקודת השווי האביבי	E 87^v:15	ربع. نقطة الاستواء الربيعى
90 Arrangement	M 22^v:32	סדר	E 12^v: 4	رتب. ترتيب
91 Trace	M 16^v:30	רשם	E 4^r: 1	رسم
92 Observe	M 18^r:12	עשה מבט	E 5^v: 8	رصد
93 Observation	M 29^v: 9	מבט	E 22^v:12	رصد
94 Structure	M 28^r:23	הרכבה	E 20^r: 5	ركب. تركيب
95 Center	M 19^v:26	מרכז	E 8^r:11	ركز. مركز
96 Center of the universe	M 20^r:16	מרכז העולם	E 8^v: 8	مركز العالم
97 Fixed	M 23^v:25	תקוע	E 14^r: 1	مركوز
98 Saturn	M 48^r:35	שבתי	E 58^v:12	زحل
99 Assert	M 17^r:22	חשב	E 4^v: 4	زعم
100 Venus	M 15^v:24	נגה	E 2^r: 3	الزهرة
101 Continue	M 15^v:28	לא סר	E 2^r: 6	زول. لا زال
102 Right angle	M 44^v:25	זוית נצבת	E 53^r: 2	زاوية قائمة
103 Astronomical tables	M 30^r:35	לוחות	E 24^v:10	زيج
104 Increment	M 28^v: 7	תוספת	E 20^v:10	زيادة
105 Reason	M 16^v:34	סיבה	E 4^r: 4	سبب
106 Obscure	M 62^r:38	הסתיר	E 80^v: 6	ستر

107	Speed, velocity	M 24^{v}:25	מהירות	E 15^{r}:12	سرعة
108	Plane	M 20^{r}:16	שטח	E 8^{v}: 8	سطح
109	Fall	M 35^{r}:33	נפילה	E 35^{r}:15	سقوط
110	Physics	M 19^{r}: 1	שמע הטבעי	E 7^{r}: 1	سماع
111	Heaven	M 15^{v}:33	שמים	E 2^{r}: 9	سماء
112	Heavens	M 16^{v}:26	הגלגלים	E 3^{v}:12	السموات
113	Tropical year	M 59^{r}:35	שנה שמשית	E 75^{v}: 1	سنة شمسية
114	Amount, distance	M 38^{v}:22	שיעור	E 42^{v}: 5	سوف. مسافة
115	Uniform (cf. 89)	M 20^{r}:22	שווי	E 8^{v}:11	سوى. استواء
116	Equal	M 37^{r}:33	שוה	E 40^{r}: 5	متساو
117	Similar	M 19^{r}:28	מתדמה	E 7^{v}: 7	شبه. متشابه
118	East	M 15^{v}:35	מזרח	E 2^{r}:10	شرق. مشرق
119	Coast	M 26^{v}:19	סוף וגבול	E 17^{v}:11	شط
120	Without doubt	M 18^{v}:31	בלא ספק	E 6^{v}:13	شك. دون شك
121	Figure	M 37^{v}:33	תמונה	E 41^{r}: 2	شكل
122	Sun	M 15^{v}:24	השמש	E 2^{r}: 3	الشمس
123	Waxen	B 147^{v}:7	שעוה	E 30^{v}:16	شمعى
124	North	M 29^{v}: 7	צפון	E 22^{v}:11	شمال

125 Repugnant	M 23^r:10	מגונה	E 12^v:13	شنيع
126 Observe	M 18^r:13	העיד	E 5^v: 8	شاهد
127 Observe	M 18^r:16	ראה	E 5^v:10	شاهد
128 Month, lunation	M 74^r:10	חודש	E 98^r:17	شهر
129 Contradiction	M 20^r: 9	דבר נבדל	E 8^v: 4	شیء متباين
130 Be escorted	M 35^r:22	התחבר	E 35^r: 9	صحب. استصحب
131 Arise	M 19^r: 1	תוסדר	E 7^r: 1	صدر. تصدر
132 Surface	M 62^v:16	קערה	E 81^r: 1	صفحة
133 Correct	M 15^v:26	תקן	E 2^r: 5	صلح . اصلح
134 Artificial, man-made	M 30^v:29	מלאכותי	E 25^v:12	صناعى
135 Figure	M 16^r:14	צורה	E 2^v: 9	صورة
136 Necessarily	M 19^r: 2	הכרח	E 7^r: 2	ضرورة
137 Weak	M 25^r:24	חלוש	E 16^r: 1	ضعف. اضعف
138 Side	M 44^v:26	צלע	E 53^r: 3	ضلع
139 Slow down	M 53^v:26	חלש	E 67^v: 1	ضمحل
140 Luminosity	M 62^v: 9	זוהר	E 80^v:12	ضوء. استضاءة
141 Luminosity	B 147^v:1	דואיר	E 30^v: 8	استضاءة
142 Illumination	B 147^v:4	נתינת אור	E 30^v:13	استضاءة
143 Nature	M 19^r:10	טבע	E 7^r: 7	طبع

144	Nature	M 15^{v}:30	הטבע	E 2^{r}: 7	الطباع
145	End, extremity	M 30^{v}:27	קצה	E 25^{v}:10	طرف
146	Sought	M 25^{v}: 5	מכוון	E 16^{r}: 7	طلب. مطلوب
147	Masters of the talisman	M 65^{v}:35	בעלי הטללומאוס	E 44^{r}:17	طلسم. اصحاب الطلسمات
148	Rise	M 16^{r}:12	עלה	E 2^{v}: 7	طلع
149	Rising	M 23^{v}:13	עליה	E 13^{v}: 8	طلوع
150	Exactly, absolutely	M 20^{r}:27	במוחלט	E 9^{r}: 1	طلق. على الاطلاق
151	Longitude	M 17^{r}:12	אורך	E 4^{r}:11	طول
152	Dark	B 147^{v}:8	חשכות	E 30^{v}:17	ظلم. اظلام
153	Thought, conception	M 16^{v}: 2	דמיון	E 3^{r}:10	ظن
154	Apparently	M 16^{r}:21	לפי אשר נראה ממנו	E 2^{v}:13	ظهر. على ظاهر الامر
155	Equator	M 16^{r}: 1	משוה היום	E 2^{r}:13	عدل. معدل النهار
156	Autumnal equinox	M 68^{v}:25	השווי החרפי	E 88^{v}:17	الاعتدال الخريفى
157	Accident, non-essential	B 147^{v}:4	מקרה	E 30^{v}:13	عرض
158	Latitude	M 77^{r}:18	רוחב	E103^{v}:13	عرض
159	Declination	M 77^{r}:19	רוחב	E103^{v}:14	عرض
160	Knowing, finding	M 21^{v}:13	ידיעה	E 10^{v}: 9	عرف. معرفة

161 Mercury	M 15^v:24	כוכב	E 2^r: 3	عطارد
162 Mercury	M 62^v:12	כותב	E 80^v:15	عطارد
163 Succeed	M 27^v:19	מתעקב	E 19^r: 2	عقب. متعاقب
164 Opposite	M 29^r: 1	חילוף	E 21^v: 3	عكس
165 Contrary	M 29^r:25	מתהפך	E 22^r:10	معكوس
166 Cause	M 19^r:24	סיבה	E 7^v: 6	علة
167 Astronomy	M 30^r:35	חכמת הכוכבים	E 24^v:11	علم النجوم
168 Well known	M 28^r: 1	ידוע	E 19^r:11	معلوم
169 Propaedeutic sciences	M 15^v:14	החלק הלימודי	E 1^v:11	الجزء التعليمى
170 Masters of astronomy		בעלי הלימודים		اصحاب التعاليم
	M 27^v:29	חכמי הכוכבים	E 19^r: 7	النجومى
171 Lower world	M 25^v:24	העולם השפל	E 16^v: 5	العالم السفلى
172 The world of coming-into-being and passing-away	M 25^v:25	עולם ההוויה וההפסד	E 16^v: 5	عالم الكون والفساد
173 Height	M 62^v:16	גובה	E 81^r: 1	علو
174 Superior planets	M 58^v:10	הכוכבים העליונים	E 74^r:16	الكواكب العلوية
175 Highest sphere	M 17^r: 2	הגלגל העליון	E 4^r: 5	الاعلى
176 Depth	M 26^v:20	עומק	E 17^v:12	عمق

177 Procedure	M 66^r:30	מעשה	E 84^v:14	عمل
178 Element	M 26^r:14	יסוד	E 17^r: 3	عنصر
179 Substance	B147^r:26	חומר	E 30^v: 8	عنصر
180 I.e.	M 17^r:16	ר"ל	E 4^v: 1	عني . اعنى
181 Return	M 48^v: 9	שוב	E 59^r: 7	عودة
182 Set	M 16^r:13	שקע	E 2^v: 8	غرب
183 West	M 15^v:35	מערב	E 2^r:11	مغرب
184 Error	M 24^r:26	טעות	E 14^v: 6	غلط
185 Thickness	M 26^v:20	גודל	E 17^v:11	غلظ
186 Limit, maximum	M 25^r:17	תכלית	E 15^v:10	غاية
187 Setting	M 23^v:13	שקיעה	E 13^v: 8	غيبوبة
188 Vacuum	M 28^r: 9	ריק	E 19^v: 6	فراغ
189 Differ, be separated	M 20^r:17	הפרש	E 8^v: 9	فرق
190 Separated	M 21^r:11	נבדל	E 10^r: 5	فصل . منفصل
191 Separation	M 28^r:11	פירוד	E 19^v: 8	انفصال
192 Separation	M 28^r:11	הפרד	E 19^v: 9	انفصال
193 Sphere	M 15^v:24	גלגל	E 2^r: 3	فلك
194 Epicyclic spheres	M 20^r:29	גלגלי ההקפה	E 9^r: 3	افلاك التداوير
195 Eccentric sphere	M 20^v:14	גלגל יוצא המרכז	E 9^r:12	فلك خارج المركز

196 Inclined sphere	M 36^r:18	הגלגל הנוטה	E 36^v: 4	الفلك المائل
197 Science	M 15^v:16	חכמה	E 1^v:12	فن
198 Excess	M 17^r: 8	יתרון	E 4^r: 8	فوت. تفاوت
199 Above	M 17^r:30	למעל	E 4^v: 8	فوق
200 Opposite	M 17^r:23	מתנגד	E 4^v: 4	قبل . مقابل
201 Opposite	M 19^r:18	מתנגד	E 7^v: 1	متقابل
202 Opposition	M 21^v:18	התנגד	E 10^v:12	تقابل
203 Accession	M 30^r:33	קדימה	E 24^v: 8	اقبال
204 Amount	M 16^v: 5	שיעור	E 3^r:13	قدر
205 Perigee	M 77^v: 2	קירוב היותר קרוב	E104^r:10	قرب. اقرب القرب
206 Violent	M 19^r:10	מוכרחת	E 7^r: 8	قسرية
207 Chord	M 52^v: 8	חלק	E 65^v:13	قسم
208 Lag	M 33^v:29	קיצור	E 33^r:16	قصر. تقصير
209 Pole	M 16^r: 4	קוטב	E 2^v: 3	قطب
210 Pole of the universe	M 78^v: 6	קוטב הכל	E 106^r:1	قطب الكل
211 Diameter	M 52^r:21	קוטר	E 65^r:12	قطر
212 Node	M 29^v:31	נקודת החתוכים	E 23^v: 5	قطع. نقطة التقاطع
213 Concave	M 28^r: 7	קבובי	E 19^v: 4	قعر. مقعر
214 Solstice	M 65^r:10	הפוך	E 43^r: 2	قلب. انقلاب

215	Winter solstice	M 71^{v}: 5	ההפוך הסתוי	E 94^{r}:10	المنقلب الستوى
216	Summer solstice	M 68^{v}:23	ההיפוך הקיצי	E 88^{v}:17	المنقلب الصيفى
217	Moon	M 16^{r}:18	הירח	E 2^{v}:11	القمر
218	Retrograde motion	M 29^{v}:21	חזרה	E 23^{r}: 8	قهقرة
219	Arc	M 37^{r}:19	קשת	E 39^{v}:16	قوس
220	Book (of a treatise)	M 15^{v}:31	מאמר	E 2^{r}: 8	قول . مقالة
221	Direct motion	M 29^{v}:22	ישר	E 23^{r}: 9	قوم. استقامة
222	Power	M 24^{v}:24	כח	E 15^{r}:10	قوة
223	As regards (comparison), see also 10	M 16^{r}:25	הקש	E 3^{r}: 3	قياس
224	Book, treatise	M 15^{v}:25	ספר	E 2^{r}: 4	كتاب
225	Sphere	M 20^{r}: 5	כדור	E 8^{v}: 2	كرة
226	Subsiding	M 56^{r}: 6	נשבר	E 69^{v}:11	كسر. انكسار
227	Eclipse	M 21^{v}:18	לקות	E 11^{r}: 1	كسوف
228	Universe	M 16^{v}:27	הכל	E 3^{v}:13	الكل
229	Complete	M 34^{r}:24	השלים	E 34^{r}: 3	كمل . استكمل
230	Perfection	M 35^{r}: 3	שלמות	E 34^{v}:14	كمال
231	Fixed stars	M 15^{v}:22	הכוכבים הקיימים	E 2^{r}: 2	الكواكب الثابتة
232	Planets	M 16^{r}:18	הכוכבים הנבוכים	E 2^{v}:11	الكواكب المتحيرة

233	Sphere of the fixed stars	M 17^{r}:25	גלגל הכוכבים הקימים	E 4^{v}: 5	المكوكب
234	Place	M 22^{r}:11	מקום	E 11^{r}:11	كون . مكان
235	Catch up	M 59^{r}:13	השגה	E 75^{r}: 1	لحاق
236	Maintain, cling	M 16^{r}:20	דבק	E 2^{v}:12	لزم
237	Follow (logically)	M 19^{r}: 7	יתחייב	E 7^{r}: 5	يلزم
238	Night	M 18^{r}: 7	לילה	E 5^{v}: 5	ليلة
239	See 8				المجسطى
240	Duration	M 21^{v}:20	אורך עמידה	E 10^{v}:13	مدة
241	Mars	M 58^{v}:10	מאדים	E 74^{r}:16	المريخ
242	Touch	M 28^{r}: 3	משוש	E 19^{r}:13	مس. مماسة
243	Jupiter	M 55^{r}:28	צדק	E 69^{r}: 6	المشترى
244	Prevent	M 16^{v}:25	מנע	E 3^{v}:12	منع
245	Inclination	M 18^{r}:18	נטייה	E 5^{v}:11	ميل
246	Incline to	M 16^{v}:12	נוטה מ-	E 3^{v}: 3	مائلة عن
247	Hint	M 24^{r}:10	רמז	E 14^{r}:10	نبه . تنبيه
248	Planets	M 16^{r}: 3	הכוכבים הרצים	E 2^{v}: 2	النجوم الجارية
249	Ratio	M 21^{v}:16	ערך	E 10^{v}:11 (1)	نسبة
250	Ratio	M 21^{v}:17	יחס	E 10^{v}:11 (2)	نسبة

251	These are his words	M 19^{v}:18	מה שזה לשונו	E 8^{r}: 7	نص. ما هذا نصه
252	Girth	M 40^{v}:28	אזור	E 47^{r}:10	نطاق
253	Girth	M 47^{v}: 2	אזור	E 57^{r}: 5	منطقة
254	Study	M 15^{v}:13	למד	E 1^{v}:10	نظر
255	Look, observe	M 16^{r}:10	הסתכל	E 2^{v}: 6	نظر
256	Corresponding to	M 41^{v}:31	דומה	E 48^{r}:16	نظيرة
257	Order	M 20^{r}: 7	סדר	E 8^{v}: 3	نظام
258	Order	M 22^{v}:32	יושר	E 12^{v}: 4	نظام
259	Irregular		בלתי הולכת	E 3^{v}: 2	غير منتظم
		M 16^{v}:10	על סדר		
260	Diminution	M 28^{v}: 7	חסרון	E 20^{v}:11	نقصان
261	Point	M 17^{v}:19	נקודה	E 5^{r}: 6	نقطة
262	Motion	M 17^{v}: 8	תנועה	E 5^{r}: 1	نقلة
263	Motion of the universe	M 20^{v}:18	העתק הכל	E 9^{v}: 1	نقلة الجميع
264	Move	M 16^{v}: 1	העתיק	E 3^{r}:10	انتقل
265	Finite	M 27^{v}: 7	בעל תכלית	E 18^{v}: 7	نهى . متناه
266	Light	M 62^{v}: 7	אור	E 80^{v}:11	نور
267	Chapter	M 19^{v}:15	כלל	E 8^{r}: 5	نوع
268	Luminous	M 62^{v}: 7	מאור	E 80^{v}:10	نير

269	Receive light	M 62^{v}: 3	קבל אור	E 80^{v}: 8	استنار
270	Crescent	M 62^{v}:13	קשת	E 80^{v}:16	هلالى
271	Hindu scholars	M 61^{v}: 3	חכמי הודו	E 79^{r}: 5	هند . اهل الهند
272	Chord	M 70^{r}:23	מיתר	E 92^{r}: 2	وتر
273	Manner, fashion	M 58^{r}:31	ותיראה	E 73^{v}:17	وتيرة
274	Fixed	M 23^{v}:26	קיים	E 14^{r}: 1	وثق . موثق
275	Existence	M 21^{r}:15	מציאות	E 10^{r}: 8	وجود
276	Direction	M 18^{r}:16	צד	E 5^{v}:10	وجه . جهة
277	Parallel	B151^{r}:13	נכחי	E 37^{v}:14	وزى . مواز
278	Culminate	M 16^{r}:12	בא לאמצע השמים	E 2^{v}: 8	وسط. توسط السماء
279	Mean	M 31^{v}: 5	ממוצע	E 27^{r}:13	متوسط
280	Describe, explain	M 27^{v}:19	ספר	E 19^{r}: 1	وصف
281	Description	M 23^{v}: 8	תואר	E 13^{v}: 5	صفة
282	Connection	M 63^{r}: 4	הגעה	E 81^{v}: 6	وصلة
283	Contact	M 27^{r}:25	מתדבק	E 18^{v}: 2	متصل
284	Present	M 15^{v}:27	הציע	E 2^{r}: 5	وضع
285	Place	M 16^{r}:13	מקום	E 2^{v}: 8	موضع
286	Burning	B 147^{v}:7	בוערת	E 30^{v}:16	وقد اتقاد
287	Station	M 29^{v}:21	עמידה	E 23^{r}: 8	وقوف

288	In the direction of signs	M 36^r:25	למשך המזלות	E 36^v:10	ولی . علی توالی البروج
289	Imagine	M 19^v:26	מדומה	E 8^r:12	وهم . توهم
290	Left	M 19^v:13	שמאל	E 8^r: 4	يسار
291	Right	M 19^v:13	ימין	E 8^r: 4	يمين
292	Day	M 16^r:11	יום	E 2^v: 7	يوم

2 Hebrew Index to the Glossary

Numbers refer to entries in the glossary

2. Hebrew Index to the Glossary

Numbers refer to entries in the glossary.

Hebrew Index to the Glossary

3. Index of Personal Names: Arabic-Hebrew-English

Hipparchus	M 39^r:16	אברכס	E 44^v:14	ابرخس
Apollonius	M 52^r:30	אבלוייוס	E 65^v: 3	ابلو نيوس
Aristyllus	M 39^r:17	ארסטולס	E 44^v:15	ارسطلس
Alexander	M 39^r:21	אלסכנדר	E 45^r: 1	الاسكند ر
Al-Battānī	M 39^v:16	הבתאני	E 45^v: 6	البتانى
Nabonassar	M 39^r:18	בכת נצר	E 44^v:16	بختنصر
Ptolemy	M 15^v:26	בטלמיוס	E 2^r: 4	بطلميوس
Theon of Alexandria	M 39^v: 8	תאון האסכנדרני	E 45^r:17	ثاون الاسكند رى
Jābir b. Aflaḥ	M 15^v:23	גאבר בן אפלח	E 2^r: 2	جابر بن افلح
The Sage [Aristotle]	M 19^v: 8	החכם	E 7^v:13	الحكيم
Al-Zarqāllu	M 15^v:20	אלזרקאלא	E 2^r: 1	الزرقاله
Ibn al-Ṭufail	M 23^r:13	בן טפיל	E 13^r: 2	ابن الطفيل
Timocharis	M 39^r:17	טימוכראס	E 44^v:14	طيماخارس
Menelaus	M 39^r:19	מילאוש	E 44^v:16	منلاوس
Hermes	M 65^v:34	הרמז	E 44^r:16	هرمس